农业重大科学研究成果专著

中国农业科学院农业资源与农业区划研究所 [科技创新工程系列专著]

上膜下秸隔抑盐机理与盐碱地改良效应

逄焕成　李玉义　等　著

科 学 出 版 社

北 京

内 容 简 介

本书重点针对秸秆隔层对水分入渗、蒸发过程中土壤水盐分布特征的影响进行土柱模拟试验研究，揭示了利用秸秆隔层改变盐碱地土壤毛管水盐运动的机制，通过田间微区定位试验，基于"隔"盐理念创建了利用作物秸秆深埋结合地膜覆盖的盐碱地隔抑盐技术，并从控盐、促生、节水、固碳等方面，阐明了其改良综合效应，构建了盐碱地上膜下秸综合改良技术模式，为我国西北干旱地区快速改良盐碱地提供了有力支撑。

本书可供盐碱土壤治理、生态环境保护等方面的科研、教学和生产部门有关人员使用，亦可作为高等学校资源与环境专业、生态专业等相关专业师生的参考书。

图书在版编目（CIP）数据

上膜下秸隔抑盐机理与盐碱地改良效应/逄焕成等著. —北京：科学出版社，2019.11
  ISBN 978-7-03-062876-3

Ⅰ.①上… Ⅱ.①逄… Ⅲ.①盐碱土改良—研究 Ⅳ.①S156.4

中国版本图书馆CIP数据核字（2019）第242413号

责任编辑：李轶冰 / 责任校对：樊雅琼
责任印制：吴兆东 / 封面设计：无极书装

科 学 出 版 社 出版
北京东黄城根北街16号
邮政编码：100717
http://www.sciencep.com

北京虎彩文化传播有限公司 印刷
科学出版社发行　各地新华书店经销
*
2019年11月第　一　版　开本：720×1000　1/16
2019年11月第一次印刷　印张：12
字数：250 000

定价：138.00元
（如有印装质量问题，我社负责调换）

《上膜下秸隔抑盐机理与盐碱地改良效应》
著 者 名 单

主　著　逢焕成　李玉义

成　员　（按姓氏笔画排序）

王　婧　卢　闯　李玉义

赵永敢　逢焕成　霍　龙

前　言

土壤盐渍化是一个世界性的问题，全世界盐碱地面积总计约 10 亿 hm²。我国盐碱土地资源总量近 1 亿 hm²，主要分布在西北、华北、东北以及长江以北沿海地带等 17 个省（区），其中现代盐碱地面积为 3693 万 hm²，残余盐碱地约 4487 万 hm²，并且尚存在约 1733 万 hm² 的潜在盐碱地。目前盐碱地每年还在以土地总面积 1.5 % 的速度增加，严重威胁着我国农牧业生产、人民生活、民族经济繁荣及生态环境安全。盐碱地是我国重要的后备耕地资源，有效地改善和利用这些盐碱地资源，提高其综合生产能力，对于保障 18 亿亩[①]耕地红线和国家粮食安全具有重要意义，也是我国农业可持续发展的重要途径。

盐碱地是各类盐土、碱土以及不同程度盐化和碱化土壤的统称。其土体中含有大量盐碱成分，并具有不良理化性质，致使植物生长受到抑制，甚至不能生长。土壤水分是盐分的溶剂，也是盐分运动的载体，盐分在土壤中运动具有"盐随水来，盐随水去"的特点。受土壤类型、气候条件、地形及地下水等因素的影响，土壤水盐运移规律表现出明显的区域性特点。以西北干旱区为例，该地区地下水位浅，蒸降比大，土壤盐分运移以上行占优势，盐分表聚严重。盐碱地土壤水盐运移的特点决定了盐碱地改良利用的复杂性和多样性。盐碱地改良措施包括农业技术措施、农田水利措施、化学改良措施和生物改良措施等，并且各项措施应相互配合使用以达到综合改良盐碱地、促进土壤水盐动态良性循环的目的。盐碱地改良技术核心就是调控水盐。传统盐碱地改良方法更多依赖"躲""抑""压"等措施，往往存在时效短、易反复、耗水多的问题。

我们课题组于 2014 年出版了《西北沿黄灌区盐碱地改良与利用》一书，对我国西北干旱区特别是沿黄灌区盐碱地治理与利用具有重要的指导作用。在该著作中，对上膜下秸控抑盐技术进行了简要介绍，但作为一项基于"隔"盐理念的治理盐碱地新技术，受时间和方法的限制，无论在秸秆隔层水盐调控理论、技术组合原理以及技术综合效应等方面的总结都缺乏应有的高度和深度。

针对上述问题，我们在国家公益性行业（农业）科研专项"北方旱地合理耕

[①] 1 亩 ≈ 666.7m²。

层构建技术与配套耕作机具研究"（201303130）、国家自然科学基金面上项目"河套灌区盐渍土秸秆隔层控盐机理研究"（31471455）和"河套灌区盐碱地秸秆隔层对深层土壤有机碳矿化过程及影响机制的研究"（31871584）、国家重点研发计划课题"河套平原盐碱地微生物治理与修复关键技术"（2016YFC0501302）、中央级公益性科研院所基本科研业务费专项资金重点项目"盐碱地上膜下秸技术的节水效应研究"（2015-25）以及中国农业科学院科技创新工程等支持下继续开展研究。这些项目研究目标和内容相当丰富，但我们重点围绕"上膜下秸隔抑盐机理与盐碱地改良效应"这一主题凝练相应研究成果。本书的学术价值在于首次揭示了利用秸秆隔层改变土壤毛管水盐运动的机制，创建了利用作物秸秆深埋"隔盐"结合地膜覆盖"抑盐"的盐碱地隔抑盐技术，并从控盐、促生、节水、固碳等方面，阐明了盐碱地改良综合效应，构建了盐碱地上膜下秸综合改良技术模式，为快速改良盐碱地提供了有力支撑。部分研究成果已经以学术论文发表，研究结果也受到广泛关注。

全书共分7章，包括第1章绪论、第2章上膜下秸的隔抑盐原理、第3章上膜下秸的水盐调控效应、第4章上膜下秸的促生效应、第5章上膜下秸的节水效应、第6章上膜下秸的固碳效应和第7章盐碱地上膜下秸综合改良技术模式。全书内容紧紧围绕"隔"层调控盐碱地水盐运动规律的新思路，从改良盐碱地的技术、机理及应用等方面对上膜下秸技术隔抑盐机理与盐碱地改良效应进行总结。全书由逄焕成、李玉义审核定稿。

特别感谢我们课题组顾问魏由庆研究员提供的无私帮助，不仅在研究实施方案制订上多次给予帮助，而且不顾年迈多次亲临内蒙古五原县试验示范基地进行指导，为本书试验内容的顺利完成奠定了基础。试验研究得到了内蒙古河套灌区义长灌域管理局义长试验站和内蒙古五原县农牧业技术推广中心的大力支持，在此表示诚挚的谢意；部分引用的成果在各章节进行了标注，也一并表示感谢！

由于著者水平有限，加上时间仓促，不妥之处，敬请批评指正！

逄焕成　李玉义

2019年9月

| 目　　录 |

第1章 绪 论

土壤盐渍化是目前世界上最为严重的环境问题之一，也是限制农田高效利用和导致农业生产力水平低下的直接影响因素（Qadir and Schubert, 2002）。盐碱地广泛分布于世界 100 多个国家和地区，面积约 10 亿 hm^2（王遵亲，1993）。我国盐碱地面积较大，各种盐碱地总面积近 1 亿 hm^2，其中现代盐碱地 3693 万 hm^2，残余盐碱地约 4487 万 hm^2，其他各类潜在盐碱地 1733 万 hm^2，现有耕地中，盐渍化耕地面积达 920.9 万 hm^2，占全国耕地面积的 6.62 %（杨劲松，2008）。我国盐碱地主要集中在西北、华北、东北及长江以北沿海地区，其中西北 6 省（自治区）（陕西、甘肃、宁夏、青海、新疆、内蒙古）盐碱地面积占全国盐碱地总面积的 69.03 %（石玉林，1991；王遵亲，1993；全国土壤普查办公室，1998）。盐碱地是我国重要的后备耕地资源，其对粮食安全的支撑作用无论是过去、现在、还是将来，均是不可忽视的。然而，目前尚有 80 % 左右的盐碱地未得到利用，有着巨大的开发潜力。

土壤盐渍化是造成我国中低产田的重要原因之一，土壤中盐分含量过高会引起土壤物理和化学性质的改变，将直接影响土壤结构、导水导气和供水供肥能力，使作物生长环境发生退化（岳强，2010；赵秀娟等，2011），严重影响作物出苗、保苗及其生长过程，从而导致作物减产，并会降低作物品质。因此，进行盐碱地开发和改良不但有利于提升耕地数量和质量，也会提高农产品产量和品质。随着日益增长的人口对粮食等农产品的需求及耕地承载压力的不断扩大，全面高效利用盐碱地是保障我国耕地和粮食双重安全的重要途径之一。

1.1 土壤水盐调控理论与技术

1.1.1 土壤水盐运移理论

农田土壤水盐运动理论起源于 Darcy 定律，而固体热传导方程的问世为土壤溶质运移提供了依据。自从 Buckingham 把能量概念引入土壤水，用偏微分方程描述非饱和土壤水的运移，建立多孔介质中水流运动的基本方程，才开始了土壤水分的定量研究（李韵珠和李保国，1998）。土壤盐分运移和土壤水分运移同时发生，密不可分，土壤溶质的运移需要土壤水分作为媒介，土壤溶质运移方程与土壤水分运动方程之间有诸多共同之处，随着土壤水分运动方程研究的深入，土壤溶质运移方程的研究也逐渐发展起来。两类方程的共同点在于用动力学的观点，物质与能量守恒原理来分析土壤水盐运动。含有易溶盐和其他溶质的溶液在多孔介质中的运动要复杂得多。早在 1905 年 Slichter 就曾指出，在土壤中溶质并不是以相同速率运动的；20 世纪 40 年代 Martin 和 Synge 提出的色层分离理论进一步说明了不同溶质通过多孔介质时运动速率的差别；Lapidus 和 Amundson（1950）、Biggar 和 Nielsen（1967）、Nielson 等（1973）根据一系列试验提出了易混合置换理论，认为溶质的通量是由对流、扩散和弥散的综合作用引起的；Gardner 与 Bresler 对土壤与溶质间的相互作用进行了广泛评述（Gardner，1960；Bresler，1967；Gardner et al.，1970）。以上研究认为在土壤溶质的运移过程中，扩散和对流过程可以同时出现或者方向相同或相反，并根据 Fick 第一定律导出了一维土壤溶质运移方程。70 年代中后期，水盐运动的机理研究开始注重田间复杂的实际情况，如对结构良好土壤的水盐运动方式不仅考虑对流和弥散，还考虑其中的可动水体和不动水体、大孔隙流、优先流和通管流等，并建立了土壤水盐运移的两区一两域模型（李保国等，2000）。盐分运移过程中物理化学过程的定量化描述也取得了进展。随着土壤水盐运移机理研究的深入，各种定量描述水盐运动的模型也相继问世。

弄清水盐在农田土壤中的运动规律是研究水盐运动的基础。土壤中盐分的运动是十分复杂的，而且也会在自身浓度梯度的作用下运动，部分溶质可以被土壤吸附或为植物吸收。盐分离子在土壤中还有化合分解、离子交换等化学反应。因此，土壤中的盐分离子处在一个物理、化学、生物相互联系和连续变化的系统之中。土壤中盐分离子迁移的物理过程包括对流、扩散、机械弥散、土粒与土壤溶液界面离子的交换吸附以及盐分离子随薄膜水的运动等。随着计算机技术的飞速发展，人们对复杂的田间土壤水盐运移开展研究成为可能。田间模拟的计算结果与实际观测结果相差甚远，特别是对非饱和流土壤水盐运动的模拟结果更是如此，这是由于土壤的物理性质在空间上的不均匀性、土壤水盐运动过程的复杂性及输入水盐系统各机理变量的随机性造成的。在土壤水分运动方面，针对作物发育阶段、灌溉制度、土体构型的不同条件开展了一系列的研究，其中部分研究成果被应用于田间合理灌溉。在盐分运移方面，主要通过盐分运移的动力学理论进行模拟计算，并把取得的成果应用于盐碱地改良实践中，近年来物理化学过程的变化是盐分运移中的研究热点（徐力刚等，2003）。

1.1.2　传统水盐调控技术

多年来，在农业生产中，为了提高盐渍化耕地生产力水平，科技工作者从物理、化学、生物等多方面不断研究和探索盐渍土的改良方法（马晨等，2010；黄领梅和沈冰，2000），运用不同的灌排水利措施、田间和耕作管理措施以及生物农艺措施来调控土壤水盐动态。盐碱地改良技术的核心就是调控水盐。总的来说，传统的盐碱地水盐调控更多依赖大水"压"盐、冲沟"躲"盐、覆盖"抑"盐等措施，这些措施往往存在改良时效短、易反复、耗水多等缺点。

（1）"压"盐技术

"压"盐改良措施是依据"盐随水来，盐随水去"的基本原理，利用淡水淋洗的措施淋洗土壤盐分，后经过排水措施把盐分排出土体，并降低地下水位，减少盐分在土壤表层累积，以达到改良盐碱地的目的，这是目前盐碱地改良中最有效的措施。采用井、沟、渠相结合的水利工程措施，利用机井抽提地下水灌溉，可以将表层土壤中的盐分淋洗到耕层以下，同时产生较大的地下水位降深，在强烈返盐季节控制地下水位在临界水位以下，以减轻表层土壤返盐。我国在水利工程改良盐碱土方面开展了大量的工作，取得了瞩目的成绩，特别是在我国黄淮海平原地区的井灌井排，排、灌、蓄、补综合运用，雨水、地面水、土壤水和地下水的统一调控，均极大地加速了干旱、洪涝、盐碱及咸水的综合治理过程。井灌井排措施适用于有丰富的低矿化地下水源地区。据有关单位测定，每亩灌水 40~50 m³，土体脱盐率达 38.5 %。作为一个生长周期的井灌井排，0~20 cm 土层脱盐率为 60 %~88 %（郑永宏，2004）。井灌井排，结合渠道排水，在雨季来临时抽咸补淡，腾出地下水占有的空间，能够增加汛期入渗率，淡化地下水，有效防止土壤内涝，加速土壤脱盐。杨鹏年等（2010）提出内陆干旱区应将地表水、地下水与土壤水进行联合调度，以实现节水、治盐等多个目标。王水献等（2012）研究确定了干旱绿洲灌区合理的地下水水盐调控深度与合理灌溉制度。有研究根据作物根区的含盐量与灌溉水淋洗效率间的关系，设计出作物产增量模型，它是关于田间灌溉水用量和灌溉水盐分二者间的模型（Kätterer and Andrén, 1995）。井渠结合膜下滴灌是干旱灌区开发地下水资源、提高灌溉水利用率的重要措施，井渠结合膜下滴灌一方面可充分开发地下水资源，通过降低地下水位减少潜水蒸发消耗，提高地下水的利用效率，达到开源的目的；另一方面可通过膜下滴灌提高灌溉水利用率，达到节流的目的（毛威等，2018）。彭世彰等（1995）根据内蒙古河套引黄灌溉工程实际，提出井渠联合运用的优化决策。王璐瑶等（2016）基于地下水的采补平衡，确定了合理的井渠结合模式。郝培净（2016）根据确定的井渠结合模式，预测了井渠结合推广实施后地下水埋深的变化趋势。

近年来，地下暗管排盐技术发展迅速，它根据的是"盐随水来，盐随水去；盐随水来，水散盐留"的原理（林成谷，1983）。生产实践证明，排水是防治土壤盐化的最有效措施之一，暗管排水能提高灌溉淋洗效果，对土壤返盐过程有明显的抑制作用，特别在低洼盐碱、沟排难度大、井排效果不明显的地区，采用暗管排水可以将盐分淋洗到根系层以下，降低盐分峰值（孙建书和余美，2011）。此外，暗管排水占用耕地少，并能维持一定的排水深度，能有效地降低地下水位和改善耕层土壤的物理环境，有利于农业机械耕作，显示出较为理想的效果。在宁夏银南灌区，暗管排水工程在农业增产中发挥了不同程度的作用（张明炷和王修贵，1993）。马凤娇等（2011）在河北滨海盐渍土区研究表明，在暗管埋设条件下，雨季降水量对大面积的轻度盐碱地淋洗脱盐效果非常显著。杨岳（2001）在疏勒河流域部分盐碱地使用暗管排水改良后，土壤脱盐率高，排水排盐量大，地下水位下降快，土壤盐分含量稳定下降，未发生强烈返盐现象，作物长势良好，产量持续增加。但值得注意的是，暗管排盐改良措施工程量大，费用高，加大了农户生产成本，因此，这种改良措施的大面积推广运用相对比较困难。

（2）"躲"盐技术

随着农田水利措施的完善和水资源的减少，也有很多学者提出，要组合多种措施，建立更为系统的调控土壤水盐运移的技术措施。"躲"盐技术，主要指通过合理耕作调节土壤水盐运移，降低作物受盐害的胁迫，提高作物出苗和产量。耕作水盐调控措施主要是针对盐渍土不良的物理性质，对土壤颗粒进行重新排列，改善土壤结构、孔隙度等特性，协调土壤中水、肥、气、热之间的关系，从而影响土壤的化学及生物学特性，逐步提升土壤质量，为作物生长发育提供良好的土壤环境，实现作物高产、稳产（Qadir and Schubert, 2002；Licht and Al-Kaisi, 2005；Sarkar et al., 2007；刘战东等，2012）。正确的耕作措施对盐渍土改良成功与否非常关键（徐璐等，2011；田昌玉等，1998）。20世纪60年代王守纯依据豫北内陆盐碱地盐分在土壤剖面呈"T"字形分布，创造了以"冲沟躲盐巧种"为核心的棉花、小麦保苗技术，70年代末又提出在盐渍土区建立淡化肥沃层（魏由庆，1995）。马其东和许鹏（1997）提出了沟垄作躲避土壤盐害的种植方式。方日尧等（2000）研究表明，采用深施肥沟播技术可提高作物出苗率和保苗率。徐力刚等（2003）综合分析了灌溉、耕作、施肥等各因素在土壤水盐动态调控方面的作用。关法春等（2010）研究发现，起垄后产生的土壤微地形变化可造成土壤水盐分布、土壤物理状况、植被状况发生变化，从而有利于加快松嫩平原西部地区重度苏打盐碱地的改良进程。董合忠（2012）提出，通过地膜覆盖、沟畦种植、建立膜下温室等措施，可改善部分根区土壤环境，减轻盐害，促进棉花出苗和成苗。张建兵等（2013）研究表明，耕作与施肥措施结合可调控农田土壤水盐状况，促进作物增产。金辉等（2017）研究发现，全膜双垄沟模式可调控根区水盐分布，改善土壤生态环境，促进玉米生长发育，提高作物产量，可作为晋北盐碱地土壤的有效改良措施之一。随着农机具的发展，水盐调控耕作措施，包括土地平整、开沟、起垄等，因其操作便利、效果显著、成本低廉、可行性强而逐渐成为我国盐碱地改良所采用的重点措施。

（3）"抑"盐技术

通过覆盖控制或减少土壤水分蒸发，根据土壤水盐运动的规律和特点，起到有效减轻盐分表聚、改良盐碱的作用。地表覆盖措施是目前最常用的改良措施，地表覆盖切断了土壤水和大气之间的交流，可有效地抑制土壤水分蒸发，降低盐分在表层的积累。覆盖材料、覆盖时间以及覆盖量等对土壤水热盐动态均有显著的影响。其中地膜覆盖可使土壤水蒸气回流，并对表层盐分具有有效的淋洗作用，随覆盖时间延长，土壤表层脱盐效率有增大趋势，在干旱地区以及春季干旱时期，提早覆膜有利于抑制土壤表层盐分积累；秸秆覆盖对土壤盐分也具有较好的抑制作用，同时，还可增加土壤有机质，提高土壤肥力，对调节土壤水盐状况有重要作用；其他的覆盖物也被用于盐碱地改良，如水泥硬壳覆盖和沙石覆盖等，它们对减少土壤无效蒸发，调节盐分在土体中的分布，促进春播作物出苗等方面皆有一定作用。目前，国内外关于覆盖控抑盐措施的研究主要集中在其控盐、保墒、增产效应上。许慰眺和陆炳章（1990）应用覆盖措施治理盐渍土，取得了一定效果。焦晓燕等（1992）研究表明，翻耕结合秸秆覆盖抑盐增产效果显著，脱盐率可达 30 %~70 %，作物增产 44.2 %~51.0 %。李新举等（1999a, 1999b）研究表明，秸秆覆盖可有效降低土壤水分蒸发量和表层土壤盐分累积量。刘子英等（2005）研究表明，地膜覆盖后，0~5 cm 土壤脱盐率可达 50 % 左右。除此之外，砂石、水泥硬壳、沥青乳剂等也可作为覆盖材料进行盐渍土改良，在减少农田土壤水分无效蒸发、调节盐分在土壤中的分布、促进作物出苗、提高作物产量等方面具有一定的作用（王久志和巫东堂，1986；李伟强等，2001；宋日权等，2012）。部分学者指出，覆盖措施的控抑盐效果主要作用在表层，且与覆盖量和覆盖时间有关。秦嘉海（2005）研究表明，留茬秸秆覆盖后，主要是 0~20 cm 耕层的土壤全盐量、孔隙度和 pH 有所降低。孙博等（2011）认为，秸秆覆盖量达 0.75 kg/m^2 时，各土层含水率和含盐量的降低效果达到最佳状态，尤其对 0~10 cm 土层的抑制作用最强。刘子英等（2005）认为，地膜覆盖时间越长，表层脱盐率越高。

1.2　隔层调控土壤水盐运移研究进展

自然界广泛存在不同的土体结构，如黏土隔层、砂土隔层等。层状土壤质地的不均匀使得土水势在界面处发生了突变，因而水分在界面处的运动方式也发生相应的变化（王文焰等，1995；张建丰等，2004）。从土壤剖面的孔隙分布状况来看，当质地剖面下重上轻时，土层交界处的孔隙上大下小，反之，则上小下大。孔隙的这种分布会影响到土层含水率、水力梯度和传导，从而影响水盐的运行以及盐碱地的冲洗和改良（罗家雄，1985；冯永军等，2000）。王文焰等（1995）通过室内土柱进行一维入渗试验，发现在黄土中设置砂层可以有效阻碍水分入渗，并增加上层的土壤持水能力。近年来，有学者提出，深层秸秆覆盖可起到良好的控盐、保墒作用，同时起到改土、增产作用（乔海龙等，2006a，2006b），深层秸秆覆盖即在地表下进行秸秆覆盖，人为在土中形成隔层，也叫隔层控抑盐技术。乔海龙等（2006a，2006b）认为，深层秸秆覆盖在土壤中形成毛细障碍层，可使深层土壤水分的蒸散量减少 2 %~3 %，减少深层土壤盐分向表层的迁移。曾木祥和王蓉芳（2002）认为，秸秆深埋还田可改善作物生长的农田生态环境，为农业的高产、稳产打下良好基础。隔层控抑盐技术可起到表层覆盖的抑蒸控盐作用，同时也可起到隔盐作用，尤其适用于干旱半干旱区土壤盐分以"上行"为主的区域。

目前采用的隔层材料也呈多样化，如作物秸秆、沙子、炉渣、蛭石、沸石、陶粒、碎石子、卵石、麦糠、锯末灰、马粪、塑料薄膜等，而最常用的主要是秸秆和沙子。

1.2.1　隔层对土壤水分运移的影响

以往研究结果显示，隔层具有减渗、抑蒸作用。在水分入渗过程中，隔层的存在会阻碍水分下渗，提高隔层上层土壤储水量。吴长银等（1983）和卢修元等（2009）通过室内模拟试验研究发现，黏土隔层明显阻碍土层中水分下渗运动，减缓了水分入渗速率和湿润锋推进速度。砂层也具有阻水减渗作用，在一定程度上增加上层土壤持水能力（王文焰等，1995；张建丰等，1997；曲晨晓和王炜，1997）。温永刚等（2008）发现，将塑料薄膜铺埋在土表下 40 cm 深处，可提高耕层储水量，减少灌水量，提高作物产量和水分利用效率。此外，也有学者提出，将原位土体烧结制作隔层以抑制潜水蒸发和土壤盐分表聚，提高灌水或降水淋盐效率（Guo et al., 2006; Jia et al., 2006）。这主要是由于隔层造成土壤质地发生变化，从而致使土壤吸力变化导致的土水势差异引起的（汪志荣和王文焰，2000），隔层导致一定的水势逆向（由低到高），能长期保蓄上层水分（曲晨晓和王炜，1997）。

这种阻渗持水效应与隔层材质、土壤质地、容重、厚度和层位有关。Bodman 和 Colman（1944）指出，隔层土壤入渗过程由较细质土来控制。吴长银等（1983）研究发现，黏土层层位越高，厚度越大，层次越多，水分下渗越慢。邱玥等（2009）、汪志荣和王文焰（2000）研究认为，砂层的阻水性强弱与砂土的粒级和层位有关。王文焰等（1995）指出，在厚度和层位相同条件下，水分入渗主要与层位有关，入渗时间随层位的降低呈增加趋势。曲晨晓和王炜（1997）的研究结果显示，相同层位下，隔层厚度越大，上层土壤储水能力越强。

在水分蒸发过程中，隔层的存在会抑制深层土壤蒸发。邱胜彬等（1996）、Yanful 等（2003）通过试验证明，夹砂层或表砂层结构的土壤蒸发量均较均质土（粉壤土）有所减小。Starr 等（1978）提出，在距地表 50~100 cm 埋设砂层，能抑制毛管的潜水上升。这是由于隔层的存在改变了土壤质地，抑蒸作用的发挥也与隔层材质、埋设层位等因素有关。Yang 和 Yanful（2002）也指出，随着土壤黏粒的增强（中壤—轻黏—黏土）或减弱（壤土—砂土—砂卵），潜水蒸发强度会减小。陈世平等（2011）研究表明，累积蒸发量随砂层埋深的增加而增大。

1.2.2　隔层对土壤盐分运移的影响

前人的研究结果显示，隔层具有控盐、抑盐作用，主要体现在抑蒸返盐过程中。在灌水或降水时水分入渗洗盐过程中，隔层对水分入渗造成了阻碍，从长期看，其对提高盐分的最终溶解具有重要意义，可减少土表积盐，但短期内，隔层对盐分淋洗会存在阻滞作用。这种阻滞作用与隔层质地密切相关，隔层透性越好，阻滞作用越小，反之越大。有研究认为，黏土层透性差，不利于盐渍土的冲洗和改良（罗家雄，1985；冯永军等，2000；马德海等，2007），以 60 cm 埋深区域大于 10 cm 厚的黏土层最难洗盐（张凤荣等，2001），暴雨季节还容易导致水分在黏土层上部聚集，从而影响作物生长和产量形成（吴长银等，1983；赵风岩，1997）。砂层透性较好，对盐分淋洗的阻滞作用较短（陈世平等，2011；张莉等，2010）。另外，也有人认为，透性不好的隔层，如黏土层，容易造成隔层部积盐，在水土资源利用过程中需监测和防控其次生盐渍化风险（余世鹏等，2011）。

而在水分蒸发、土体返盐过程中，隔层的存在具有抑盐、隔盐的重要作用。余世鹏等（2011）基于 20 年监测数据结果指出，黏土层有良好的隔盐作用，尤其可抑制表土积盐。Rooney 等（1998）研究表明，地下 30 cm 处铺设 8 cm 厚的沙砾层，可以防止深土层或地下水中盐分随毛管水上升积累到地表。张维成（2008）、邹桂梅（2010）、殷小琳等（2011）、刘玉涛等（2011）、翟鹏辉等（2012）和冷寒冰等（2012）的研究结果表明，各种材质的隔层均可抑制土壤返盐，有效减轻盐渍土高盐分的毒害作用，优化植物生长的土壤环境，提高植物的适应性，促进植物生长发育。段登选等（2000）研究认为，塑料薄膜隔层在低洼盐碱地重盐碱区域以渔改碱挖池抬田时具有良好的隔盐作用。刘金荣等（2008）提出，重盐碱地底层衬膜隔盐技术可以在干旱荒漠绿洲区农业生产中推广应用。

隔层的抑盐、隔盐作用与隔层材料、土壤质地、隔层厚度、隔层埋深以及地下水位等有关。有研究显示，黏土隔层对土壤水盐运移的阻滞程度与黏土的水力学性质、层位、厚度和地下水埋深有关（李韵珠和胡克林，2004）。有学者认为，黏土层的抑盐作用随厚度的增加而增强（刘有昌，1962；刘思义和魏由庆，1988；刘福汉和王遵亲，1993）。罗焕炎（1965）认为，黏土层厚度的抑盐作用会因层位的不同而发生变化，以毛管水的强烈上升高度为转折点。袁剑舫和周月华（1980）、刘福汉和王遵亲（1993）认为，层位相同时，黏土层离地下水位越远，其阻水阻盐作用越大，地表越不易返盐。王金平（1989）、刘思义等（1992）指出，黏土层距地表较近时有作用，层位较深时，即使黏土层的厚度增加，其抑盐效果差异也不大。刘思义和魏由庆（1988）、王金平（1989）提出，地下水位相同时，黏土层对盐分的抑制作用随其层位的升高而加强。史文娟（2005）的研究结果进一步表明，当砂层位于底层或接近地下水位时，不但对水盐运动无阻碍作用，反而起到促进作用。对于砂层最佳层位分布，汪志荣和王文焰（2000）提出细砂在西峰黄土中的最优埋深为 35~40 cm。史文娟等（2006）指出，当砂层位于 35 cm 时，对水分蒸发的抑制率可达 70 %~80 %；层位相同时，砂层对水盐的抑制率随其厚度的增加以及级配的变差而增大。马德海等（2007）通过对不同层位的黏土隔层土壤的洗盐效果试验研究，分析了脱盐层厚度、计划脱盐层脱盐效率，提出了有效洗盐半径的概念、砂孔数量及孔径等设计参数，并制订相应的洗盐制度。

1.2.3 隔层调控土壤水盐运移过程的模型模拟研究

基于水盐运移理论的研究可知，土壤机械组成、水稳性团聚体含量、容重、有机质含量、初始含水量等因素（袁建平等，2001；Franzluebbers，2002；Zhang et al.，2007）均会对土壤水盐运动产生重要影响。不同质地的土壤呈规则或不规则的层次覆盖，造成土壤孔隙分布的差异，这将影响土层含水量、水分压力、水力梯度和传导度（Day and Luthin，1953；Lemon，1956），进而影响水分和盐分在土壤中的运移。隔层的存在造成土壤质地与导水率产生变化，会降低水分入渗速率（Miller and Gardner，1962），同时也阻止了水分蒸发（Willis，1960），从而导致盐分运移发生变化。目前，国内外针对隔层土壤的水盐运移研究大多集中围绕以入渗条件为主或以蒸发条件为主进行。层状土中水盐运移要比均质土复杂得多，其水盐运移不仅与夹层（隔层）的质地、位置、厚度等有关，还与地下水位、蒸发强度等多种因素有关，导致少数涉及此方面内容的试验研究结果存在分歧。

很多学者对土壤水盐运动过程进行了定性分析研究，也有不少研究者借助数学模型来模拟层状结构土壤水分运动，进而应用于溶质运移的研究中。Hillel 和 Baker（1988）运用能量守恒的观点分析了"指流"现象形成机制，提出土壤的分层会导致湿润锋的不稳定。王全九等（1999）根据 Green-Ampt 模型特点对其进行了改进，实现了用 Green-Ampt 模型来描述层状土壤的水分入渗模式。毛晓敏和尚松浩（2010）提出了计算多层土壤稳定入渗率的饱和层最小通量法，同时采用 HYDRUS-1D 数值模拟软件对不同土壤表面水头、多层土壤特性下的稳渗过程进行了模拟。程冬兵等（2000）建立了紫色土典型三角形层状剖面的入渗模型。Baker 和 Hillel（1990）利用回归分析法，建立了下层粗砂颗粒粒径与进水吸力的关系。李韵珠等（1986）、李韵珠和胡克林（2004）运用动力学模型对非稳态蒸发条件下夹黏土层的土壤水盐运动和氯离子的运移状况进行了研究。张建丰等（2004）对砂层土壤的水分入渗过程建立一个完整的连续函数入渗模型。周维博（1991）运用数值模拟方法，分析了降水蒸发条件下层状土壤剖面土壤水分运移和相互转化关系。任理等（1998）以传递函数模型作为模拟手段，研究了稳定流场中饱和非均质土壤盐分优先运移的随机特征，还依据质量守恒原理获得了土壤溶液中氯离子平均驻留浓度的变化。张新民（1997）利用土壤水能态学方法计算了"上土下砂"双层结构土壤的洗盐定额。虎胆·吐马尔白等（2006）以地下水与土壤水动力学理论为基础，初步对不同地下水埋深条件下的玉米秸秆隔层土壤的水分运动建立了数学模型。

纵观这些研究结果，大多基于自然存在的黏土、砂层等隔层，且在模型的运用中还存在一定的局限性，有待进一步研究验证。

1.3　秸秆隔层调控土壤水盐运移研究进展

研究与设计地下隔层以最大程度改善作物根区环境、促进作物生长一直是国内外学者关注的热点问题（Ityel et al., 2011; Fala et al., 2005; Mohamed and Shooshpasha, 2004）。由于取材容易、成本低等优点，秸秆作为隔层在盐渍土改良中的作用近年来开始受到重视。而随着秸秆翻埋机具的研制成功，也使通过铺设秸秆构建隔层大面积改良盐碱地成为现实。目前，相关研究主要集中在秸秆隔层的保墒、控盐、改土效果方面。

在土壤水分入渗过程中，秸秆隔层具有阻渗洗盐作用。乔海龙等（2006a）通过室内土柱试验研究表明，在地表下 20 cm 处铺设 3 cm 厚的玉米秸秆隔层，可阻碍重力水入渗，提高上层土壤含水率。Cao 等（2012）也在相同位置埋设玉米秸秆隔层，结果证实秸秆隔层明显具有阻水减渗作用。张帅等（2010）通过土槽试验发现，在地表下 28 cm 处埋设 8 cm 厚的秸秆隔层，可使 0~20 cm 土壤含水量较对照提高 0.5 %~2.0 %，且越接近隔层处土壤含水量越大。秸秆隔层的这种特性提高了洗盐效率。张坤等（2009）研究表明，埋设小麦秸秆隔层可提高离子浸出速率，提高洗盐效率。尤其可使交换性钠被其他离子交换淋洗到深土层（范富等，2012）。张金珠（2013）研究认为，秸秆隔层可使下渗水流滞留于秸秆隔层以上土体，影响盐分及离子运移，使盐分从上到下逐渐升高。

蒸发过程中，秸秆隔层可抑制土壤蒸发强度，这种作用主要体现在隔层以下土体。Cao 等（2012）研究发现，在连续 30 天的蒸发过程中，秸秆隔层对深层土壤具有保水作用，但不能完全阻隔深层土壤水分散失。乔海龙等（2006a）研究指出，在自然蒸发条件下，秸秆隔层可使深层土壤水分的蒸散减少 2 %~3 %，对隔层以下土体的蓄水保墒具有积极作用，但表层土壤水分散失较快。秸秆隔层也可抑制返盐。乔海龙（2006a，2006b）认为，秸秆隔层可减少深层土壤盐分向表层的迁移。范富等（2012）在苏打盐碱地上发现，秸秆隔层明显降低了土壤含盐量和交换性离子含量。崔心红等（2010）研究发现，在地表下 60 cm 处埋设棉花秸秆隔层能有效抑制冬季返盐。张坤等（2009）研究表明，在土壤耕作层和主体层之间填埋小麦秸秆隔层，可抑制土壤返盐，显著提高作物产量。张金珠等（2012）通过测坑试验研究表明，滴灌条件下在地表下 30 cm 处埋设秸秆隔层对棉花生育前期土壤盐分上移的抑制作用明显。

秸秆隔层对土壤水盐调控效果、作用时期、作用土层与其材质、厚度、地表有无覆盖以及覆盖材料等因素有关。武海霞等（2013）研究发现，水分入渗后，玉米秸秆隔层上部土壤含水量随隔层埋深的减小而增大。张帅等（2010）研究表明，同一层位（28 cm）条件下，玉米和水稻秸秆的蓄水效果优于大豆秸秆。李慧琴等（2012）田间试验结果表明，小麦秸秆隔层（埋深 40 cm）的保水、抑盐效果优于玉米秸秆隔层。范富等（2012）认为，秸秆隔层厚度对改良盐渍土效果的影响比隔层深度的影响更大，并提出用量为 6 kg/m^2 的秸秆隔层埋深 10 cm 处的改土效果最为显著。然而，虎胆·吐马尔白等（2006）研究表明，不同地下水埋深条件下，地表以下 30 cm 处埋设秸秆隔层的土壤含盐量均大于地表秸秆覆盖。乔海龙等（2006b）研究发现，尽管秸秆隔层处理可减少深层土壤盐分向上迁移，而表层土壤仍出现盐分表聚甚至略高于地表秸秆覆盖。根据这一现象，有学者指出，表层土壤含盐量的增加是隔层以上土层中盐分的表聚，而非底部毛管水支持供给，秸秆隔层土体的积盐高峰处于隔层以下（池宝亮等，1994）。

秸秆隔层是有机物料，具有改善土壤理化性状的作用。Hussain 等（1998）

研究发现，稻草秸秆翻埋后不但可降低土壤盐分和 pH，还可明显改善土壤物理性状。深埋玉米秸秆隔层也可明显可降低土壤的 pH（范富等，2012）。秸秆在腐解过程中，可产生一定的有机酸，对碱性盐类起到了中和作用（郭继勋和马文明，1996），从而可改善盐碱土壤。马惠绒等（2013）认为，秸秆隔层可以改变土壤中有机质、氮、磷、钾的含量。曲善功（2005）提出，在地表下 30 cm 埋设 5 cm 厚的麦秸或其他易腐熟的作物秸秆隔层，既可抑盐、增产，又可提温、培肥。秸秆隔层的作用最终有利于作物生产，乔海龙等（2006a，2006b）研究表明，秸秆隔层控抑盐措施有利于小麦生长。沈晓霞等（2005）研究认为，稻草深层覆盖可显著提高西红花单个球茎重量和球茎产量。

对于渗水性较强的农业土壤，生产上可通过埋设秸秆隔层，使耕层土壤保持较高的含水量和较低的含盐量，这对干旱半干旱地区减少水分的渗漏损失，提高水分利用效率，控制耕层土壤返盐具有极为重要的意义。同时，利用作物秸秆构造秸秆隔层，操作简便，简单易行，不仅可解决因焚烧秸秆带来的一系列环境污染，还可改良盐碱地，提升地力，是今后盐渍化障碍耕地改土增产的发展方向。目前，秸秆隔层的相关研究主要集中在作用效果方面，其储水、隔盐、改土、增产等机理尚有许多不明确之处，有待进一步研究。

1.4　研究区土壤盐渍化特征及分布

内蒙古河套灌区是我国土壤盐渍化发育的典型地区。独特的地理位置和多变的气候条件，造成这一地区冬季严寒少雪，夏季高温干热，昼夜温差大，加之蒸降比较大，地下水埋深较浅（1~2 m），地下水的运动属于垂直入渗蒸发型，灌溉水含盐等因素导致灌区盐碱化程度较为严重。其中，轻度盐化土壤（含盐量 2~4 g/kg）占耕地面积的 24 %，中、重度盐碱化土占耕地面积的 31 %。碱化土壤主要包括碱化盐土、苏打碱化盐土、碱化草甸土、盐化碱化草甸土、碱化沼泽土等类型（祝寿泉和王遵亲，1989）。此外，多年人类活动对植被的破坏，农业灌溉渠道的渗漏，大水漫灌，有灌无排，清淤工作滞后，农田整地方式粗放，种植品种单一化等加剧了灌区盐碱地的形成（魏俊梅和阿腾格，2001）。

内蒙古河套灌区盐渍土的盐分组成以硫酸盐或氯化物为主，离子组成中阳离子以 Ca^{2+}、Mg^{2+}、Na^+ 为主，阴离子比较复杂，其中 CO_3^{2-}+HCO_3^- 占 26 %~66 %，Cl^- 和 SO_4^{2-} 各占一定比例。土壤 pH 在 9.0 以上，碱化度高，碱荒地的碱化度都在 30 % 以上。其中粉沙壤土和黏壤土的代换性 Na^+ 为 0.9~4.6 cmol[①]/kg。砂黏

---

　① 1cmol=0.01mol。

土和黏土代换性 Na^+ 为 4.6~9.3 cmol/kg。土体有机质含量为 5.0~10.0 g/kg。碱化土壤物理性状也很差，土体紧实，水力传导性弱，表层（0~30 cm）土壤含水量随土壤吸力的增加而明显减少，而 30~60 cm 土层的黏土由于本身持水性强加上碱化的影响，其含水量随土壤水吸力增加变化很小。

1.5　研究内容与技术路线

1.5.1　研究内容

重点针对秸秆隔层对水分入渗、蒸发过程中土壤水盐分布和调控机制进行土柱试验研究和分析，并通过田间微区试验开展地膜覆盖结合秸秆隔层措施的改土和作物增产效果研究，阐明其作用机制。主要研究内容包括以下 6 部分。

（1）基于土柱模拟试验的上膜下秸隔抑盐原理研究

通过室内土柱模拟试验，以均质土壤为对照，对比研究不同秸秆部位、长度及埋深对水分入渗特性和入渗后蒸发特性及土壤水盐分布的影响，并对秸秆隔层土壤影响水分入渗特性的机理进行分析。研究不同秸秆部位、长度及埋深对土壤毛管水上升特性的影响，同时研究覆膜条件下秸秆隔层及其不同埋深对潜水蒸发特性和水盐分布的影响，并对秸秆隔层土壤影响潜水蒸发特性及水盐调控机理进行分析。

（2）上膜下秸技术的水盐调控效应研究

通过微区定位试验，研究覆膜条件下秸秆隔层及其不同埋深、厚度以及不同埋设年限对农田土壤水盐运移的影响，分析土壤水盐运移动态，揭示秸秆隔层控抑盐效果与其作用机理。

（3）上膜下秸技术的促生效应研究

通过微区定位试验，研究地膜覆盖结合秸秆隔层对食葵生长及产量的影响，分析不同调控措施对食葵出苗保苗、生长发育和产量的影响，揭示地膜覆盖结合秸秆隔层对河套灌区食葵的促生效应。

（4）上膜下秸技术的节水效应研究

通过微区定位试验，以无秸秆隔层处理为对照，重点探讨河套灌区不同春灌量下上膜下秸技术措施对土壤水盐分布和微生物区系变化的影响，从促进土壤脱盐、土壤微生物区系、作物产量以及灌溉水生产率等方面系统地研究分析上膜下秸技术措施的节水效应，明确秸秆隔层的节水潜力。

（5）上膜下秸技术的固碳效应研究

通过微区定位试验，对不同耕作方式下盐渍化土壤有机碳（soil organic

carbon，SOC）、微生物量碳（microbial biomass carbon，MBC）、可溶性有机碳（dissolved organic carbon，DOC）、土壤 CO_2 排放动态变化以及生态环境因子（土壤盐分、pH、土壤温度、水分、有机质、养分）等进行同步动态监测，明确秸秆深埋结合地膜覆盖条件下盐渍化土壤的 SOC、MBC、DOC 及土壤 CO_2 变化特征及关键影响因素，综合评价上膜下秸措施的农田固碳效果。

（6）盐碱地上膜下秸技术的配套措施与模式构建

通过大田试验，以地膜覆盖结合秸秆隔层技术为核心，结合与之相配套的灌水和施肥技术，形成盐碱地上膜下秸综合改良技术模式（简称上膜下秸模式），提升其储水抑盐、改土增产效果，并通过大田验证与示范试验，分析上膜下秸模式的综合改良效果与经济效益提升状况。

1.5.2 技术路线

本书研究技术路线见图 1-1。

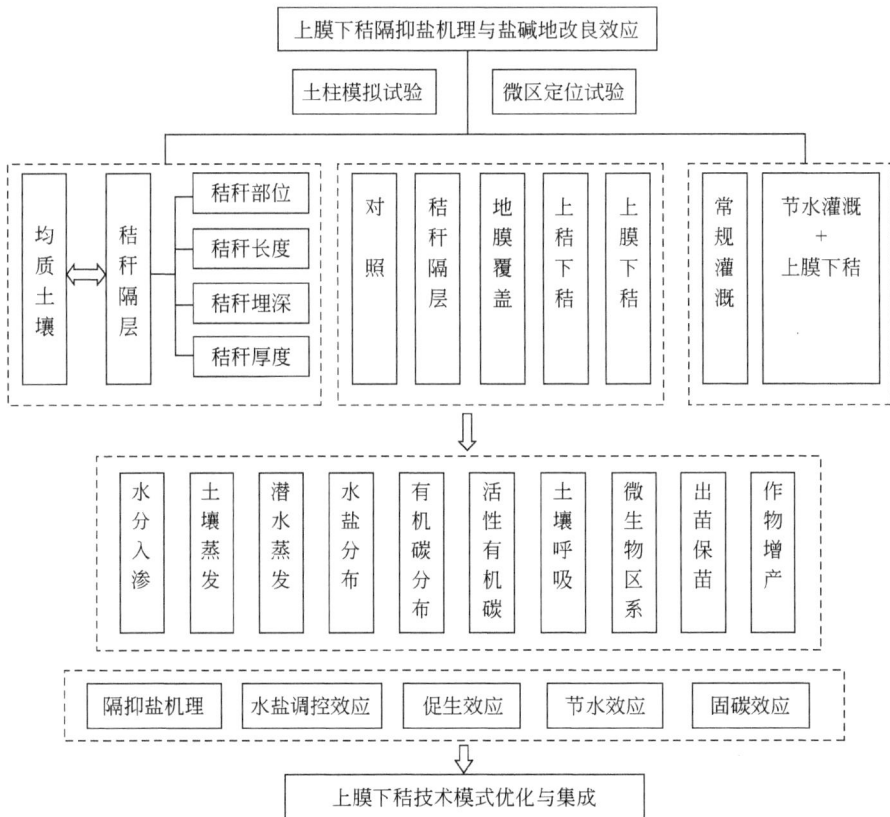

图 1-1 研究技术路线

1.6 试 验 设 计

1.6.1 土柱模拟试验

试验用土取自内蒙古五原县隆兴昌镇休闲地土壤，采样深度为 20~40 cm。通过比重计法测得土壤中各粒组质量分数为砂粒（0.02~2 mm）35.75 %、粉粒（0.002~0.02 mm）53.76 %、黏粒（0~0.002 mm）10.49 %，土壤质地为粉沙壤土。通过测定土壤盐分组成可知，该盐土分类属于氯化物—硫酸盐土。试验前将取回的土壤风干、磨碎，除去杂物后过 2 mm 筛。用环刀法装土水饱和后烘干测得饱和含水率为 38.40 %，用威尔克斯法测得田间持水量为 25.40 %。称取一定质量的土样，用洒水壶喷洒少量的去离子水，土样混匀后覆膜静置 48 h 备用。从备用土样中随机采集 20 份，每份土样质量约 30 g，采用烘干法测得平均土壤含水率为 2.84 %；提取土壤溶液上清液（土水比 1∶5），用电导法测得平均土壤含盐量为 6.70 g/kg。

1.6.1.1 试验装置

（1）水分入渗试验装置

土壤水分入渗试验装置包括有机玻璃土柱、供水装置和铁架台 3 部分。土柱底部封闭，中间位置设有排气孔，自封闭底部向上每隔 10 cm 绕土柱一周均匀设置 4 个取样孔，孔径均为 2 cm，取样孔在同一水平面上且相互错开，便于取土进行水盐动态分析，试验时用橡皮塞堵住取样孔。利用马氏瓶供水，其横截面为 64 cm²，高为 80 cm，供水时水头控制在 1.5 cm。装土前，先在土柱底部装填干净的砂石层（粒径 2~5 mm）作为反滤层，厚度为 5~10 cm，可为入渗过程提供一个气流顺畅的入渗环境。为了防止上层细颗粒土壤进入砂层中的大孔隙中，在砂石层上平铺两层与土柱横截面大小相同的尼龙布。将土样按照设定体积质量为 1.45 g/cm³ 分次、等量装入土柱，为使土柱各处的体积质量一致，每次填装的土层厚度控制为 5 cm，压实一层后将其表面刷毛，再装填下一层，以保证土层均匀且接触良好。

（2）水分蒸发试验装置

土壤水分蒸发试验装置包括有机玻璃土柱、红外灯、铁架台和电子秤 4 部分。试验所用土柱为入渗过程完毕、水分再分布 48 h 后的土柱。利用 250 W 红外灯昼夜照射，模拟相应的稳定大气蒸发能力，同时用内径为 10 cm 的蒸发皿测定水面蒸发能力。

（3）潜水蒸发试验装置

土壤水分蒸发试验装置包括有机玻璃土柱、供水装置、红外灯和铁架台 4 部分。试验所用土柱为入渗过程完毕、水分再分布 48 h 后的土柱。设定地下水埋深为 100 cm，蓄水层厚度 10 cm。用马氏瓶供水并控制地下水位。利用 250 W 红外灯昼夜照射，模拟相应的稳定大气蒸发能力，同时用内径为 30 cm 的蒸发皿测定水面蒸发能力。

（4）毛管水运动试验装置

毛管水运动试验装置包括有机玻璃土柱、供水装置和铁架台 3 部分。试验所用土柱高 50 cm，外径 10 cm，壁厚 0.5 cm。用马氏瓶供水并控制地下水位。

1.6.1.2　试验方案

（1）水分入渗试验操作过程

试验组 I：秸秆隔层对土壤水分入渗特性影响试验

试验设 2 个处理：对照（均质土）和秸秆隔层（埋深 40 cm），每个处理设 2 次重复。试验土柱高 120 cm、外径 30 cm、壁厚 1 cm。此试验土柱底部砂石层的厚度为 10 cm。当秸秆隔层处理土层装填至 55 cm 高度时，先在土表平铺两层尼龙布，然后均匀铺设长度为 2~3 cm 的玉米秸秆（叶与秆混合），即设置秸秆隔层，压实后秸秆隔层厚度为 5 cm，容重为 0.09 g/cm³，在隔层上表面也平铺两层尼龙布，再装填拌入配置好的 $NaCl$ 和 Na_2SO_4 混合水溶液（质量比为 1 : 1，浓度为 5 g/L）的土样。当对照处理土层装填至 60 cm 高度时，也装填拌入配置好的 $NaCl$ 和 Na_2SO_4 混合水溶液的土样。装填完毕后，土柱内土层和秸秆隔层的总高度为 100 cm，上部留 10 cm 为积水层。此后，用实验室制备的去离子水进行垂直一维土柱积水入渗试验，各土柱均加水到保持土面水层 8 cm，用马氏瓶控制其水层在整个试验中保持不变，灌水量均为 19.7 L。当湿润锋到达 96 cm 刻度线时，停止供水，并立即用塑料膜将土柱管口封住，防止土表水分自然蒸发。入渗过程中记录不同时刻的湿润锋位置和马氏瓶水位，用于得出不同入渗时间对应的累积入渗量数据。水分入渗再分布 2 d 后，通过取样孔对每个土柱进行不同土层取样，测定土壤含水率和含盐量。取样位置分别为 0~5 cm、10 cm、20 cm、30 cm、40 cm、50 cm、60 cm、70 cm、80 cm、90 cm 和 100 cm。

试验组 Ⅱ：秸秆隔层埋深对土壤水分入渗特性影响试验

试验设 4 个处理：对照（均质土，CK）、秸秆隔层埋深 20 cm（M20）、秸秆隔层埋深 40 cm（M40）和秸秆隔层埋深 60 cm（M60）。试验土柱高 120 cm、外径 30 cm、壁厚 1 cm。土柱底部砂石层的厚度为 10 cm。当 M20 处理、M40 处理和 M60 处理的土层分别装填至 35 cm、55 cm 和 75 cm 高度时，先在土表平铺两层尼龙布，然后均匀铺设长度为 2~3 cm 的玉米秸秆（叶与秆混合），即设置秸秆隔层，压实后秸秆隔层厚度为 5 cm，容重为 0.09 g/cm³，在隔层上表面也平铺两层尼龙布，再继续装填土层。装填完毕后，土柱内土层和秸秆隔层的总高度为 100 cm，上部留 10 cm 为积水层。分别在 5 cm、10 cm、20 cm、30 cm、38 cm、47 cm、70 cm 和 90 cm 处放置水势和电导率传感器，在 5 cm、20 cm、38 cm、70 cm 和 90 cm 处放置温度传感器。此外，为了进一步观测秸秆隔层内部水盐运移动态，在各处理的秸秆隔层内部均放置了水势、电导率和温度传感器。此后，用实验室制备的去离子水进行垂直一维土柱积水入渗试验，各土柱均加水到保持土面水层 8 cm，用马氏瓶控制其水层在整个试验中保持不变，灌水量均为 19.7 L。当湿润锋到达 96 cm 刻度线时，停止供水，并立即用塑料膜将土柱管口封住，防止土表水分自然蒸发。在入渗过程中，利用 TZM-013 型水盐运移模型参数测算系统，每隔 5 分钟自动记录一次水分、盐分和温度数据，可测算出不同土层含水量、含盐量、储水量和三相比，通过电脑观测和下载数据。同时记录不同时刻湿润锋位置和马氏瓶水位，用于得出不同入渗时间对应的累积入渗量数据。

试验组Ⅲ：秸秆部位对土壤水分入渗特性影响试验

试验设 4 个处理：对照（均质土，CK）、秸秆隔层为叶（Y）、秸秆隔层为秆（G）、秸秆隔层为叶与秆同质量比例混合（Y+G）。试验土柱高 100 cm、外径 10 cm、壁厚 0.5 cm。土柱底部铺设 10 cm 厚的砂石层作为反滤层。秸秆隔层埋设于距土表 40 cm 处，隔层厚度约为 5 cm，容重为 0.09 g/cm³。Y 处理、G 处理和 Y+G 处理的土壤装填至 45 cm 高度时，先在土表平铺两层尼龙布，然后分别均匀铺设长度为 2~3 cm 的玉米叶、玉米秆、玉米叶与秆混合，形成秸秆隔层，压实后在隔层上表也平铺两层尼龙布，再继续装填土层。装填完毕后，土柱内土层和秸秆隔层的总高度为 90 cm，每个土柱上部留 5 cm 为积水层。此后，用实验室制备的去离子水进行垂直一维土柱积水入渗试验，各土柱均加水到保持土面水层 4 cm，用马氏瓶控制其水层在整个试验中保持不变，灌水量均为 1.9 L。当湿润锋到达 82 cm 刻度线时停止供水，并立即用塑料膜将管口封住，防止水分自然蒸发。入渗过程中记录不同时刻湿润锋位置和马氏瓶水位，用于得出不同入渗时间对应的累积入渗量数据。

试验组Ⅳ：秸秆长度对土壤水分入渗特性影响试验

试验设 3 个处理：对照（CK）、长秸秆隔层（CG）和碎秸秆隔层（SG）。试验土柱高 100 cm、外径 10 cm、壁厚 0.5 cm。土柱底部铺设 10 cm 厚的砂石层作为反滤层。秸秆隔层铺设于距土表 40 cm 处，厚度约为 5 cm，容重为 0.09 g/cm³。当土层装填至 45 cm 处时，先在土表平铺两层尼龙布。其中，CG 处理均匀铺设切碎（长度 2~3 cm）的玉米秸秆，SG 处理铺设粉末状（过 2 mm 筛）的玉米秸秆。然后在隔层上表面平铺两层尼龙布，再装填土层。装填完毕后，土柱内土层和秸秆隔层的总高度均为 40 cm，土柱上部留 5 cm 为积水层。此后，用实验室制备的去离子水进行垂直一维土柱积水入渗试验，方法与上述试验组 Ⅲ 一致。

（2）水分蒸发试验操作过程

利用试验组 Ⅲ 和 Ⅳ 入渗过程结束 2 d 后的所有土柱进行水分蒸发试验。用 250 W 红外灯昼夜照射，模拟相应的大气稳定蒸发能力，同时使用外径为 10 cm 的蒸发皿测定水面蒸发能力。在蒸发监测过程中，于每日上午 10：00 用电子秤称量土壤蒸发水分损失量。连续蒸发 20 d 后，对各土柱分层取样，测定土壤含水率和含盐量。取样位置分别为 0~5 cm、5~10 cm、10~20 cm、20~30 cm、30~40 cm、40~45 cm、45~50 cm、50~60 cm、60~70 cm、70~80 cm 和 80~90 cm。此外，为了研究秸秆隔层内部水盐分布情况，将所有秸秆隔层处理的秸秆全部取出，烘干后备用。

（3）潜水蒸发试验操作过程

试验组 A：覆膜条件下秸秆隔层对潜水蒸发的影响试验

本试验所用土柱为上述试验组 Ⅰ 的入渗过程结束后的土柱。试验设 4 个处理：均质土＋无覆盖（对照，CK）、均质土＋地膜覆盖（PM）、秸秆隔层＋无覆盖（SL）和秸秆隔层＋地膜覆盖（PM+SL）。待水分入渗再分布 2 d 后，分别对 PM 处理和 PM+SL 处理的土表用圆形塑料薄膜覆盖，覆盖后薄膜边缘离土柱内壁 1 cm，土表覆盖率为 92.86 %；CK 处理和 SL 处理土表不覆盖。利用 250 W 红外灯对上述两组试验土柱昼夜照射，模拟大气蒸发能力为 15 mm/d 的稳定蒸发，同时用外径为 30 cm 的蒸发皿测定水面蒸发能力。用马氏瓶供水并控制水位，10 g/L 的 $NaCl$ 和 Na_2SO_4 混合水溶液（质量比为 1：1）作为蒸发水源。在蒸发过程中，于每日上午 10：00 通过马氏瓶水量的变化观测每个土柱的潜水蒸发量。整个蒸发过程历时 30 d，每隔 10 d 取一次土样，取样深度分别为 0~5 cm、10 cm、20 cm、30 cm、40 cm、50 cm、60 cm、70 cm、80 cm、90 cm 和 100 cm。取样后分别测定土壤含水率和含盐量。对同一高度位置的取样孔轮流取样，每次取样的位置不重复，取土后用相同含水率的母土回填。

试验组 B：覆膜条件下秸秆隔层埋深对潜水蒸发特性的影响

本试验所用土柱为上述试验组 Ⅱ 的入渗过程结束后的土柱。试验设 4 个处理：对照（均质土，CK）、埋深 20 cm（M20）、埋深 40 cm（M40）和埋深 60 cm（M60），且土表均进行地膜覆盖。待水分入渗再分布 2 d 后，分别对 4 个处理的土表用圆形塑料薄膜覆盖，覆盖后薄膜边缘离土柱内壁 1 cm，土表覆盖率为 92.86 %。利用 250 W 红外灯昼夜照射，模拟大气蒸发能力为 10 mm/d 的稳定蒸发，同时用外径为 30 cm 的蒸发皿测定水面蒸发能力。用马氏瓶供水并控制水位，

5 g/L 的 NaCl 和 Na$_2$SO$_4$ 混合水溶液（质量比为 1 : 1）作为蒸发水源。连续蒸发 30 d，在蒸发监测过程中，每日上午 10 : 00 通过马氏瓶水量的变化观测每个土柱的潜水蒸发量。同时，利用 TZM-013 型水盐运移模型参数测算系统，每隔 5 分钟测定一次数据。

（4）毛管水运动试验操作过程

试验组 I：秸秆部位对土壤毛管水运动特性影响试验

试验设 4 个处理：对照（均质土，CK）、秸秆隔层为叶（Y）、秸秆隔层为秆（G）、秸秆隔层为叶与秆同质量比例混合（Y+G）。土柱底部铺设 5 cm 厚的砂石层作为蓄水层。秸秆隔层埋设于距土表 15 cm，距地下水位 25 cm 处。各处理土柱装填方法同水分入渗试验的试验组 III。装填完毕后，土柱内土层和秸秆隔层的总高度为 45 cm。为防止水分蒸发及气流等因素对试验的影响，每个土柱上端口均用塑料膜封住。

以蓄水层充满水分并进入土壤的时间作为试验开始时间。试验过程中记录不同历时毛管水上升高度和马氏瓶中水位的变化高度，具体的测定时间根据毛管水运动变化快慢而定。

试验组 II：秸秆长度对土壤毛管水运动特性影响试验

试验设 3 个处理：对照（CK）、长秸秆隔层（CG）和碎秸秆隔层（SG）。土柱装填方法同水分入渗试验的试验组 IV。试验过程操作方法同上。

1.6.1.3 样品测定

（1）土壤含水率

土壤含水率测定采用烘干法，即将取回的土壤置于烘箱中，控制烘箱温度为 105℃，将土样烘 8 h 左右，恒重后计算土壤含水率。

（2）土壤含盐量

将土样烘干、磨碎后，过 2 mm 筛，以 1 : 5 的土水比提取土壤溶液上清液，用 DDS-307 电导率仪（精度 ±0.5 % FS）测定土壤电导率（EC$_{1:5}$），再根据经验公式：$S=EC_{1:5} \times 0.064 \times 5 \times 10/1000$，计算土壤含盐量。

1.6.2 微区定位试验

1.6.2.1 上膜下秸农田土壤水盐运移调控及固碳效应试验方案

试验于 2010 年 10 月至 2013 年 10 月在内蒙古河套灌区五原县义长灌域管理局试验站进行，地处北纬 41°04′，东经 108°00′，海拔 1022 m。试验开始前，在试验地周围 1 m 处挖土壤剖面，挖至见到地下水为止。详细观察、描述、记录土壤剖面情况，分别对 0~20 cm、20~40 cm、40~40 cm、60~80 cm 和 80~100 cm 土层采样，制备基础土壤样品，每个土壤样品不少于 1 kg。同时测定剖面土壤容重，并对取回的土样进行水分、盐分、盐分离子组成和养分等指标测定。试验区土壤的基础理化性质见表 1-2，0~40 cm 土壤含盐量与离子组成情况见表 1-3。

表 1-2　试验区土壤基础理化性质

土层深度 /cm	砂粒 /%	粉粒 /%	黏粒 /%	容重 / (g/cm³)	有机质 / (g/kg)	碱解氮 / (mg/kg)	有效磷 / (mg/kg)	速效钾 / (mg/kg)
0~20	35.34	53.30	11.37	1.46	10.74	34.69	3.11	126.66
20~40	34.38	55.38	10.24	1.48	6.94	29.68	0.88	80.37
40~60	30.56	60.12	9.32	1.47	4.23	17.11	0.67	69.46
60~80	29.69	61.51	8.80	1.46	3.56	9.32	0.52	51.33
80~100	29.18	63.21	7.61	1.46	3.08	7.83	0.40	45.49

表 1-3　试验区 0~40 cm 土壤含盐量与离子组成

采样深度 /cm	pH	全盐量 / (g/kg)	CO_3^{2-}/ (cmol/kg)	HCO_3^-/ (cmol/kg)	Cl^-/ (cmol/kg)	SO_4^{2-}/ (cmol/kg)	Ca^{2+}/ (cmol/kg)	Mg^{2+}/ (cmol/kg)	Na^++K^+/ (cmol/kg)	Cl^-/ SO_4^{2-}	(Na^++K^+)/ $(Ca^{2+}+Mg^{2+})$
0~5	9.77	8.61	0.05	0.35	6.25	5.90	0.90	2.60	9.05	1.06	2.59
5~20	9.11	3.12	0.05	0.50	2.03	1.80	0.30	0.70	3.38	1.13	3.38
20~40	8.83	2.31	0.03	0.43	1.47	1.32	0.40	0.42	2.42	1.11	2.95

开展田间微区定位试验，微区于 2010 年 10 月初修建，共 42 个小区，每个小区面积 1.8 m × 1.8 m = 3.24 m²。先将各小区四周开槽深挖至 1 m 处，用双层塑料布阻隔，保证微区间的独立性，中间空隙用土填实。每个微区上部四周用长 40 cm、高 60 cm 混凝土预制板围砌（外露 20 cm，下埋 40 cm），地表出露部分用水泥硬化。微区修建完毕后，内部土壤没有扰动，分别对每个小区 100 cm 土体取基础土样，取样间隔为 20 cm。测定结果显示，各小区 40~100 cm 土层含盐量相对一致。为保证试验条件的一致性，将 0~20 cm 土层含盐量均通过人工方法调至 4 g/kg。调盐方法为：在每个小区取 0~20 cm 土层 8 个点土样混合，测定其盐分作为基础值，然后根据基础值和目标值（4 g/kg）的差值添加盐结皮（结皮的盐分类型和含量经混匀后完全一致），添加的盐结皮均匀撒在地表，并用耙子挡平。

微区定位试验共设三组处理，第一组：覆膜条件下秸秆隔层对农田土壤水盐运移及固碳效果影响试验。设翻耕＋无覆盖（对照，CK）、翻耕＋地膜覆盖（PM）、秸秆隔层＋无覆盖（SL）、秸秆隔层＋秸秆覆盖（S+S）和秸秆隔层＋地膜覆盖（PM+SL），共5个处理，每个处理重复3次，随机区组排列。其中SL处理和PM+SL处理在秸秆埋设前先将微区内土壤用铁锹按0~20 cm和20~40 cm土层依次取出，分开放置，然后将切碎（8~10 cm长）的玉米秸秆均匀铺设在距土表40 cm深处，厚度约5 cm，秸秆用量约12 t/hm²，最后将挖出的土壤按原层次逐层回填、压实。秸秆隔层处理一次性完成，此后不再进行操作。CK处理和PM处理无秸秆隔层，对其进行人工翻耕，翻耕深度约为20 cm。2010年10月试验布置完毕，立即进行秋浇压盐，每个小区用水表定额灌溉，灌水量均为0.60 m³（折合1850 m³/hm²），灌溉水源为黄河水（矿化度为0.58 g/L）。第二年春季灌溉量同上年秋季，春灌后进行地表覆盖，其中SL处理地表不覆盖；PM+SL处理，地表用地膜分两行覆盖，膜间距20 cm，膜间地表裸露；PM处理，地表用地膜分两行覆盖，膜间距20 cm，膜间地表裸露；S+S处理，地表用切碎的玉米秸秆覆盖，秸秆用量约6000 kg/hm²。

第二组：覆膜条件下秸秆隔层厚度对农田土壤水盐运移影响试验。设4个处理：深翻（对照，CK）、秸秆隔层厚度3 cm（秸秆用量约6 t/hm²，H3）、秸秆隔层厚度5 cm（秸秆用量约12 t/hm²，H5）和秸秆隔层厚度7 cm（秸秆用量约18 t/hm²，H7），各处理地表均进行地膜覆盖。每个处理重复3次，随机区组排列。其中H3处理、H5处理和H7处理在秸秆埋设前，先将微区内土壤用铁锹按0~20 cm和20~40 cm土层依次取出，分开放置，然后根据试验处理，将切碎的玉米秸秆（8~10 cm长）均匀铺设在距土表40 cm深处，形成秸秆隔层，随后将挖出的土壤按原层次逐层回填、压实。为保证试验基础一致，也对CK处理0~40 cm土层进行挖出、回填操作。试验布置完毕，立即进行秋浇压盐，每个小区用水表定额灌溉，灌水量均为0.60 m³（折合1850 m³/hm²），灌溉水源为黄河水（矿化度为0.58 g/L）。

第三组：覆膜条件下秸秆隔层埋深对农田土壤水盐运移影响试验。本试验于2013年5月开始进行，各小区在前两年未进行试验。试验设4个处理：翻耕（对照，CK）、秸秆隔层埋深20 cm（M20）、秸秆隔层埋深40 cm（M40）和秸秆隔层埋深60 cm（M60），各处理地表均进行地膜覆盖。每个处理重复3次，随机区组排列。根据试验处理，用铁锹将秸秆隔层处理小区土壤取出，每20 cm为一层，分开放置；把切碎的玉米秸秆（8~10 cm长）分别均匀铺在距地表20 cm、40 cm和60 cm处，秸秆用量均为12 t/hm²；随后将土壤按原层次回填。对照处理小区用铁锹进行人工翻耕，深度约20 cm。试验布置完毕，立即进行秋浇压盐，每个小区用水表定额灌溉，灌水量均为0.6 m³（折合1850 m³/hm²），灌溉水源为黄河水（矿化度为0.58 g/L）。

供试作物为食葵（*Helianthus annuus* L.），品种为 LD5009。每年播种前，用黄河水进行春灌洗盐，灌水量为 1850 m^3/hm^2，灌溉时间分别为 2011 年 5 月 18 日、2012 年 5 月 26 日和 2013 年 5 月 20 日。播前 2 d 对各小区进行人工翻耕，深度约 20 cm。翻耕后松土施肥，所施肥料均为尿素（含 N 46 %）、磷酸二铵（含 N 18 %，P$_2$O$_5$ 46 %）、硫酸钾（含 K$_2$O 50 %），用量分别为 N：180 kg/hm^2，P$_2$O$_5$：120 kg/hm^2，K$_2$O：75 kg/hm^2，均作为底肥一次性条施，用松土将肥料盖住。此后，根据试验处理，用 70 cm 宽的农用塑料薄膜覆盖，每个小区有两条膜带，膜间距 20 cm，膜间地表裸露。

试验于 2011 年 5 月 28 日、2012 年 6 月 8 日和 2013 年 6 月 2 日播种，人工点播，播种后穴口用细砂覆盖，行距 60 cm，种植密度为 49 000 株/hm^2。食葵分别于 2011 年 9 月 23 日、2012 年 9 月 18 日和 2013 年 9 月 16 日收获。每年食葵收获后，将小区内食葵茎秆和残留地膜全部清除，并对所有处理进行人工翻耕，翻耕深度约 20 cm。用耙子将土表挡平后，用黄河水进行秋浇压盐，灌溉量为 1850 m^3/hm^2。食葵生育期内不再进行灌水和施肥，其他管理措施与当地农户一致。

1.6.2.2　上膜下秸节水效应试验方案

采用田间微区定位试验方法，微区于 2015 年 5 月建成，每个微区面积为 2 m×2 m=4 m^2，微区之间用塑料布阻隔（埋至 1 m）以防止微区间侧渗。在埋设秸秆前取样测定各微区 60~100 cm 土层含盐量相对一致，因此不再调盐，用铁锹将微区 0~20 cm 和 20~40 cm 土壤分层取出，然后把长约 5 cm 的玉米秸秆（叶、秆混合）均匀铺设在地表下 40 cm 处，铺设厚度 5 cm，秸秆用量 12 t/hm^2，秸秆埋设完毕后将土壤按原层次回填压实。为保证试验条件的一致性，将 0~20 cm 土层含盐量通过人工方法调至 4g/kg，即春灌前在每个微区取 8 个表层土样，混合后测定其含盐量作为基础值，根据基础值和目标值差值将盐结皮均匀撒在地表并用耙子挡平，调盐过后试验地代表中度盐碱土。试验布置完毕后进行春灌，灌溉水源为黄河水（矿化度 0.58 g/L），灌水量用水表控制。

试验共设 5 个春灌量处理，分别为：对照 CK（无秸秆隔层，当地常规灌水量 2250 m^3/hm^2），W100（埋设秸秆隔层，100 % 当地常规灌水量，即 2250 m^3/hm^2），W90（埋设秸秆隔层，灌水量 2025 m^3/hm^2），W80（埋设秸秆隔层，灌水量 1800 m^3/hm^2），W70（埋设秸秆隔层，灌水量 1575 m^3/hm^2），每个处理设 3 次重复。

2015 年 6 月 26 日灌水，7 月 1 日人工开沟施底肥，施肥量为尿素 260 kg/hm^2，磷酸二铵 290 kg/hm^2，硫酸钾 150 kg/hm^2，施肥后立即覆盖地膜进行人工点播，播种后穴口用细砂覆盖，行距 60 cm，株距 20 cm，试供作物为食葵，品种 LD1335，种植密度 4.90×10^4 株/hm^2，9 月 23 日收获。食葵生育期内不再进行灌溉和施肥，其他田间管理措施与当地农户一致。

1.6.2.3 样品采集与测定

（1）气象资料

气象资料来源于试验站微型气象站。

（2）土壤样品

每个食葵种植季，用自制不锈钢土钻（长 1.2 m，直径 18 mm）分别在春灌前、播种前（春灌后）和收获后取样，同时自食葵播种后每隔 15 d 取样一次，取样深度均为 0~5 cm、5~10 cm、10~20 cm、20~40 cm、40~60 cm、60~80 cm 和 80~100 cm。取样位置为两行食葵之间（地膜覆盖处理在膜下取样，无覆盖处理在相同位置取样），样品带回实验室，测定相应指标。

1）土壤含水率和含盐量测定。测定方法同上述土柱试验。

2）土壤总有机碳、微生物量碳、可溶性有机碳的测定。

总有机碳（SOC）：采用重铬酸钾容量—外加热法进行测定。在外加热条件下（油浴温度为 180 ℃，沸腾 5 min），用一定浓度的重铬酸钾—硫酸溶液氧化土壤中的有机碳，剩余的未反应的重铬酸钾用硫酸亚铁滴定，根据所消耗的重铬酸钾量来计算有机碳含量（鲍士旦，2000）。

有机碳储量根据如下公式计算：

$$SOCs = \sum (c_i \times \rho_i \times T_i) \times 10^{-1}$$

式中，SOCs 为特定深度的土壤有机碳储量（C t/hm²），c_i 为第 i 层土壤有机碳数值（g/kg），ρ_i 为第 i 层土壤容重（t/m³），T_i 为第 i 层土壤厚度（cm）。

微生物量碳（MBC）：采用氯仿熏蒸 K_2SO_4 浸提法测定（Jorgensen，1996；Vance et al.，1987），浸提液当中的 MBC 在 TOC （Shimatdzu TOC-3100）上机测定。每个土样设定两个平行处理，准确称取湿土（烘干后重 20 g，根据含水量折算湿重），放入铝盒内，再将铝盒放入干燥器上层，将盛有 100 ml 左右无酒精氯仿的小烧杯（加入少量抗暴沸磁片或无水氯化钙）和 100 ml 碱液（1 mol/L NaOH 溶液）放入真空干燥器下层。密封后用真空泵抽成真空，使其中氯仿溶液持续沸腾 3 分钟，关闭真空干燥器的阀门，使干燥器内充满氯仿，将真空干燥器放入 25 ℃的暗室中，静置 24 h。取出氯仿和碱液，用真空泵反复抽气，直到闻不到氯仿味为止。加入 80 ml 0.5 mol/L K_2SO_4 提取液，保持土水比为 1：4，震荡（300 r/min）提取 30 分钟，并迅速用中速滤纸过滤，提取液立即分析测定或放入 –18 ℃下保存。

MBC（mg/kg）=Ec/ Kc，其中 Ec 为熏蒸和未熏蒸土壤 K_2SO_4 浸提液的碳含量差值，Kc 为转化系数，等于 0.38（Vance et al.，1987）。

可溶性有机碳（DOC）：采用 Jones（2006）K_2SO_4 浸提法测定，浸提液在 TOC（Shimatdzu TOC-3100）上机测定。

3）土壤呼吸速率的测定方法。土壤呼吸采用动态密闭气室红外 CO_2 分析仪（IRGA）法，测定仪器型号为 Li-6400（USA）便携式气体分析系统和 Li-6400-09 土壤呼吸室。为了减少在测试时的土壤扰动，在每次测定时，提前 24 h 将 PVC 圈嵌入两株交叉处土壤中，PVC 圈直径 10 cm，高 8 cm，土壤埋深 4 cm。其中地表覆膜处理呼吸速率圈放置在棵间铺设地膜处，测定前，将呼吸圈内的杂草等杂物清除，经过 24 h 平衡后开始测定，每次每点测定读数 10 次（韩广轩等，2007）。2013 年与 2014 年在食葵蕾期、盛花期、成熟期和收获期进行土壤呼吸速率测定，测定时间均为上午 9:00~11:00。

4）土壤微生物区系分析。在食葵收获后用 PVC 管取土，取土深度 0~30 cm，将采集的土样装入牛皮纸袋后立即保存于 4 ℃冷藏箱并带回实验室。采用平板培养方法对可培养微生物进行区系分析，先将混匀土样加入灭过菌的蒸馏水中配置成 10 %、1 %、0.1 %、0.01 %、0.001 % 梯度的土壤悬液，每个悬液加入 20 粒玻璃珠并震荡 20 分钟使土壤悬液充分混匀，然后将土壤悬液分别涂布于牛肉膏蛋白胨、高氏 I 号、马丁氏培养基中对细菌、放线菌、真菌进行筛选培养，先在 28 ℃条件下培养 3 d 后，统计各平板上菌落数，以每个平板上数目达 30~300 为标准选择合适的稀释倍数。根据所得到的最佳稀释倍数，每种培养基 3 个重复，统计各平板上的菌落数。

挑取平板中的所有菌落进行分离纯化，将纯化好的菌株进行小量 DNA 提取，以此为模板，细菌和放线菌利用通用引物 27f 和 1492r 进行 16S rDNA 扩增，测序获其 16S rDNA 全长序列（1500 bp）。然后将此序列在 EzTaxon 数据库和 NCBI 的 Blast 中进行比对，确定其最相似种和其所在的属，出现频率高的菌株为优势菌群。

5）土壤细菌群落结构多样性分析。称取 0.35 g 土壤样品，采用 BBI 公司的 EZ-10 Spin Soil DNA Extraction kit 按操作说明提取总 DNA 并检测其质量，然后以此 DNA 为模板对 16S rDNA 的 V3 区进行聚合酶链反应（Polymerase Chain Reaction，PCR）扩增。扩增引物是细菌通用 PCR 引物（北京诺赛基因公司合成），其 5' 端连接一段称为 "GC clamp" 的序列：5'-CGCCCGCCGCGC GCGGCGGG CGGGGCGGGGGGCACGGGGGG-3'。

PCR 扩增体系为：正反向引物各 1 μL，DNA 模板 1 μL，Master mix 25 μL，ddH_2O 22 μL。扩增条件为：94 ℃预变性 5 分钟，之后采用降落式（touchdown）PCR，退火温度从 64 ℃降到 54 ℃，每循环依次降 1 ℃，每个温度 1 个循环，每个循环 94 ℃变性 1 分钟，退火 1 分钟，72 ℃延伸 1 分钟，72 ℃终延伸 7 分钟，最后产物 4 ℃保温。

PCR 扩增产物的纯化，按照 QIA quick PCR Purification Kit 说明书操作。纯化产物用 1 % 琼脂糖凝胶电泳检测回收效果。

产物纯化后进行变性梯度凝胶电泳（denatured gradient gel electrophoresis，DGGE）分析，聚丙烯酰胺凝胶浓度为 6 %，变性剂浓度梯度为 30 %~60 %，电泳缓冲液为 1×TAE，电压 80 V，60 ℃条件下不间断电泳 15 h，电泳结束后进行染色，染色时间为 20 分钟，最后显影观察并拍照。使用 quantity one 4.52（Bio-Rad Company）软件分析样品电泳条带，根据 DGGE 图谱中每个土壤样品不同条带的强度和迁移率，按照 UPGMA 算法对每个土壤样品的条带图谱进行细菌群落相似性聚类分析。

切割 DGGE 优势条带，放于 1.5 ml EP 管，加入 30 μL TE 过夜，根据 QIA quick PCR Purification Kit 试剂盒的说明回收纯化 PCR 产物。利用 1 % 琼脂糖凝胶电泳检测回收效果。

纯化的 PCR 产物与 TAKARA 公司的 pMD-19T 载体按摩尔比 3：1~10：1 的比例在 16 ℃连接 12 h，反应体系：pMD-19T vector 1 μl，DNA 模板 3 μl，Solution Ⅰ 5 μl，ddH$_2$O Up to 10 μl。反应结束后进行感受态细胞转化与蓝白斑筛选，从筛选的平板上挑取白色转化子送至北京诺赛基因公司测序，测序结果在 EzTaxon 网站(http://147.47.212.35:8080/index.jsp)进行检索和同源性分析。

1.6.2.4 计算公式

1）土壤蒸发量，计算公式为

$$E = M/(d^2\pi) \times 10 \tag{1-1}$$

式中，E 为土壤蒸发量（mm）；M 为土柱质量日变化值（g）；d 为土柱内径（cm）。

2）土壤储水量，计算公式为

$$W = \sum(W_i \times H_i \times D_i/10) \tag{1-2}$$

式中，W 为土壤储水量（mm）；W_i 为某一层次土壤含水率（ %）；H_i 为土壤层次深度（cm）；D_i 为某一层次土壤体积质量（g/cm^3）。

3）土壤储盐量，计算公式为

$$SA = \sum(S_i \times H_i \times D_i/10) \tag{1-3}$$

式中，SA 为土壤储盐量（t/hm^2）；S_i 为某一层次土壤含盐量（g/kg）；H_i 为土壤层次深度（cm）；D_i 为某一层次土壤体积质量（g/cm^3）。

4）土壤溶液盐浓度，计算公式为

$$SC = S_i/W_i \times 10 \tag{1-4}$$

式中，SC 为土壤溶液盐浓度（g/L）；S_i 为某一层次土壤含盐量（g/kg）；W_i 为某一层次土壤含水率（%）。

5）对灌水前后土壤脱盐率 P 进行分析，比较不同处理的脱盐效果，脱盐率计算公式为

$$P = \frac{C_1 - C_2}{C_1} \times 100\% \tag{1-5}$$

式中，P 为脱盐率；C_1 为灌前土壤含盐量（g/kg）；C_2 为灌后土壤含盐量（g/kg）。当 $P>0$ 时表示土壤脱盐，当 $P<0$ 时表示土壤积盐，当 $P=0$ 时表示盐分平衡。

6）采用单位水量脱盐量比较不同处理的脱盐效果，计算公式为

$$Q = \frac{C_1 - C_2}{W} \times 1000 \tag{1-6}$$

式中，Q 表示每 1000 m³ 灌溉水的土壤脱盐量 [g/（kg·1000m³）]；W 为灌水量（m³）。

7）收获后测产，同时计算灌溉水生产率，计算公式为

$$WP_i = \frac{Y}{W_i} \times 1000 \tag{1-7}$$

式中，WP_i 为灌溉水生产率（kg/m³）；Y 为作物产量（kg/hm²）；W_i 为单位面积灌水量（m³/hm²）。

8）农田碳平衡估算方法。农田生态系统碳平衡包括碳输入与碳输出两个过程，碳输入与碳输出的差值即为农田的净生态系统生产力（net ecosystem production，NEP），NEP 的值如果为正，表明该系统从环境中净吸收 CO_2，是大气 CO_2 的"汇"；反之，系统是大气 CO_2 的"源"。此外，在生态系统碳平衡研究中还包括：①总初级生产力（gross primary productivity，GPP），即绿色植物通过光合作用在单位时间和单位面积上所固定的有机碳总量，又称总第一生产力；②净初级生产力（net primary productivity，NPP），表示扣除本身自养呼吸消耗植被所固定的有机碳部分，也称净初级生产力；③净生态系统生产力（NEP），指净初级生产力中减去异养生物呼吸消耗光合产物之后的部分；④生物群区生产力（net biome productivity，NBP），是指 NEP 中减去各类自然和人为干扰（如病虫害、森林砍伐以及农林产品收获）等非生物呼吸消耗所剩下的部分。农田生态系统 CO_2 净吸收累积量（NEP）可推导如下（黄斌，2004）。

$$NEP=GPP-Ra-Rs \tag{1-8}$$

$$NPP=GPP-Ra-Rr \tag{1-9}$$

$$Rs=Rm+Rr \qquad (1\text{-}10)$$

式中，Ra 是植物的地上部呼吸；Rs 是土壤呼吸；Rr 是植物的根呼吸；Rm 是土壤微生物呼吸。

由式（1-8）~式（1-10）推导可得

$$NEP=NPP-Rm \qquad (1\text{-}11)$$

由式（1-11）可知，要研究农田生态系统 CO_2 的源汇特性，必须准确获得 NPP 与 Rm 值。NPP 即是通常所说的系统内植物的生物量，可通过收割测试法准确测定作物的地上地下部生物量。Rm 可估算为占土壤总呼吸量的 86.5%。

1.6.3 大田试验

1.6.3.1 盐碱地上膜下秸综合改良技术模式试验方案

试验于 2013 年 5 月至 9 月在内蒙古五原县胜丰镇美丰村进行。地处北纬 40°59′，东经 108°17′，海拔 1027 m。试验地土壤基础理化性质见表 1-4。试验以农户传统模式为对照，研究覆膜条件下秸秆隔层技术为核心的盐碱地上膜下秸综合改良技术模式（简称上膜下秸模式）对土壤水盐调控及食葵产量的影响。两种模式情况具体见表 1-5。试验在 3 个地力条件相近的食葵农田进行，采用裂区设计，每块农田一分为二，区间起垄，每种模式面积约 560 m²（14 m × 40 m）。按照试验要求，分别进行埋设秸秆隔层、翻地、整地、灌水、施肥和覆膜。供试作物为食葵，品种为 LD5009。5 月 28 日播种，人工点播，行距 60 cm，种植密度为 49 000 株 /hm²；9 月 18 日收获。其中，播种前灌水时间为 5 月 22 日，生育期灌水时间为 7 月 14 日。其他管理措施与当地农户一致。

表 1-4 试验区土壤基础理化性质

土层深度 /cm	容重 / (g/cm³)	有机质 / (g/kg)	碱解氮 / (mg/kg)	有效磷 / (mg/kg)	速效钾 / (mg/kg)	全盐量 / (g/kg)	pH (H₂O, 1:5)
0~20	1.46	10.74	34.69	3.11	126.66	2.84	8.6
20~40	1.50	6.94	29.68	0.88	80.37	2.16	8.6
40~60	1.48	4.23	17.11	0.67	69.46	1.45	8.7
60~80	1.47	3.56	9.26	0.52	51.33	1.38	8.7
80~100	1.46	2.08	7.83	0.40	45.49	1.24	8.7

表 1-5　试验设计表

模式	秸秆隔层	地膜覆盖	灌水量 / (m³/hm²)		施肥量 / (kg/hm²)		
			播种前	生育期	氮肥	磷肥	钾肥
农户传统模式（CK）	无	有	1800	1200	180	120	75
上膜下秸模式	有	有	1500	900	255	120	75

1.6.3.2　样品采集与测定

（1）土壤样品

分别在春灌前、播种前、收获后以及食葵各生育期取样，取样深度均为 0~5 cm、5~10 cm、10~20 cm、20~40 cm、40~60 cm、60~80 cm 和 80~100 cm。取样位置为两行食葵之间（地膜覆盖处理在膜下取样，无覆盖处理在相同位置取样），样品带回实验室，测定土壤水分和盐分含量。

（2）食葵生育期进程、生理与生育指标

1）生育期进程，从出苗开始，记录出苗时间，出苗、保苗情况，以及各生育时期的起止时间。

2）生理指标，主要测定净光合速率（Pn）、气孔导度（Gs）、胞间 CO_2 浓度（Ci）和蒸腾速率（Tr）。叶片水分利用效率（leaf water use efficiency，LWUE）为净光合速率和蒸腾速率的比值。测定方法为：用美国 Li-Cor 公司生产的 Li-6400 光合仪在食葵各生育期选择晴朗无风的天气，于每日上午 9：00~11：00 进行光合参数的测定。由于各处理食葵生育期进程有差异，因此在各个时期连续测定 3 d，取平均值作为该时期的光合参数值。用红蓝光源叶室测定，设定光量子度（PAR）为 1200 μmol/（m²·s），样本室内气流速度（Flow）为 500 μmol/s，叶室温度为 30 ℃。在每个小区选取长势一致的食葵 3 株挂牌标记，在每株相同部位选取完全伸张的向阳的叶片，每片叶读数 5 次，取 15 次平均结果。

3）生育指标，主要包括株高、茎粗、花径、叶片数、叶面积、干物质积累量、根重。测定方法为：每个小区选取 3 株具有代表性、长势一致的植株进行挂牌标记，从食葵长至第 4 对小叶时开始，在各个生育时期用卷尺和游标卡尺测量单株株高、茎粗、花径和叶面积。其中，叶面积测定方法采用系数法，即单叶面积 = 叶片中脉长度 × 叶片最大宽度 ×0.68。每个生育时期选取 3 株具有代表性的食葵，按各器官部位分解，采用烘干法测定干物质积累量。

4）产量指标，主要包括花盘数、花盘籽粒数、百粒重、籽粒产量。测定方法为：食葵成熟期，各小区花盘全部收获，收割后脱粒、晒干，计算籽粒产量和百粒重。

1.6.3.3　数据统计分析

试验中所获得的数据采用 Microsoft Excel 2007 绘图，DPS v7.05 进行统计分析，显著性检验采用 LSD 法（$P<0.05$）。

参 考 文 献

鲍士旦 . 2000. 土壤农化分析 . 3 版 . 北京：中国农业出版社：30-34.

陈世平，李毅，高金芳 . 2011. 覆膜开孔入渗—蒸发条件下夹砂层土壤水、盐、热变化规律 . 中国农村水利水电，(11): 47-51.

程冬兵，张平，任理，等 . 2000. 非均质土壤饱和稳定流中盐分迁移的传递函数模拟 . 水科学进展，11(4): 392-400.

池宝亮，庞金梅，焦晓燕 . 1994. 秸秆不同覆盖方式在控制根层盐化中的作用 . 山西农业大学学报，14(4): 440-443.

崔心红，朱义，张群，等 . 2010. 棉花秸秆隔离层对滨海滩涂土壤及绿化植物的影响 . 园林科技，45(1): 26-30.

董合忠 . 2012. 滨海盐碱地棉花成苗的原理与技术 . 应用生态学报，23(2): 566-572.

段登选，杨立邦，刘树云，等 . 2000. 低洼盐碱地薄膜隔盐碱效果的研究 . 土壤，32(5): 274-277.

范富，徐寿军，宋桂云，等 . 2012. 玉米秸秆造夹层处理对西辽河地区盐碱地改良效应研究 . 土壤通报，43(3): 696-701.

方日尧，赵惠青，同延安 . 2000. 渭北旱原冬小麦深施肥沟播综合效应研究 . 农业工程学报，16(1): 49-52.

冯永军，陈为峰，张蕾娜，等 . 2000. 滨海盐渍土水盐运动室内实验研究及治理对策 . 农业工程学报，16(3): 38-42.

关法春，苗彦军，Fang T B，等 . 2010. 起垄措施对重度盐碱化草地土壤水盐和植被状况的影响 . 草地学报，18(6): 763-767.

郭继勋，马文明 . 1996. 东北盐碱化羊草草地生物治理的研究 . 植物生态学报，20(5): 478-484.

韩广轩，周广胜，许振柱，等 . 2007. 玉米农田土壤呼吸作用的空间异质性及其根系呼吸作用的贡献 . 生态学报，27(12)：5254-5261.

郝培净 . 2016. 河套井渠结合膜下滴灌实施后区域水盐调控 . 武汉：武汉大学硕士学位论文 .

虎胆·吐马尔白，吴旭春，迪力达 . 2006. 不同位置秸秆覆盖条件下土壤水盐运动实验研究 . 灌溉排水学报，25(1): 34-37.

黄斌 . 2004. 冬小麦、夏玉米轮作农田土壤 CO_2 释放与碳平衡的研究 . 北京：中国农业大学博士学位论文 .

黄领梅，沈冰 . 2000. 水盐运动研究述评 . 西北水资源与水工程，(1): 6-12.

焦晓燕，池宝亮，李东旺，等 . 1992. 盐碱地秸秆覆盖效应的研究 . 山西农业科学，(8): 1-4.

金辉，郭军玲，王永亮，等 . 2017. 全膜双垄沟种植模式对晋北盐碱土水盐动态特征的影响 . 中国土壤与肥料，(3): 111-117.

冷寒冰，马利静，秦俊．2012.滨海盐碱地隔盐改良对两种草本地被的光合特性影响．农业环境科学学报，31(11)：2136-2141.

李保国，龚元石，左强．2000.农田土壤水的动态模拟及应用．北京：科学出版社.

李慧琴，王胜利，郭美霞，等．2012.不同秸秆隔层材料对河套灌区土壤水盐运移及玉米产量的影响．灌溉排水学报，31(4)：91-94.

李伟强，雷玉平，张秀梅，等．2001.硬壳覆盖条件下土壤冻融期水盐运动规律研究．冰川冻土，23(3)：251-257.

李新举，张志国，李贻学，等．1999a.秸秆覆盖对盐渍土水分状况的影响．山东农业大学学报：自然科学版，30(4)：398-403.

李新举，张志国，李永昌．1999b.秸秆覆盖对盐渍土水分状况影响的模拟研究．土壤通报，30(4)：176-177.

李韵珠，李保国．1998.土壤溶质运移．北京：科学出版社.

李韵珠，胡克林．2004.蒸发条件下粘土层对土壤水和溶质运移影响的模拟．土壤学报，41(4)：493-502.

李韵珠，陆锦文，黄坚，等．1986.蒸发条件下粘土层与土壤水盐运移 [C]// 石元春，李韵珠，陆锦文.盐渍土的水盐运动.北京：北京农业大学出版社：161-174.

林成谷．1983.土壤学 (北方本)．北京：农业出版社.

刘福汉，王遵亲．1993.潜水蒸发条件下不同质地剖面的土壤水盐运动．土壤学报，30(2)：173-181.

刘金荣，孙吉雄，谢晓蓉，等．2008.干旱荒漠绿洲区重盐碱地底层衬膜隔盐效果与优质草坪建植研究．草地学报，16(2)：202-207.

刘思义，魏由庆．1988.马颊河流域影响土壤盐渍化的几个因素的研究．土壤学报，25(2)：110-118.

刘思义，魏由庆，梁国庆，等．1992.粘土夹层土体构型水盐运动的实验研究．土壤学报，29(1)：109-112.

刘有昌．1962.鲁北平原地下水临界深度的探讨．土壤通报，2(4)：13-22.

刘玉涛，董智，李红丽，等．2011.不同隔盐措施对滨海盐碱地白蜡光合作用日变化的影响．水土保持研究，18(3)：126-130.

刘战东，高阳，刘祖贵，等．2012.降雨特性和覆盖方式对麦田土壤水分的影响．农业工程学报，28(13)：113-120.

刘子英，刘保明，孟艳玲，等．2005.地膜覆盖对耕层土壤盐分影响的研究．安徽农业科学，33(6)：995-1019.

卢修元，魏新平，邱明．2009.粉粘土夹层对砂的减渗规律试验分析．水资源与水工程学报，20(2)：22-25.

罗焕炎，严蔼芬，谢驹华．1965.层状土中毛管水上升的实验研究．土壤学报，13(3)：312-324.

罗家雄．1985.新疆垦区盐碱地改良．北京：水利电力出版社：80.

马晨，马履一，刘太祥，等．2010.盐碱土改良利用技术研究进展．世界林业研究，23(2)：28-32.

马凤娇，谭莉梅，刘慧涛，等．2011.河北滨海盐碱区暗管改碱技术的降雨有效性评价．中国生态农业学报，19(2)：409-414.

马德海，张新民，吴婕，等．2007.粘土夹层盐碱地土壤竖孔排盐改良技术试验研究．灌溉排水学报，26(5)：51-54.

马惠绒，张沛琪，冯婷，等.2013.灌溉条件下秸秆深层覆盖对盐碱地改良的效果.内蒙古水利，(3):93-94.

马其东，许鹏.1997.沟垄作种植牧草改良重盐渍草地的效果及其水盐动态.草地学报，5(2):85-92.

毛威，杨金忠，朱焱，等.2018.河套灌区井渠结合膜下滴灌土壤盐分演化规律.农业工程学报，34(1):93-101.

毛晓敏，尚松浩.2010.计算层状土稳定入渗率的饱和层最小通量法.水利学报，41(7):810-817.

彭世彰，张玉英，李寿声.1995.内蒙古河套灌区渠井优化调度水盐动态研究.人民黄河，(8):27-30.

乔海龙，刘小京，李伟强，等.2006a.秸秆深层覆盖对水分入渗及蒸发的影响.中国水土保持科学，4(2):34-38.

乔海龙，刘小京，李伟强，等.2006b.秸秆深层覆盖对土壤水盐运移及小麦生长的影响.土壤通报，37(5):885-889.

秦嘉海.2005.免耕留茬秸秆覆盖对河西走廊荒漠化土壤改土培肥效应的研究.土壤，37(4):447-450.

邱胜彬，张江辉，刘诚明.1996.浅析土壤质地及结构对潜水蒸发的影响.水土保持研究，3(3):30-34.

邱玥，魏新平，廖华胜，等.2009.夹砂层土壤水分入渗试验研究.水资源与水工程学报，20(1):120-123.

曲晨晓，王炜.1997.土壤剖面中砂质夹层的储水作用及机理研究.华中农业大学学报，16(5):349-356.

曲善功.2005.不同农艺措施对保护地土壤次生盐渍化的防治效果.土壤肥料，(5):43-45.

全国土壤普查办公室.1998.中国土壤.北京：中国农业出版社：1092-1110.

任理，李春友，李韵珠.1998.层状粘性土壤水分动态新模型的应用.中国农业大学学报，3(1):57-62.

沈晓霞，姚金富，王志安，等.2005.施肥和覆草方式对西红花生长及其产量的影响.时珍国医国药，16(12):1329-1330.

石玉林.1991.《中国1：100万土地资源图》土地资源数据集.北京：中国人民大学出版社：3-7.

史文娟.2005.蒸发条件下夹砂层土壤水盐运移实验研究.西安：西安理工大学博士学位论文.

史文娟，沈冰，汪志荣，等.2006.蒸发条件下浅层地下水埋深夹砂层土壤水盐运移特性研究.农业工程学报，21(9):23-26.

宋日权，褚贵新，张瑞喜，等.2012.覆砂对土壤入渗、蒸发和盐分迁移的影响.土壤学报，49(2):282-288.

孙博，解建仓，汪妮，等.2011.秸秆覆盖对盐渍化土壤水盐动态的影响.干旱地区农业研究，29(4):180-184.

孙建书，余美.2011.不同灌排模式下土壤盐分动态模拟与评价.干旱地区农业研究，29(4):157-163.

田昌玉, 李志杰, 林治安, 等.1998.影响盐碱土持续利用主要环境因子演变.农业环境与发展, 15(2): 34-35.

汪志荣, 王文焰.2000.砂土夹层的阻水减渗机制及合理埋深.西安理工大学学报, 16(2): 170-174.

王金平.1989.蒸发条件下层状土壤水分运动的数值模拟.水利学报, (5): 49-54.

王久志, 巫东堂.1986.沥青乳剂改良盐碱地的效果.山西农业科学, (5): 13-14.

王璐瑶, 彭培艺, 郝培静, 等.2016.基于采补平衡的河套灌区井渠结合模式及节水潜力.中国农村水利水电, (8): 18-24.

王全九, 邵明安, 汪志荣, 等.1999.Green-Ampt 公式在层状土入渗模拟计算中的应用.土壤侵蚀与水土保持学报, 5(4): 66-70.

王水献, 董新光, 吴彬, 等.2012.干旱盐渍土区土壤水盐运动数值模拟及调控模式.农业工程学报, 28(13): 142-148.

王文焰, 张建丰, 汪志荣, 等.1995.砂层在黄土中的阻水性及减渗性的研究.农业工程学报, 11(1): 104- 109.

王遵亲.1993.中国盐渍土.北京: 科学出版社, 400-515.

魏俊梅, 阿腾格.2001.巴盟河套灌区盐碱地的综合治理.内蒙古林业科技, (1): 32-35.

魏由庆.1995.从黄淮海平原水盐均衡谈土壤盐渍化的现状和将来.土壤学进展, (2): 18-25.

温永刚, 陈青云, 王树忠, 等.2008.土壤隔离栽培对日光温室黄瓜产量和水分利用的影响.上海交通大学学报: 农业科学版, 26(5): 483-486.

吴长银, 王玺珍, 赵守仁.1983.粘土夹层对土壤水分下渗运动的影响.江苏农业科学, (8): 32-38.

武海霞, 贾国鹏, 刘靖然.2013.秸秆层施深度对土壤水分入渗特性的影响.水利水电技术, 44(2): 141-143.

徐力刚, 杨劲松, 张妙仙, 等.2003.微区作物种植条件下不同调控措施对土壤水盐动态的影响特征.土壤, 35(3): 227-231.

徐璐, 王志春, 赵长巍, 等.2011.东北地区盐碱土及耕作改良研究进展.中国农学通报, 27(27): 23-31.

许慰睽, 陆炳章.1990.应用免耕覆盖法改良新垦盐荒地的效果.土壤, 22(1): 17-19.

杨劲松.2008.中国盐渍土研究的发展历程与展望.土壤学报, 45(5): 837-844.

杨鹏年, 吴彬, 王水献.2010.内陆干旱灌区地下水位调控研究.节水灌溉, (7): 57-62.

杨岳.2001.疏勒河流域盐碱地改良暗管排水与效果分析.水工效益, (9) : 145-146.

殷小琳, 丁国栋, 张维城.2011.降雨及隔盐层对滨海盐碱地水盐运动的影响.中国水土保持科学, 9(3): 40-44.

余世鹏, 杨劲松, 刘广明.2011.不同水肥盐调控措施对盐碱耕地综合质量的影响.土壤通报, 42(4): 942-947.

袁建平, 张素丽, 张春燕, 等.2001.黄土丘陵区小流域土壤稳定入渗速率空间变异.土壤学报, 38(4): 579-583.

袁剑舫, 周月华.1980.粘土夹层对地下水上升运行的影响.土壤学报, 17(1): 94-100.

岳强.2010.盐碱地改良方法研究.山西水利,26(12):32-34.

曾木祥,王蓉芳.2002.我国主要农区秸秆还田试验总结.土壤通报,33(5):336-339.

翟鹏辉,李素艳,孙向阳,等.2012.隔盐层对滨海地区盐分动态及国槐生长的影响.中国水土保持科学,10(4):80-83.

张凤荣,黄勤,张迪.2001.黄淮海平原粘土层在土系划分中的意义,分类指标和土系初建.土壤通报,32(5):197-200.

张建兵,杨劲松,姚荣江,等.2013.有机肥与覆盖方式对滩涂围垦农田水盐与作物产量的影响.农业工程学报,29(15):116-125.

张建丰,王文焰,杨志威,等.1997.西北黄土窑洞减渗防塌措施的研究.中国农业大学学报,(S1):88-91.

张建丰,王文焰,汪志荣,等.2004.具有砂质夹层的土壤入渗计算.农业工程学报,20(2):27-30.

张金珠.2013.干旱区秸秆覆盖对滴灌土壤水盐分布及棉花生长的调控效应.乌鲁木齐:新疆农业大学博士学位论文.

张金珠,虎胆•吐马尔白,王振华,等.2012.不同深度秸秆覆盖对滴灌棉田土壤水盐运移的影响.灌溉排水学报,31(3):37-41.

张坤,苗长春,徐圆圆,等.2009.麦秸强化石油烃污染耕地水浸洗盐过程及场地试验.环境科学,30(1):217-222.

张莉,丁国栋,王翔宇,等.2010.隔沙层对盐碱地土壤水盐运动的影响.干旱地区农业研究,28(2):197-200.

张明炷,王修贵.1993.泉渍稻田暗管排水的改土增产效果.农田水利与小水电,(11):12-15.

张帅,孔德刚,常晓慧,等.2010.秸秆深施对土壤蓄水能力的影响.东北农业大学学报,41(6):127-129.

张维成.2008.滨海盐碱地造林模式及土壤水盐运动规律研究.北京:北京林业大学硕士学位论文.

张新民.1997.上土下砂双层结构土壤的洗盐定额.西北水资源与水工程,8(1):48-51.

赵风岩.1997.土层排列组合与作物产量差异.土壤通报,28(3):105-106.

赵秀娟,韩雅楠,蔡禄.2011.盐胁迫对植物生理生化特性的影响.湖北农业科学,50(19):3897-3899.

郑永宏.2004.沧州滨海区盐碱地整理模式研究——以孟村回族自治县辛店镇土地整理项目为例.石家庄:河北师范大学硕士学位论文.

周维博.1991.降雨入渗和蒸发条件下野外层状土壤水分运动的数值模拟.水利学报,(9):32-36.

祝寿泉,王遵亲.1989.盐渍土分类原则及其分类系统.土壤,(2):106-109.

邹桂梅.2010.微域种植条件下植物生长状况及土壤水盐运移规律研究.北京:北京林业大学硕士学位论文.

Baker R S, Hillel D. 1990. Laboratory tests of a theory of fingering during infiltration into layered soils. Soil Science Society of America Journal, 54(1): 20-30.

Biggar J W, Nielsen D R.1967. Miscible dis-placement and leaching phenomena. Argonomy, 11: 254-274.

Bodman G B, Colman E A. 1944. Moisture and energy conditions during downward entry of water into soils. Soil Science Society of America Journal, 8(C): 116-122.

Bresler E. 1967. A Model for tracing salt distribution in the soil profile and estimating the efficient combinatiaon of water quality and quantity under varying field conditions. Soil Science, 104(4):227-233.

Cao J, Liu C, Zhang W, et al. 2012. Effect of integrating straw into agricultural soils on soil infiltration and evaporation. Water Science and Technology, 65(12): 2213-2218.

Day P R, Luthin J N. 1953. Pressure distribution in layered soils during continuous water flow. Soil Science Society of America Journal, 17(2): 87-91.

Fala O, Molson J, Aubertin M, et al. 2005. Numerical modeling of flow and capillary barrier effects in unsaturated waste rock piles. Mine Water and the Environment, 24(4): 172-185.

Franzluebbers A J. 2002. Water infiltration and soil structure related to organic matter and its stratification with depth. Soil and Tillage Research, 66(2): 197-205.

Gardner W R. 1960. Dynamic aspects of water availability to plants. Soil Science, 89(2):63-73.

Gardner W R, Hillel D, Benyamini Y. 1970.Post-irrigation movement of soil water: 1. Redistribution. Water Resources Research, 6(3):851-861.

Guo G, Araya K, Jia H, et al. 2006. Improvement of salt-affected soils, part 1: interception of capillarity. Biosystems engineering, 94(1): 139-150.

Hillel D, Baker R S. 1988. A descriptive theory of fingering during infiltration into layered soils. Soil Science, 146(1): 51-56.

Hussain N, Hassan G, Ghafoor A, et al. 1998. Biomelioration of sandy clay loam saline-sodic soil. Orlando: The Seventh International Drainage Symposium.

Ityel E, Lazarovitch N, Silberbush M, et al. 2011. An artificial capillary barrier to improve root zone conditions for horticultural crops: physical effects on water content. Irrigation Science, 29(2): 171-180.

Jia H, Zhang H, Araya K, et al. 2006. Improvement of salt-affected soils, part 2: interception of capillarity by soil sintering. Biosystems engineering, 94(2): 263-273.

Joergensen R G. 1996. The fumigation-extraction method to estimate soil microbial biomass: Calibration of the k_{EC} value. Soil Biology and Biochemistry, 28(1): 25-31.

Jones O R. 1994. No-tillage effects on infiltration, runoff and water conservation on dryland. American Society of Agriculture Engineers, 37(2): 473-479.

Kätterer T, Andrén O. 1995. Measurements and simulations of heat and water balance components in a clay soil cropped with winter wheat under drought stress or daily irrigation and fertilization. Irrigation Science, 16(2) : 65-73.

Lapidus L, Amundson N R. 1950. Mathematics of adsorption in beds. Ⅲ. Radial flow. Journal of Physical and Colloid Chemistry, 54(6):821-829.

Lemon E R. 1956. The potentialities for decreasing soil moisture evaporation loss. Soil Science Society of America Journal, 20(1): 120-125.

Licht M A, Al-Kaisi M. 2005. Strip-tillage effect on seedbed soil temperature and other soil physical properties. Soil and Tillage Research, 80(1/2): 233-249.

Martin A J P, Synge R L M. 1941. A new form of chromatogram employing two liquid phases: a theory of chromatography. 2. Application to the micro-determination of the higher monoamino-acids in proteins. Biochemical Journal, 35: 1358-1368.

Miller D E, Gardner W H. 1962. Water infiltration into stratified soil. Soil Science Society of America Journal, 26(2): 115-119.

Mohamed A M O, Shooshpasha I. 2004. Hydro-thermal performance of multilayer capillary barriers in arid lands. Geotechnical and Geological Engineering, 22(1): 19-42.

Nielsen D R, Biggar J W, Erh K T. 1973. Spatial variability of field measured soil-water properties. Hilgardia, 42(7): 215-260.

Qadir M, Schubert S. 2002. Degradation processes and nutrient constraints in sodic soils. Land Degradation and Development, 13(4): 275-294.

Rooney D J, Brown K W, Thomas J C. 1998. The effectiveness of capillary barriers to hydraulically isolate salt contaminated soils. Water, Air, and Soil Pollution, 104(3-4): 403-411.

Sarkar S, Paramanick M, Goswami S B. 2007. Soil temperature, water use and yield of yellow sarson (*Brassica napus* L. var. *glauca*) in relation to tillage intensity and mulch management under rainfed lowland ecosystem in eastern India. Soil and Tillage Research, 93(1): 94-101.

Slichter C S. 1905. Observations on the Ground Waters of Rio Grande Valley. Middleton, Wisconsin: Center for Integrated Data Analytics Wisconsin Science Center.

Starr J L, DeRoo H C, Frink C R, et al. 1978. Leaching characteristics of a layered field soil. Soil Science Society of America Journal, 42(3): 386-391.

Vance E D, Brookes P C, Jenkinson D S. 1987. An extraction method for measuring soil microbial biomass C. Soil Biology and Biochemistry, 19(6):703-707.

Willis W O. 1960. Evaporation from layered soils in the presence of a water table. Soil Science Society of America Journal, 24(4): 239-242.

Yanful E K, Morteza Mousavi S, Yang M. 2003. Modeling and measurement of evaporation in moisture-retaining soil covers. Advances in Environmental Research, 7(4): 783-801.

Yang M, Yanful E K. 2002. Water balance during evaporation and drainage in cover soils under different water table conditions. Advances in Environmental Research, 6(4): 505-521.

Zhang G S, Chan K Y, Oates A, et al. 2007. Relationship between soil structure and runoff/soil loss after 24 years of conservation tillage. Soil and tillage research, 92(1): 122-128.

|第2章| 上膜下秸的隔抑盐原理

灌溉过程中水分的运移和存储形成土壤水（Hillel and Baker，1988），同时也将盐分淋洗至底土层，为作物生长创造适宜的环境。灌溉水转换为土壤水的速度及其分布取决于土壤的入渗特性。土壤入渗能力的差异将会导致灌溉水均匀度、灌水效率和储水效果不同（解文艳和樊贵盛，2004），同时，在入渗过程中，水分是盐分运移的载体，水分入渗过快，盐分得不到充分溶解，洗盐效果不理想（冯永军和张红，2000；彭振阳等，2012），耕层储水量也较小。然而，层状土的入渗特性不同于均质土，其质地不均匀性使水分的入渗形式发生改变，会影响土壤水盐运移，进而影响土层含水率和盐分淋洗效果（李韵珠和胡克林，2004；史文娟等，2005）。目前，关于层状土对水分入渗的研究大都集中在夹砂层和黏土夹层，而对秸秆隔层的相关研究较少。秸秆隔层如何影响水分入渗过程，对盐分淋洗是否有影响，这些影响作用是否还与秸秆长度、部位和埋深等因素有关？这些问题还有待回答。

学术界对通过地表覆盖和地表下覆盖（隔层）抑制蒸发的研究较多，材料来源包括地膜、秸秆、沙层等，研究内容包括覆盖率、覆盖深度等。这些研究分别报道了土表覆盖和地下覆盖各自对土壤性质的改善作用，也有部分学者对地表覆膜和地表覆秸秆组合措施进行了研究（Sheng et al.，2008；张建兵等，2013），而将地表覆盖与地表下埋设秸秆隔层相结合的报道鲜见。Bezborodov 等（2010）认为地膜覆盖可保温增温，保水抑盐，改善耕层土壤水热状况，活化土壤养分，促进作物增产。而在地表下 20 cm 或 30 cm 处覆盖小麦或玉米秸秆可降低深层土壤水分蒸发，有效阻隔水盐上行，防止根层盐化（池宝亮等，1994；乔海龙等，2006；虎胆·吐马尔白等，2006）。为此，采用室内土柱模拟试验的方法，对比均质土壤，研究在相同灌水条件下秸秆不同长度、部位和埋深对土壤水分入渗能力及水盐分布的影响，以及秸秆隔层结合地膜覆盖对土壤毛管水运移和水分蒸发的影响，分析"上膜下秸"对土壤水盐运移的调控机理，旨在为盐碱土壤隔抑盐技术措施的应用提供依据和参考。

2.1 秸秆隔层土壤水入渗特征及水盐分布

2.1.1 秸秆隔层土壤水入渗特征

（1）湿润锋运移

图 2-1 描绘了土壤中埋设秸秆隔层对湿润锋运移的影响。从图 2-1 可以看出，在湿润锋向下运移过程中，秸秆隔层的存在明显降低了湿润锋的推进速率，使其入渗过程有别于对照（均质土）湿润锋的均匀移动状态。秸秆隔层处理的湿润锋运移可分为三个时段：①当湿润锋在隔层以上土层中移动时，其运移过程与对照基本相同，曲线重叠性较大；②当湿润锋进入秸秆隔层后，其移动速率迅速降低，湿润锋穿过秸秆隔层历时 122 min，比对照处理用时增加了 31 min；③当湿润锋进入秸秆隔层以下土层后，推进速率也明显减小，且湿润锋不稳定，水分呈指状分叉流动，引发优先流现象，但这种湿润锋的不均匀性随入渗过程逐渐减弱，当湿润锋运移至一定深度时（约 68 cm 处），优先流现象消失。由此可见，秸秆隔层的存在降低了湿润锋的推进速率，具有阻水作用。

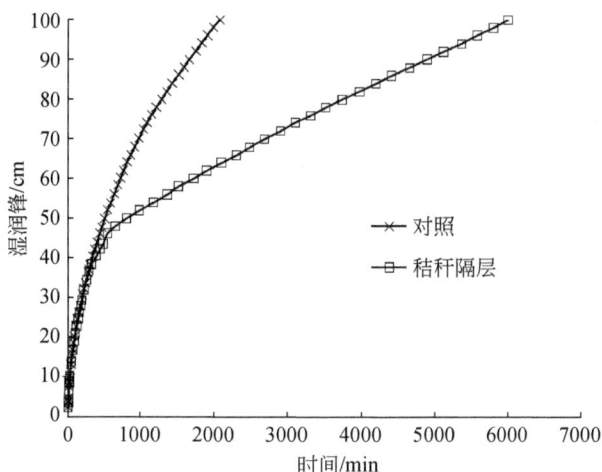

图 2-1　湿润锋深度随时间变化

（2）累积入渗量

从图 2-2 可以看出，水分入渗后，秸秆隔层的存在明显降低了水分入渗速率，减少了单位时间累计入渗量。整个过程累积入渗量变化可分为三个阶段：①当入渗水流在隔层以上土层中移动时（0~400 min），秸秆隔层处理与对照的累积入渗量随时间的变化趋势基本一致，曲线重叠性较大；②当入渗水流进入秸秆隔层时，单位时间内的累积入渗量迅速减小，其入渗速率从 0.21 mm/min 减至 0.06 mm/min，比对照处理低 0.14 mm/min；③当入渗水流在秸秆隔层以下土层中移动时，单位时间内的累积入渗量基本恒定，但仍明显低于对照。由此表明，秸秆隔层的存在可使单位历时的累积入渗量减少，减渗作用明显。

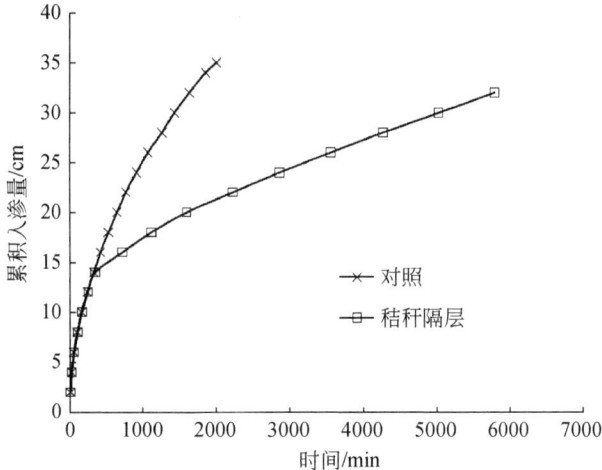

图 2-2　累积入渗量随时间变化

（3）湿润锋和累积入渗量与时间变化的关系

分别对入渗过程中湿润锋运移和累积入渗量与时间变化的关系进行拟合，结果见表 2-1 和表 2-2。可以看出，水分入渗过程在秸秆隔层上下土层之间的差异较大，大体可以分为两个阶段：①在秸秆隔层以上土层范围内，与对照相似，湿润锋运移和累积入渗量与时间变化的关系均符合 Kostiakov 入渗模型，这表明秸秆隔层的存在对隔层上部土壤入渗特性无影响；②在秸秆隔层以下土层范围内，湿润锋移动距离 Z 和累积入渗量 I 与时间 t 的关系均转变为线性关系，这说明在秸秆隔层以下土层范围，单位时间内湿润锋移动深度基本不变，此时水分入渗速率即为 I 对 t 的导数，为一常数。这与张金珠（2013）针对小麦秸秆隔层以下 20 cm 土层的研究结论不一致。这可能是由于本书研究秸秆类型和土层的深度与其不同，本书研究隔层以下 55 cm 土层，且发现在隔层以下 15 cm 土层范围内存在优先流现象，导致湿润锋不稳定，从而产生同一剖面土层内湿润锋移动速度差异较大的非均匀流场。但随入渗继续进行，土层湿润程度增大，优先流消失，入渗速率趋于稳定。

表 2-1　湿润锋与时间的拟合系数表

对照			秸秆隔层					
$Z = at^b$			$Z = at^b$（0~40 cm）			$Z = at+b$（45~100 cm）		
a	b	R^2	a	b	R^2	a	b	R^2
20.771	0.5065	0.9992	20.997	0.5043	0.9986	0.0968	429.85	0.9974

表 2-2　累积入渗量与时间的拟合系数表

对照			秸秆隔层					
$I = at^b$			$I = at^b$（0~40 cm）			$I = at+b$（45~100 cm）		
a	b	R^2	a	b	R^2	a	b	R^2
8.2152	0.4908	0.9996	8.285	0.4848	0.9998	0.0295	152.25	0.9963

2.1.2　秸秆隔层土壤水盐分布特征

由图 2-3 可知，秸秆隔层具有阻截和蓄积水分、提高耕层土壤含水率的作用。在水分入渗再分布 2 d 后，秸秆隔层处理 0~80 cm 土层含水率要高于对照处理，但 80~100 cm 土层含水率要低于对照处理。其中，秸秆隔层处理 0~40 cm 土层含水率平均比对照高 4.85 %，40~80 cm 土层含水率平均比对照高 2.15 %，但 80~100 cm 土层含水率要低于对照处理，说明秸秆隔层可增加耕层土壤含水率，提高灌水和降水的利用效率。

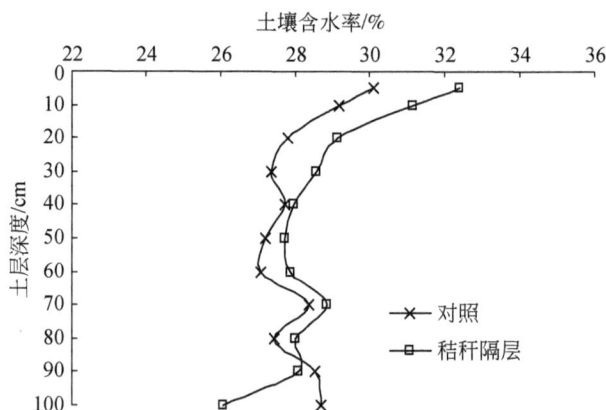

图 2-3　入渗 2 d 后土壤剖面含水率

从图 2-4 可见，秸秆隔层具有降低耕层土壤含盐量、提高灌水淋盐效果的作用。在再分布后第 3 天，秸秆隔层处理 0~40 cm 土层含盐量平均比对照低 9.87 %，40~50 cm 土层含盐量相同，而 50~100 cm 土层含盐量明显高于对照。这是由于秸秆隔层延长了入渗水在隔层以上土层的停蓄时间，从而使土壤中可溶性盐得以充分溶解，形成高浓度的溶液下移到隔层以下土层，提高了淋盐效果。这在农业生产上对降低耕层土壤含盐量、减轻作物盐害有重要意义。

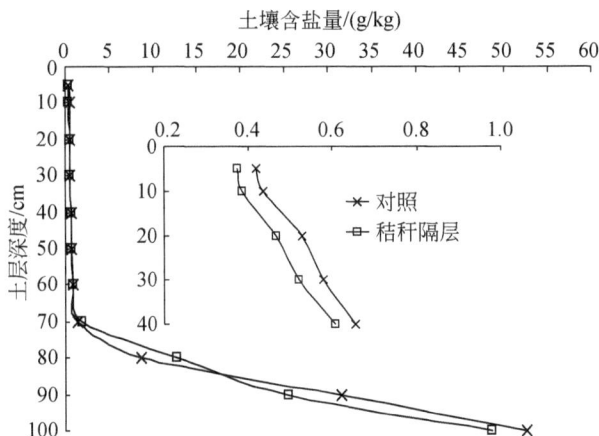

图 2-4　入渗 2d 后土壤剖面含盐量

2.2　秸秆隔层各因素对土壤水入渗特征的影响

2.2.1　秸秆部位对土壤水入渗特征的影响

玉米叶（Y）、玉米秆（G）和玉米叶与秆混合（质量比 1∶1，Y+G）作为秸秆隔层对秸秆隔层以下土层水分入渗能力的影响也有差异（图 2-5 和图 2-6）。当湿润锋到达相同深度（60 cm）时，各处理入渗过程历时分别为：Y+G>Y>G>CK，Y+G 处理、Y 处理、G 处理所用的时间与 CK 处理所用时间的比值分别为 1.70、1.41、1.16。累积入渗量随时间的变化曲线与湿润锋变化趋势基本相似，即玉米叶和秆混合物对土壤湿润锋推进及累积入渗量的抑制作用最大，玉米叶次之，玉米秆抑制作用最小。这主要是由于玉米秸秆不同部位的物理特性不同，导致其在相同质量情况下被压缩成一定体积后内部孔隙度差异较大，这种差异导致其对入渗水流的阻碍作用也不同。三种处理中，单纯的玉米秆或玉米叶质地相对均一，孔隙分布规律性较强，其中，玉米秆隔层内部孔隙较大，玉米叶隔层内部孔隙相对较小；而由玉米叶与秆混合构成的秸秆隔层内部则质地结构更为复杂，孔隙分布杂乱无章。水分的移动能力、运动状态受土壤较大尺度孔隙含量及分布状况的直接影响（李卓等，2009），大孔隙越多，通道越畅通，入渗能力越强。因此，结构复杂的秆叶混合物阻水减渗作用最大。

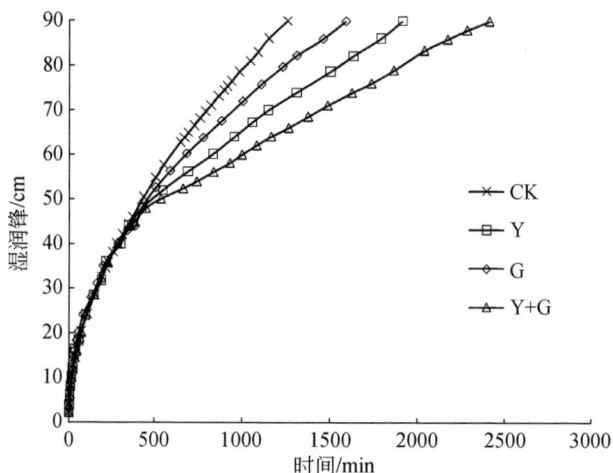

图 2-5　湿润锋深度随时间变化

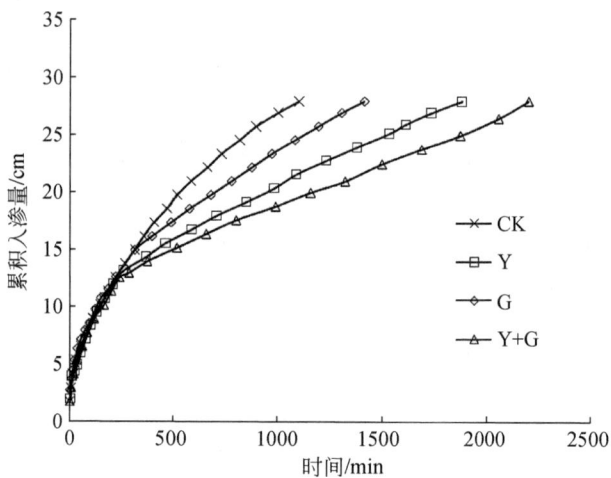

图 2-6　累积入渗量随时间变化

2.2.2　秸秆长度对土壤水入渗特征的影响

不同秸秆长度对土壤水入渗能力的影响也不同（图 2-7 和图 2-8），其中，在 40~80 cm 土层内，长秸秆隔层处理（3~5 cm，CG）湿润锋深度移动速率要大于碎秸秆隔层处理（<0.2 cm，SG），二者之间的差异随入渗时间逐渐减小；在80 cm 以下土层范围内，CG 处理的湿润锋推进速率要小于 SG 处理，而二者之间的差异随入渗时间逐渐增大。累积入渗量随时间的变化曲线也表现出相同态势。这表明不同秸秆长度导致入渗水流在隔层以下土层内的入渗速率不同。这主要是由于秸秆粉碎后，物理结构发生变化，表面积增大，吸水性差的秸秆表皮也被破坏，对水分的黏附力增大，需要蓄存更多的水分，因而其前期入渗速率较小；在其内部水分趋于饱和过程中，其阻碍作用逐渐降低，甚至消退。长秸秆物理形态完整，入渗过程中会导致产生速度差异较大的非均匀流场，且其内部不易被水分填充，达到饱和状态所需时间相对较碎秸秆隔层要长，因此后期其入渗速率也相对较小。

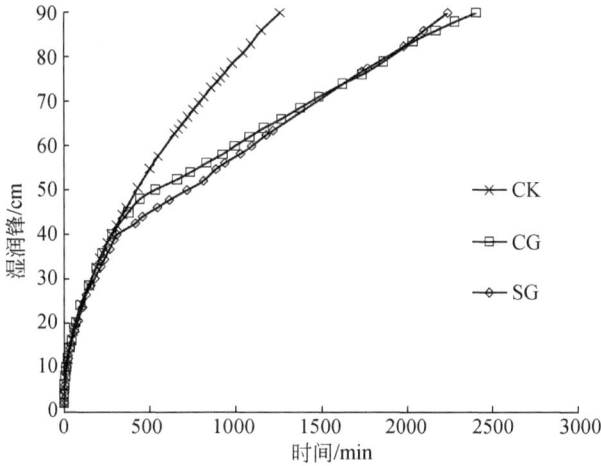

图 2-7　湿润锋深度随时间变化

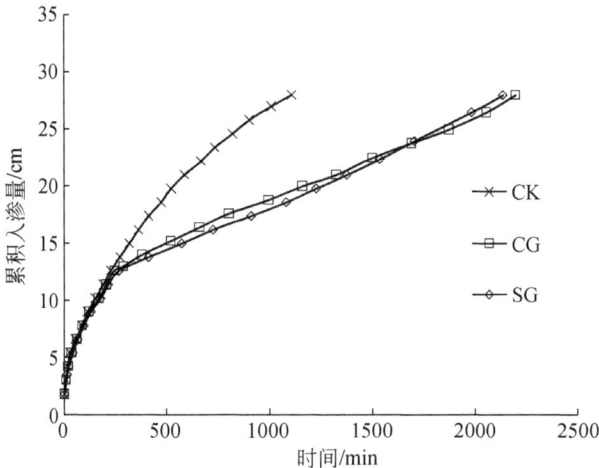

图 2-8　累积入渗量随时间变化

2.2.3 秸秆隔层埋深对土壤水入渗特征的影响

从图2-9可知，与对照（均质土）相比，在土壤中不同深度位置埋设秸秆隔层，均会降低单位历时内湿润锋的移动深度。结果显示，秸秆隔层埋深对其上土层范围的入渗速率无影响，主要作用于秸秆隔层以下土层。在单位入渗历时内，湿润锋移动深度随秸秆隔层埋设深度的增加而增大，即秸秆隔层位置越接近土表，其水分入渗到达相同深度的时间越长。

累积入渗量随时间变化曲线与湿润锋变化规律一致（图2-10）。当入渗水流到达秸秆隔层以下土层后，各秸秆隔层埋深处理的湿润锋移动深度和累积入渗量随时间的关系均为线性关系，水分入渗速率为累积入渗量与入渗时间的导数。通过对累积入渗量与时间的关系进行拟合可知（表2-3），秸秆隔层埋深越大，入渗水流到达秸秆隔层以下土层后直线斜率越大，入渗过程线性化前的初始水量也随之增大。这与王文焰等（1995）认为黄土夹砂土层埋深越大，直线斜率越小的结论不一致，这可能是与土壤质地和隔层材质不同有关。

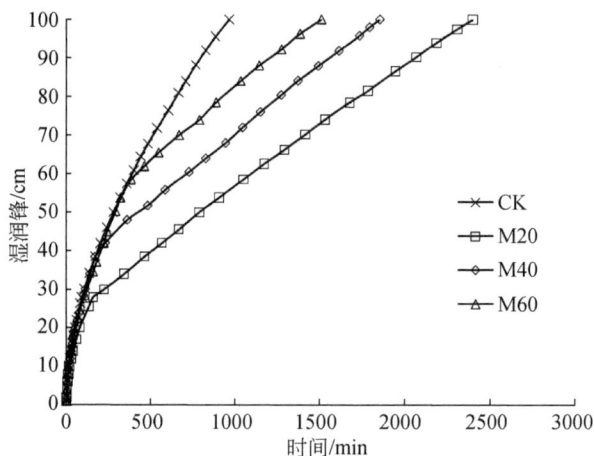

图 2-9 湿润锋深度随时间变化

表 2-3 累积入渗量与时间的拟合系数表

处理	土层深度 /cm	$I = at + b$		
		a	b	R^2
M20	25~100	0.0323	23.884	0.9990
M40	45~100	0.0351	35.209	0.9996
M60	65~100	0.0363	46.058	0.9986

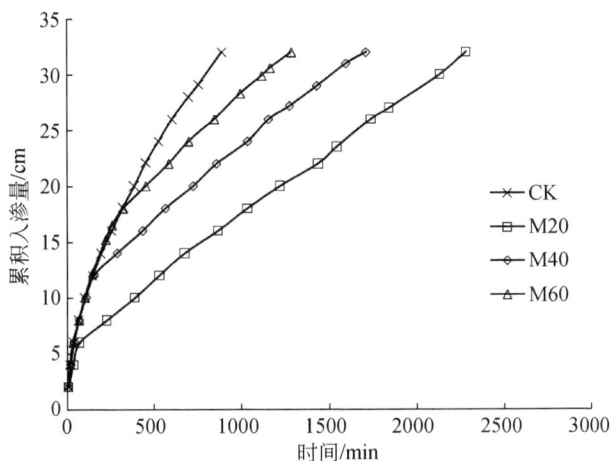

图 2-10 累积入渗量随时间变化

2.3 秸秆隔层对土壤水入渗特征及水盐 分布影响的机理

2.3.1 秸秆隔层土壤阻水减渗作用机理分析

土壤质地和土壤结构对土壤水分入渗能力有显著影响（Franzluebbers，2002；Zhang et al.，2007）。在均质土壤中，水势呈逐渐降低趋势，入渗水流能顺利通过并向下运移。而在土壤中埋设秸秆隔层，改变了土壤质地的均匀性和土体构型，使土水势在交界面发生突变，导致水分入渗形式也发生相应变化（王春颖等，2010；李久生等，2009）。从图 2-11 可以看出，在湿润锋到达秸秆隔层时（图中 B 段），秸秆隔层内部吸力骤然增高，这是由于秸秆隔层中的大孔隙中封闭有大量空气，秸秆水分得不到及时补充，从而形成了抑制湿润锋推进的"阻隔层"，结果导致入渗水流被保持在隔层上部土层。湿润锋到达秸秆隔层与其上土层交界面时，湿润锋前部含水率较低，由于秸秆与土壤质地的差异造成二者水势增大的程度不同，形成水势差。在持续入渗条件下，湿润锋前部含水率逐渐增大，交界面处的水势差也逐渐下降，当二者水势接近或相等时，水流方可按能量最低要求进一步入渗并进入秸秆隔层。这个过程需要一定时间，即发生了秸秆隔层阻碍水分入渗的效果。

经过一个时段的延时入渗，秸秆隔层不断吸水，其水分含量逐渐增大，秸秆隔层内部水势降低较快，当湿润锋到达秸秆隔层与其下土层交界面处时，同样由于秸秆与土壤质地的差异造成二者水势增大的程度不同，致使秸秆隔层水势远低于其下土层，造成水势差的逆向。这导致秸秆隔层再次阻碍了水分向下部土层的入渗。其后，隔层下部土层水分含量逐渐增大，导水率也增强，当界面水势再次平衡，水分开始下渗，在重力作用下继续向下运动。这与夹砂层对土壤入渗特性的影响结果一致（曲晨晓和王炜，1997；汪志荣和王文焰，2000）。在入渗结束后的再分布过程中（图中 D 段），秸秆隔层与土层的水势逆差逐渐扩大，其阻水作用也逐渐增强，从而阻碍了上部积水的下移再分布作用。

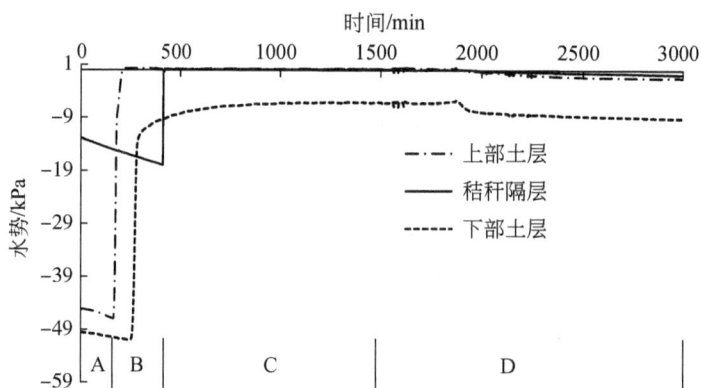

图 2-11　入渗及入渗后再分布过程水势随时间变化

注：A 段湿润锋位于 0~40 cm；B 段湿润锋位于 40~55 cm；C 段湿润锋位于 55~100 cm；D 段为入渗后再分布过程。

　　在土壤中埋设秸秆隔层的层状土体，可以看作是"细质土层"中夹杂有"粗质土层"。土壤质地的不均匀性导致水分运动方式的改变，王文焰等（1995）研究发现，物理夹层土壤质地比表层土层粗或细，均会对入渗水流起到阻碍作用。入渗通量将随入渗时间发生多次转折，且水流每通过一次夹层与土层的交界面，入渗通量就会改变一次（汪志荣和王文焰，2000）。在层状土体结构中，水分的入渗方式不仅取决于交界面以上土层的性质，也取决于水分活动的各个层面的性质、厚度，以及它们之间的相互排列情况（史文娟等，2005；张蕾娜等，2001）。因此，秸秆隔层的阻水性强弱还取决于秸秆本身质地。由于秸秆隔层部位和长度不同，其内部有效孔隙含量不同，在同一含水量下的吸力也不同，结果导致水分流动通量发生差异，入渗速率也不同（Chen and Wagenet，1992；Helalia，1993）。然而，不同秸秆隔层埋深不影响其阻水性能，其深度的增加只是推迟了阻水作用的开始时间，以及改变了入渗水流转变为线性化前的初始入渗量，且必须在持续的积水入渗条件下才有阻水作用。

2.3.2 秸秆隔层土壤引发优先流现象原因分析

本书试验发现,秸秆隔层的存在改变了水分入渗特征,降低了水分入渗速率,同时还引发了优先流现象(图 2-12)。这是由于土壤和秸秆的孔隙状况不同,秸秆中以大孔隙居多。经测定,秸秆隔层内部总空隙度为 94.55 %,而均质土壤的总孔隙度仅为 44.45 %。因此,这种在细质土层与粗质秸秆隔层交界面处形成的"孔隙差异界面"造成了导水能力的差异(曲晨晓和王炜,1997),致使单位时间内进入秸秆隔层的水分流动通量减小,从而降低了水分入渗速率。入渗水流进入秸秆隔层后,隔层内的大孔隙结构使水流优先迁移,可优先穿过秸秆隔层到达交界面的下表面,而秸秆隔层内填充的空气使湿润锋前部的空气压力增加,从而产生速度差异较大的非均匀流场(牛健植等,2006;秦耀东等,2000),致使水流呈柱状流动;入渗水流也可沿竖直或倾斜的秸秆表面流动,而优先到达隔层以下土层的水分的入渗速率要小于土壤饱和导水率,因此在隔层与土层交界处形成一个狭窄的湿润锋区,而区内水分在短时间内无法与土壤基质的缓慢运移的其他部分保持平衡(牛健植和余新晓,2005;秦耀东等,2000),从而引起湿润锋运移的不均匀性。随入渗过程进行,土壤含水率逐层增加,秸秆隔层含水率达到一定程度时,其导水率趋同于细质土层,水分入渗速率基本稳定,湿润锋的不均匀性也逐渐消退,优先流现象消失。

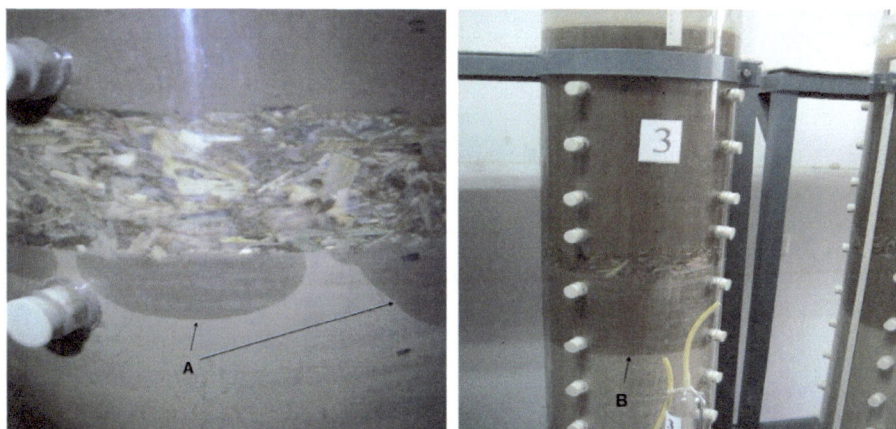

图 2-12 入渗过程引发优先流现象

注:A 为引发优先流现象,B 为优先流现象消退。

2.3.3 秸秆隔层土壤储水作用机理分析

本书研究表明,秸秆隔层在土壤中具有阻水减渗作用,导致大量积水存蓄在隔层上部土层。由图 2-13 可知，在入渗水流被"阻隔"的这一时段内（图中 B 段），秸秆隔层内部水分含量不断增加，明显高于同位土层。由于玉米秸秆茎髓吸水性较强，可吸附大量的水分。通过测定可知，玉米秸秆完全饱和后，可吸附超过自身重量近 4 倍的水分。因此，可将土体中的秸秆隔层看作一个"贮水层"。这种特有的储水作用是黏土夹层和砂土夹层等无法比拟的。由于在单位时间内入渗水流通过土层达到秸秆隔层的量是有限的，而秸秆强大的吸水特性使其在短时间内无法达到饱和状态，结果导致隔层与土层的水势差在短时间内无法达到平衡，只有交界面以上土层蓄存较多的水分时才能满足入渗的要求。因此，秸秆隔层的存在延长了入渗水在隔层以上土层的蓄积时间，提高了其上土层含水率。这与乔海龙（2006）的研究结果一致。

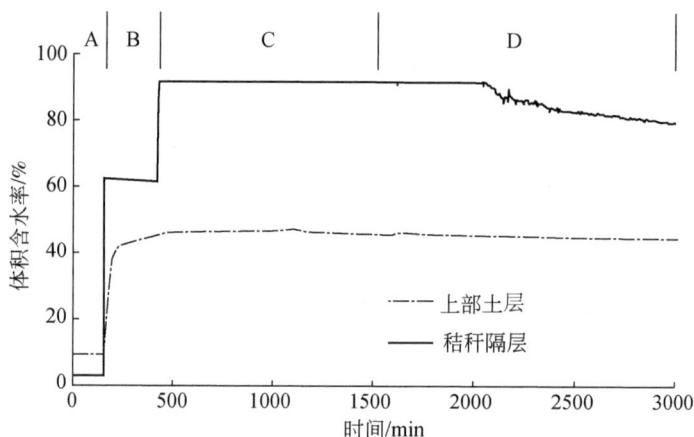

图 2-13　入渗及再分布过程含水率随时间变化

注：A 段湿润锋位于 0~40 cm；B 段湿润锋位于 40~55 cm；C 段湿润锋位于 55~100 cm；D 段为入渗后再分布过程。

从图 2-13 还可看出，入渗水流在秸秆隔层内部运移时，其水分含量并未达到饱和状态，这主要是由于秸秆隔层内部封闭有部分空气所致，这使得秸秆隔层导水率小于上部土层，产生阻水作用，同时增加隔层上部土层土壤存储量。当湿润锋进入秸秆隔层下部约 10 cm 土层以后（图中 C 段），秸秆隔层内部水分接近饱和状态，其体积含水率高达 91.5 %。此时，秸秆隔层的导水率与土层相等，入渗通量由上部土层控制，对水分入渗基本不存在阻碍作用，入渗速率为一个常数。但由于秸秆隔层与土层之间的水势逆差仍旧存在，蓄存在隔层上部土层中的水分仍可被长期保持，这与 Bodman 和 Colman（1944）的研究结果一致，认为入渗过程由细质夹层控制的结论吻合。

在入渗—再分布过程刚开始时（图中 D 段），秸秆隔层内部保持较高的水分含量，在重力作用下，隔层上部土层中的积水还会继续向下运移。秸秆隔层和土层的水势逆差逐渐增大，隔层内部水分含量也逐渐下降。一旦秸秆隔层内部水分减少，秸秆隔层与土层的导水率差异扩大，其上部蓄积的水分通过秸秆隔层向下运移的量也会随之减少，从而存积在秸秆隔层上部土层。这在干旱地区对保蓄有限的灌水和降水具有积极作用，配合地表覆膜等措施，可大幅提升水分利用效率。

2.3.4　秸秆隔层土壤促进淋盐作用机理分析

由图 2-14 可知，入渗水流进入秸秆隔层后（图中 B 段），隔层内部含盐量急剧上升，盐分锋面位置电导率最高值达 51.5 mS/cm，比对照（均质土）同层位提高 39.5 mS/cm，即盐分含量明显高于同位土层，这说明秸秆隔层的存在促进了秸秆隔层上部土层盐分的淋洗。秸秆隔层内溶液的高电导率状态持续时间也较长（图中 C 段），表明淋洗作用是一个持续至入渗结束的过程。入渗—再分布过程中，秸秆隔层内部的电导率逐渐小于同位土层，表明入渗前期到达秸秆隔层内部的高浓度盐溶液也会随水分再分布向深土层运移。说明秸秆隔层土壤提高了其上土层水分含量，从而促进了土壤可溶性盐分离子的交换、吸附和解析等作用（胡顺军等，2004），使盐分得以充分溶解。一旦上层土壤含水量达到某一临界值时，水分便可穿过秸秆隔层向下层土壤入渗，其溶解的盐分也迅速下渗到隔层以下土层，进而提高了入渗水淋盐效果。而形成鲜明对比的是，均质土壤中的入渗水流还未达到水盐扩散平衡就已渗漏，单位体积水量淋盐效果差（冯永军和张红，2000）。这与张坤等（2009）的研究结果一致。

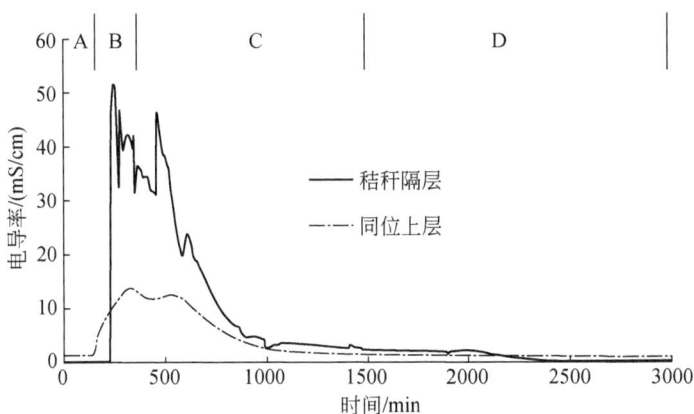

图 2-14　入渗及再分布过程含水率随时间变化

注：A 段湿润锋位于 0~40 cm；B 段湿润锋位于 40~55 cm；C 段湿润锋位于 55~100 cm；D 段为入渗后再分布过程。

在自然条件下，秸秆隔层可延缓降水入渗，从而使其上土壤在较长时间内保持高含水量，在一定程度上补给了作物生长需水，同时也可降低表层土壤盐分含量。这在干旱地区对降水能起到保蓄作用，对盐碱障碍土壤的农业高效利用具有积极意义。然而，单次降水量较小时，降水对土壤含水量补给量较小，不足以达到田间持水量时，秸秆隔层的储水意义并不大，对土壤盐分的淋洗作用也较小。因此，秸秆隔层对土壤水分的调控作用主要体现在灌溉过程中储水，而对土壤盐分的调控主要体现在灌溉过程中提高淋盐效率和蒸发过程中控盐抑盐。

2.4 毛管水上升特性

2.4.1 均质土壤毛管水上升特性

（1）均质土壤毛管水上升高度

图 2-15 为均质土壤毛管水上升高度（即湿润锋距离地下水位的高度）和垂直向下入渗的湿润锋深度随时间变化图。由图 2-15 可知，在均质土壤中，毛管水上升高度与湿润锋入渗深度均随时间的延长而增加，而增幅减小。尽管土壤毛管水上升过程与水分垂直入渗过程中湿润锋下移的受力均为土壤毛管吸力和水的重力之和，然而，前者受到的重力为负值，后者为正值。因此，在相同时间内，毛管水上升高度明显低于湿润锋入渗深度。

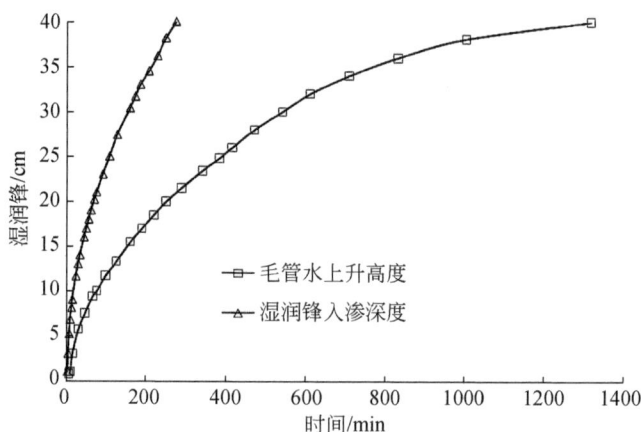

图 2-15　均质土壤毛管水上升高度和湿润锋入渗深度随时间的变化

对毛管水上升高度与时间的关系进行拟合，表明二者符合幂函数关系，拟合结果为

$$H = 0.3031t^{0.7343} \quad (R^2 = 0.9674) \qquad (2\text{-}1)$$

式中，H 为毛管水上升高度（cm），取正值；t 为毛管水上升时间（min）。

对式（2-1）求时间 t 的导数，可得到均质土壤毛管水上升速度随时间 t 的变化关系，结果为

$$\frac{\mathrm{d}H}{\mathrm{d}t} = 0.2226t^{-0.4268} \qquad (2\text{-}2)$$

从式（2-2）可以看出，毛管水上升速率随时间的延长而逐渐减小。这一结果与毛管水上升过程一致。

（2）均质土壤地下水补给量

由图 2-16 可知，均质土壤地下水补给量与毛管水上升高度均随时间的延长而增大。毛管水上升到达土表后，在毛管力作用下，地下水仍可继续补水，但补给量很小。对地下水补给量与时间的变化进行拟合，表明二者也符合幂函数关系。拟合结果为

$$Q = 1.5417t^{0.2724} \quad (R^2 = 0.9657) \qquad (2\text{-}3)$$

式中，Q 为地下水补给量，即单位面积累积补给的地下水深厚度（cm）；t 为毛管水上升时间（min）。

对式（2-3）求时间 t 的导数，可得到均质土壤毛管水上升速度随时间 t 的变化关系，结果为

$$\frac{\mathrm{d}Q}{\mathrm{d}t} = 0.42t^{-0.7276} \qquad (2\text{-}4)$$

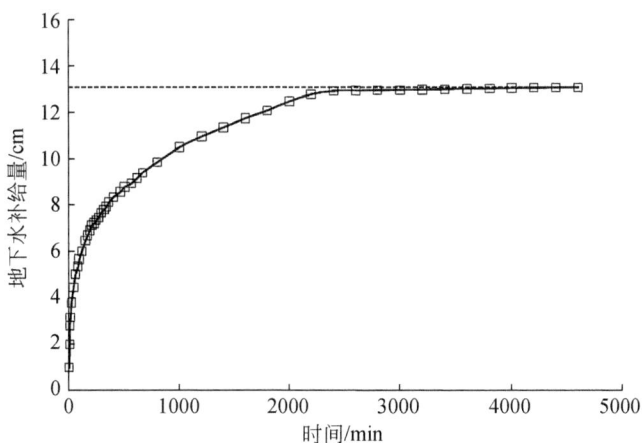

图 2-16 均质土壤地下水补给量随时间的变化

从式（2-4）可以看出，地下水补给速率随时间的延长而逐渐减小。这一结果与马氏瓶中水位下降速率一致。

2.4.2 秸秆隔层各因素对土壤毛管水上升的影响

（1）秸秆部位对土壤毛管水上升的影响

由秸秆隔层使用不同秸秆部位的各处理土壤毛管水上升高度随时间变化（图 2-17）可知，各处理毛管水到达秸秆隔层位置的时间显著大于对照。这与罗焕炎等（1965）研究认为黏土夹层位于砂性土的毛管水饱和带以内时对毛管水的上升速度具有抑制作用的结论一致。秸秆隔层使用不同秸秆部位的各处理的毛管水上升速度也不同，G>Y+G>Y。这主要是由于秸秆部位不同，其内部空隙大小有差异，内部空隙较大时，毛管水向上运移的"进水吸力"也相对较大。当毛管水到达土层与秸秆隔层交界面时，秸秆隔层使用不同秸秆部位的各处理的毛管水上行运动停止，仅表现为水分浸润。这与池宝亮等（1994）的研究结果一致。这是由于秸秆隔层与土壤的导水率差异较大，水分运动不能进入秸秆隔层，而是在交界面下层土壤中停滞。随着秸秆隔层下层土壤水分含量不断增大，直至达到某一临界含水量，土壤吸力值开始小于与之相邻的秸秆隔层的吸力值时，秸秆隔层可吸取部分水分。然而，秸秆隔层内部毛管作用极其微弱，毛管水浸润部分秸秆后，由于吸力不足而断裂，从而阻断了毛管水上行。

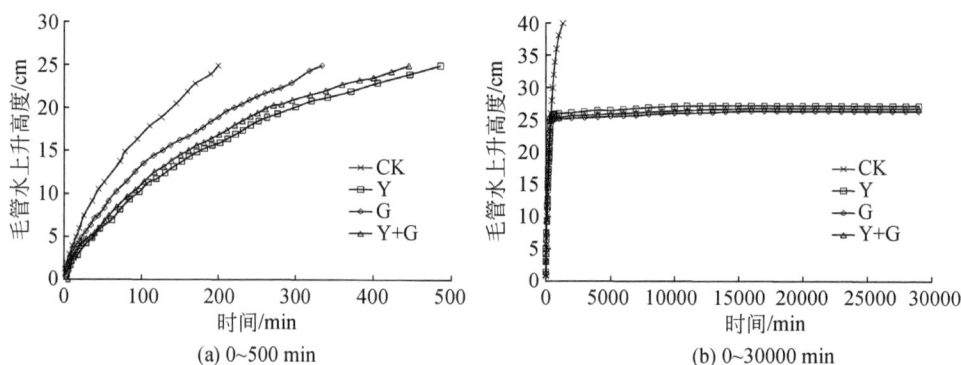

图 2-17　秸秆隔层使用不同秸秆部位的各处理土壤毛管水上升高度随时间的变化

（2）秸秆长度对土壤毛管水上升的影响

图 2-18 为秸秆隔层使用不同秸秆长度的各处理土壤毛管水上升高度与时间的关系。从图 2-18（a）可以看出，在毛管水到达土层与秸秆隔层交界面之前，秸秆隔层土壤（CG 处理和 SG 处理）的毛管水上升速度要小于均质土壤（CK 处

理），其中 CG 处理的速度要大于 SG 处理。当毛管水到达土层与秸秆隔层交界面时，秸秆隔层土壤的毛管水上行运动产生停滞，而均质土壤仍可继续上升。此后，秸秆隔层内部毛管水上升速度极为缓慢，且主要表现在前 10 d[图 2-18（b）]。在 20 d 内，CG 处理秸秆隔层内部浸润高度为 1.6 cm，而 SG 处理为 2.4 cm。导致这种差异的原因，可能是由于秸秆粉碎后，孔隙减小，部分空隙被上行至此的毛管水填充，其阻水性减小；此外，其表面积增大，薄膜水上升高度也随之增大。然而，CG 处理和 SG 处理的毛管水均未越过秸秆隔层，二者隔层上部土体始终处于干燥状态。

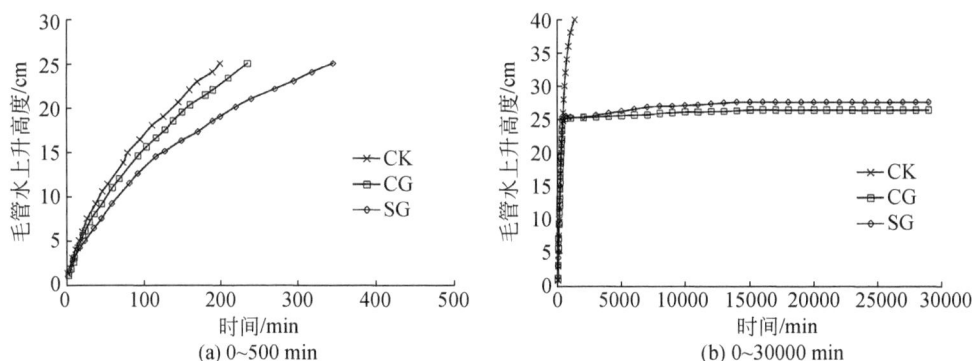

图 2-18　秸秆隔层使用不同秸秆长度的各处理土壤毛管水上升高度随时间的变化

2.5　秸秆隔层对土壤水分蒸发特性及水盐分布的影响

2.5.1　均质土壤水分蒸发特性

图 2-19 描绘了均质土壤在 15 mm/d 和 20 mm/d 的大气稳定蒸发能力下，日蒸发量和累积蒸发量随时间的变化过程。蒸发开始时，蒸发速率主要受土壤含水率和导水率控制，土面蒸发主要依靠下层水分通过毛管传导水维持，但毛管导水率会随着含水率的降低而下降，导致毛管传导水的导水速率跟不上蒸发速率，因此蒸发速率不断下降（依艳丽，2009）。试验伊始，各层土壤含水率较高，处于田间持水量与饱和含水率之间，水分向蒸发面补给能力较强，因此，前期两组处理的日蒸发量均较大，与大气稳定蒸发能力的比值均在 90 % 以上。随着蒸发过程推进，土壤水分大量消耗，日蒸发量进入速率递减阶段。20 mm/d 处理的日蒸发量从第 3 天开始便出现转折，呈急剧降低趋势，而 15 mm/d 处理在蒸发第 8 天

后才迅速降低。两组处理的日蒸发量在第 5 天出现了交点，此后 15 mm/d 处理的日蒸发量大于 20 mm/d 处理。试验进行 12 d 后，两组处理日蒸发量降低速率减缓，且二者之间差异逐渐减小。

从累积蒸发量随时间的变化曲线来看，两组处理的累积蒸发量在第 16 天时出现了交点。在此之前，20 mm/d 处理的累积蒸发量高于 15 mm/d 处理；在此之后，15 mm/d 处理的累积蒸发量要高于 20 mm/d 处理。这主要由于在前期稳定蒸发条件下，大气蒸发量较大，表层土壤水分散失较快，土壤湿度降低至一定程度时，毛管水运行发生断裂，其蒸发速率又明显下降，表层土壤接近风干状态。此后，底层土壤水分向上蒸发的过程由毛管水上升逐渐转变为毛管水上升与水汽扩散两种状态的蒸发形势。然而，干土层对土壤蒸发具有抑制作用（Yamanaka et al.，1997），从而降低了后期蒸发能力。

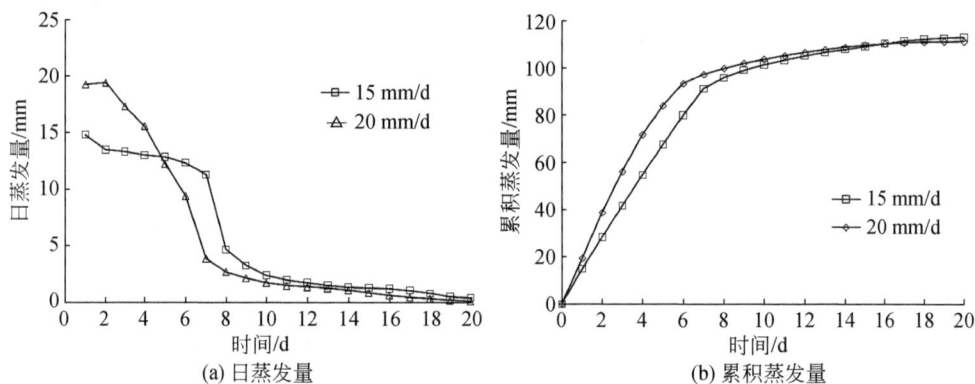

图 2-19 不同大气蒸发能力下均质土壤的蒸发特性

2.5.2 秸秆隔层土壤水分蒸发特性

2.5.2.1 秸秆隔层使用不同秸秆部位对土壤水分蒸发的影响

图 2-20 为 15 mm/d 稳定大气蒸发能力下，秸秆隔层使用不同秸秆部位对土壤日蒸发量和累积蒸发量的影响，可以看出，各处理的日蒸发量随蒸发时间的延长呈不同速率的递减规律，符合脱水过程。蒸发初始阶段，秸秆隔层使用不同秸秆部位的各处理的累积蒸发量与 CK 处理差异不大，除 Y+G 处理外，各处理 3 d 后明显低于 CK 处理，而 Y+G 处理持续至第 5 天后才明显低于 CK 处理。从第 9 天开始，秸秆隔层使用不同秸秆部位的各处理的日蒸发量均大于 CK 处理。这主要是由于入渗结束后，秸秆隔层使用不同秸秆部位的各处理上部土层均蓄积了大量水分的缘故。此时，储存在秸秆内部以及其下部土层中的水分以水汽形态向上

蒸发扩散，而 CK 处理底土层可向蒸发土面补给的水分相对较低。但连续蒸发 20 d 后，秸秆隔层使用不同秸秆部位的各处理的累积蒸发量均明显小于 CK 处理。

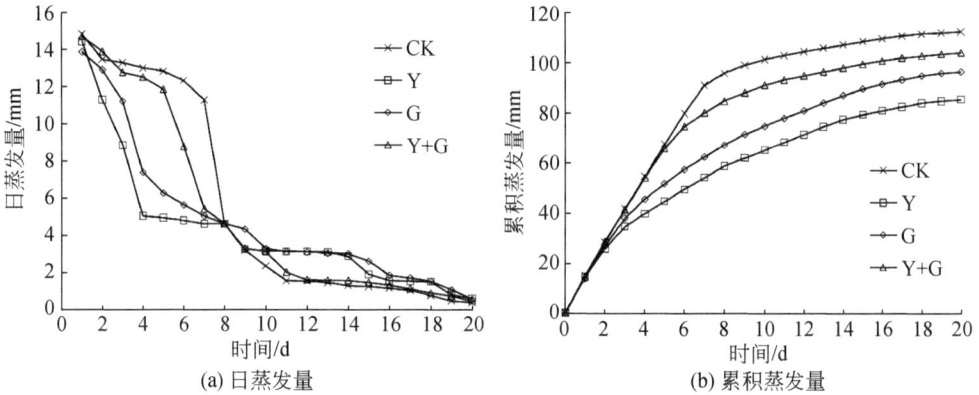

(a) 日蒸发量   (b) 累积蒸发量

图 2-20   秸秆隔层使用不同秸秆部位对土壤日蒸发量和累积蒸发量的影响

秸秆隔层使用的秸秆部位不同，土壤的日蒸发量随时间变化趋势也有差异。在蒸发初始阶段，不同处理的日蒸发量大小表现为：Y+G>G>Y，且这种状态一直持续至第 7 天。此后，Y 处理和 G 处理的日蒸发量差异不大，而 Y+G 处理相对较低，且处理间差异随蒸发推进而呈逐渐降低趋势。从累积蒸发量来看，连续蒸发 20d 过程中，不同处理累积蒸发量的大小表现为：Y+G>G>Y，与日蒸发量大小顺序一致。说明秸秆隔层使用不同秸秆部位对土壤蒸发特性的影响主要体现在蒸发过程的前期阶段。这可能是由于不同秸秆部位自身特性造成的，据 2.2.1 小节所述，Y+G 处理的阻水能力相对较强，其储存的水分在蒸发前期容易被消耗；尽管 G 处理的阻水能力相对较弱，但其内部的海绵体组织（茎髓）储水能力较强，在蒸发过程中，存储的水分更容易以水汽形式向上扩散，因此其蒸发量也相对较大。

2.5.2.2   秸秆隔层使用不同秸秆长度对土壤水分蒸发的影响

在模拟稳定 15 mm/d 大气蒸发条件下，秸秆隔层使用不同秸秆长度对土壤日蒸发量和累积蒸发量的影响见图 2-21。在蒸发前 4 d，各处理的日蒸发量与大气蒸发能力的比值均在 70 % 以上。其中，SG 处理和 CG 处理分别在第 4 天和第 5 天后出现转折，日蒸发量均呈迅速降低趋势，而 CK 处理在第 8 天后才出现转折。从第 11 天开始，各处理的日蒸发量降低速率减缓，且各处理间日蒸发量无明显差异。连续蒸发 20 d 后，CG 处理和 SG 处理的累积蒸发量均小于 CK 处理。

从图 2-21 中还可以看出，秸秆隔层使用不同秸秆长度的各处理的日蒸发量随时间变化趋势也不同。蒸发第 1 天时，SG 处理与 CG 处理的日蒸发量相近，与大气蒸发能力的比值均在 93 % 以上。第 2 天开始，CG 处理的日蒸发量要大于 SG 处理，但此后 3 d，二者递减速率比较接近。蒸发前 4 d，SG 处理与 CG 处理的累积蒸发量差异不显著；第 5 天开始，CG 处理的累积蒸发量明显大于 SG 处理。导致这种差异的原因，可能是与入渗过程中秸秆隔层使用不同秸秆长度的各处理的阻水减渗能力有关。据前文所述，SG 处理对入渗水流的阻碍作用开始时间相对较早，但入渗后期的阻水能力要弱于 CG 处理，即 CG 处理的入渗过程结束时间要晚于 SG 处理。由此可以推断，蒸发开始时 CG 处理隔层上部蓄存的水分要大于 SG 处理。因此，在蒸发初始阶段，秸秆隔层上部土层蓄存的水分很快被蒸散，导致 CG 处理前期蒸发量大于 SG 处理。

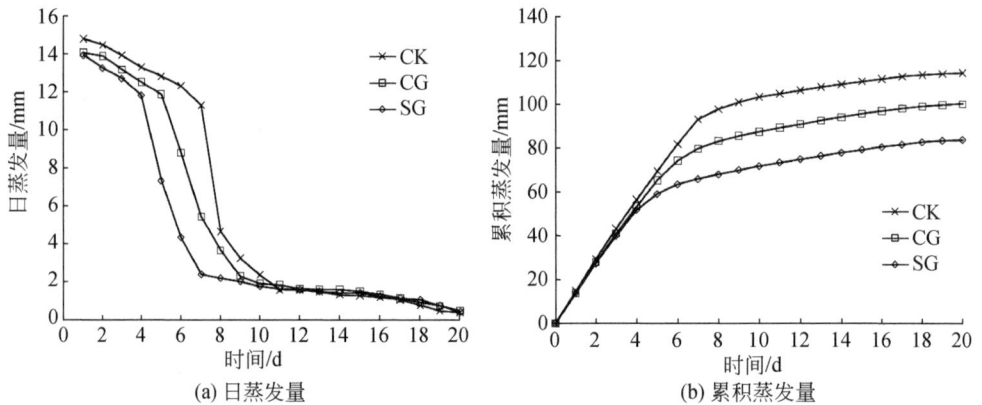

图 2-21　秸秆隔层使用不同秸秆长度对土壤日蒸发量和累积蒸发量的影响

2.5.2.3　秸秆隔层埋深对土壤水分蒸发的影响

图 2-22 为不同秸秆隔层埋深处理在 15 mm/d 的大气蒸发条件下土壤日蒸发量和累积蒸发量随时间的变化过程。在蒸发第 1 天，各处理的日蒸发量均较高，与大气蒸发能力的比值均在 90 % 以上，且均小于 CK 处理，但差异较小。随蒸发过程推进，各处理日蒸发量逐渐降低。其中，M20 处理的日蒸发量在第 2 天时便迅速降低，第 5 天后趋于平稳。M40 处理和 M60 处理从第 2 天开始也呈急剧降低趋势，尤其是 M40 处理，但二者降低幅度均小于 M20 处理，第 9 天后才趋于平稳。蒸发第 15 天后，各处理的日蒸发量差异较小。

从图 2-22 中还可以看出，不同秸秆隔层埋深处理累积蒸发量随时间延长均呈逐渐增加趋势，且均小于 CK 处理。蒸发前 2 d，各处理累积蒸发量差异较小。此后各处理累积蒸发量差异逐渐增大，且表现为随秸秆隔层埋深的增加，累积蒸

发量增加。处理间差异主要体现在前 10 d 内，此后各处理的累积蒸发量增加
幅度差异不大。连续蒸发 20 d 后，M20 处理、M40 处理和 M60 处理的累积
蒸发量分别为 69.07 mm、84.42 mm 和 98.78 mm，分别占同期大气蒸发能力
（300 mm）的 23.02 %、28.14 % 和 32.93 %，明显小于 CK 处理（38.77 %）。
这主要是由于秸秆隔层埋深较小时，其上土层存储的水分较少，在强烈的蒸发条
件下，土壤水分很快就会被蒸发散失，提早进入汽态水分散失阶段。秸秆隔层埋
深较大时，其上层土壤水分存储量相对较大，土壤水分累积散失量也随之变大。

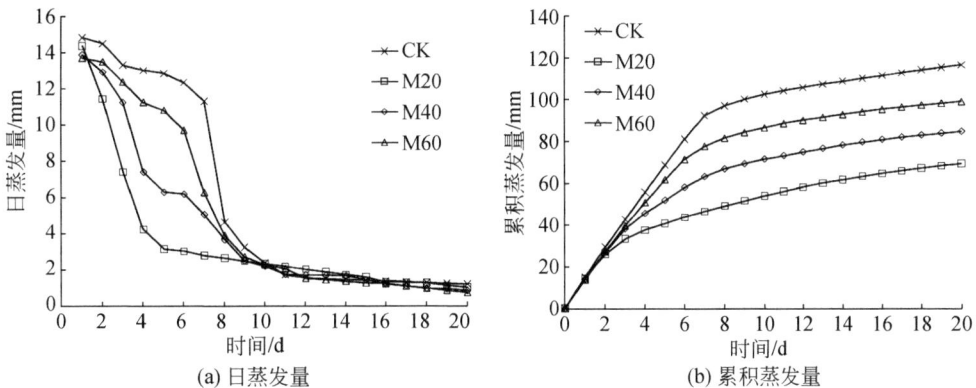

图 2-22　不同秸秆隔层埋深对土壤日蒸发量和累积蒸发量的影响

2.5.3　秸秆隔层土壤水盐分布特征

2.5.3.1　秸秆隔层使用不同秸秆部位对土壤水盐分布的影响

（1）土壤剖面水盐分布特征

秸秆隔层使用不同秸秆部位的各处理土壤在 15 mm/d 的大气蒸发能力条件
下，连续蒸发 20 d 后土壤剖面含水率与含盐量分布特征见图 2-23。从土壤剖面
含水率分布情况来看，在秸秆隔层以上土层范围内（0~40 cm），秸秆隔层使用
不同秸秆部位的各处理的含水率明显低于 CK 处理，而在 40~90 cm 土层范围内，
秸秆隔层使用不同秸秆部位的各处理的含水率明显高于 CK 处理。这表明秸秆隔
层的存在抑制了蒸发作用，对秸秆隔层以下土层水分具有保蓄作用。这与宋日权
等（2010）的研究结果一致。然而，秸秆隔层使用不同秸秆部位的各处理之间的
含水率差异较大，主要体现在 0~40 cm 土层，土壤含水率 Y 处理 >G 处理 >Y+G
处理，这与不同处理抑制蒸发能力有关。值得注意的是，在 40 cm 土层处，G 处
理的土壤含水率明显低于 Y 处理和 CK 处理，这是由于玉米秆内部水分向蒸发面

扩散的同时，可吸附与之相邻土层的水分来补给自身水分的损耗，这也是导致蒸发后期其日蒸发量相对较大的原因。

从土壤剖面含盐量来看，连续蒸发 20 d 后，各处理均出现了盐分表聚现象，且盐峰位置均位于 90 cm 土层。与 CK 处理相比，除 80 cm 土层外，秸秆隔层使用不同秸秆部位的各处理土壤含盐量均相对较低。在秸秆隔层以上土层范围内（0~40 cm），各处理土壤含盐量大小表现为：CK>G>Y+G>Y。这是由于土壤水分是盐分运移的载体，入渗过程中，上部土层的盐分被淋洗至底土层中，而在蒸发过程中，盐分会随水分向蒸发土面运移。埋设秸秆隔层后，土壤毛管被切断，水盐运移通道受到阻隔。但由于 G 处理的秸秆隔层内部储存的水分较多，反而减弱了隔层对水分上行的阻碍作用，尤其在蒸发初始阶段，结果导致少量盐分也随水分蒸散而上行。

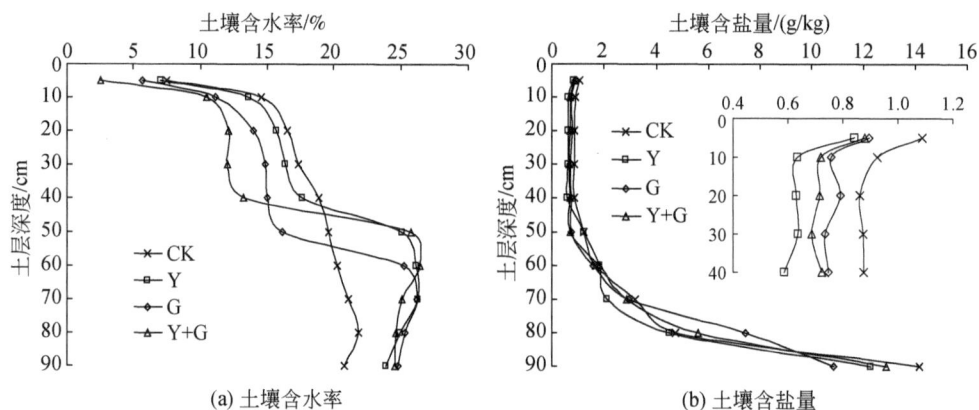

图 2-23 秸秆隔层使用不同秸秆部位对土壤剖面含水率和含盐量分布的影响

（2）土壤储水量与储盐量

表 2-4 为各处理在 15 mm/d 的大气蒸发条件下，连续蒸发 20 d 后 0~40 cm 和 40~90 cm 土壤储水量和储盐量情况。由表 2-4 可以看出，秸秆隔层使用不同秸秆部位的各处理 0~40 cm 土壤储水量明显低于 CK 处理，其中 Y+G 处理最低，G 处理次之，Y 处理相对较高；而在 40~90 cm 土层，秸秆隔层使用不同秸秆部位的各处理的土壤储水量均高于 CK 处理，其中 Y 处理和 Y+G 处理的储水量无差异，而 G 处理相对较低。秸秆隔层使用不同秸秆部位的各处理的土壤储盐量在 0~90 cm 土层均小于 CK 处理。在 0~40 cm 土层，G 处理储盐量相对较高，Y+G 处理次之，Y 处理最低；而在 40~90 cm 土层，G 处理和 Y+G 处理储盐量差异较小，二者要高于 Y 处理。此外，在土柱底部反滤层内（90~95 cm），有大量的盐分残留，尤其是秸秆隔层各处理。由此可见，尽管秸秆隔层的阻碍作用

导致隔层上部水分因得不到底土层的补给而降低，但可将盐分控制在秸秆隔层以下土体中，从而有效抑制了盐分表聚。这与秸秆隔层使用不同秸秆部位有一定关系，其中 Y 处理的控盐作用尤为明显，而 G 处理相对较弱。

表 2-4　秸秆隔层使用不同秸秆部位对土壤储水量与储盐量的影响

处理	储水量 /mm		储盐量 /(t/hm²)	
	0~40 cm	40~90 cm	0~40 cm	40~90 cm
CK	92.42	150.47	5.25	36.26
Y	86.85	183.14	3.76	31.80
G	75.73	170.49	4.50	34.24
Y+G	63.60	183.29	4.24	34.70

（3）秸秆隔层内部水盐含量

由表 2-5 可知，各处理在 15 mm/d 大气稳定蒸发条件下，连续蒸发 20d 后秸秆隔层内部水分和盐分含量也发生变化。与相同位置土层（CK 处理）相比，尽管秸秆隔层中的水分在蒸发过程中 50 %~70 % 被蒸散，各处理的秸秆隔层内部含水率仍高于同位土层（CK 处理），而含盐量相对较低，秸秆隔层内部溶液盐浓度明显低于 CK 处理。含秸秆隔层的各处理盐溶液浓度无差异，但 G 处理属于高水高盐型，Y 处理属于低水低盐型。由于秸秆隔层内部含水率蒸发过程中大幅度降低，导致其水势增大，导水率降低，从而对水分和盐分的上移起到抑制作用。

表 2-5　各处理蒸发 20d 后秸秆隔层内部水分和盐分含量

项目	CK	Y	G	Y+G
质量含水率 / %	19.62	159.46	205.49	167.82
含盐量 / (g/kg)	1.24	0.33	0.42	0.30
溶液盐浓度 / (g/L)	0.63	0.02	0.02	0.02

注：CK 处理的为同位土层数值。

2.5.3.2　秸秆隔层使用不同秸秆长度对土壤水盐分布的影响

（1）土壤剖面水盐分布特征

秸秆隔层使用不同秸秆长度的各处理土壤在 15 mm/d 的大气蒸发能力条件下，连续蒸发 20 d 后土壤剖面含水率与含盐量分布特征见图 2-24。由图 2-24 可以看出，在 0~40 cm 土层范围内，CG 处理和 SG 处理的含水率明显低于 CK

处理；在 50~90 cm 土层，CG 处理的含水率明显高于 CK 处理，而 SG 处理仅在 60~90 cm 土层含水率高于 CK 处理。含秸秆隔离各处理的土壤剖面含水率差异也较大，主要体现在 0~60 cm 土层。其中，SG 处理在 0~40 cm 土层含水率要高于 CG 处理，但在 50~60 cm 土层 SG 处理则明显较低。这可能是由于秸秆粉碎后，减小了秸秆隔层内部孔隙，表面积增大，一旦其内部水分饱和或接近饱和后，对水分运移的阻碍作用大大减弱，这在入渗过程后期得以证明。因此，在蒸发前期，SG 处理底土层中的部分水分会上移补给其水分散失。

从土壤剖面含盐量来看，蒸发结束后，各处理盐峰位置均位于 90 cm 土层。与 CK 处理相比，除 50~70 cm 土层外，秸秆隔层处理土壤含水率相对较低。秸秆长度不同，含秸秆隔层各处理的土壤剖面含盐量分布也有差异。其中，CG 处理在 0~60 cm 土层含盐量要高于 SG 处理，70~90 cm 土层呈相反态势。这可能是由于在入渗前期，与 CG 处理相比，SG 处理阻水作用明显，其溶解的盐分也相对较多，形成高溶质浓度的盐溶液随水分下移，尤其在入渗后期，其移动速率相对较快。蒸发前期，CG 处理日蒸发量较大，其溶解的盐分还未完全到达底土层就随水分蒸发而上行。即在相同蒸发能力条件下，入渗淋盐深度影响了蒸发后盐分上移的高度。

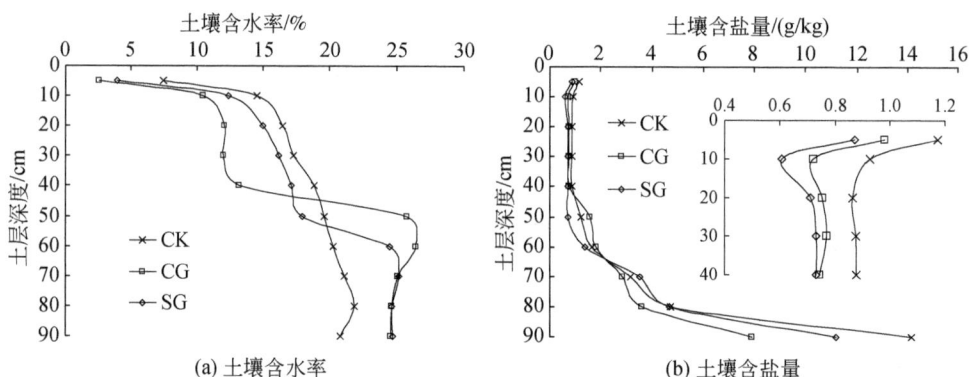

图 2-24 秸秆隔离使用不同秸秆长度对土壤剖面含水率和含盐量分布的影响

（2）土壤储水量与储盐量

表 2-6 为各处理在 15 mm/d 的大气蒸发条件下，连续蒸发 20 d 后 0~40 cm 和 40~90 cm 土层土壤储水量和储盐量情况。由表 2-6 可以看出，秸秆隔层使用不同秸秆长度的各处理 0~40 cm 土壤储水量明显低于 CK 处理，其中 CG 处理最低，SG 处理相对较高；而在 40~90 cm 土层则相反。从土壤储盐量来看，CG 处理和 SG 处理在 0~90 cm 土体内的储盐量均低于 CK 处理。其中，SG 处

理在 0~40 cm 土层储盐量要低于 CG 处理，40~90 cm 土层则相反，但二者差异均较小。可见，尽管秸秆长度不同，但均对土壤盐分的上行具有阻碍作用。

表 2-6 秸秆隔层使用不同秸秆长度对土壤储水量与储盐量的影响

处理	储水量 /mm		储盐量 /(t/hm²)	
	0~40 cm	40~90 cm	0~40 cm	40~90 cm
CK	90.42	153.47	5.31	36.26
CG	66.16	175.90	4.71	30.77
SG	81.89	169.55	4.22	31.17

（3）秸秆隔层内部水盐含量

由表 2-7 可知，在 15 mm/d 大气稳定蒸发条件下连续蒸发 20 d 后，各处理秸秆隔层内部水分和盐分含量也不同。与 CK 处理同位土层相比，CG 处理和 SG 处理的秸秆隔层内部含水率明显较高，而含盐量相对较低，即秸秆隔层溶液盐浓度均显著低于 CK 处理，但二者无差异。由此说明，含秸秆隔层处理土壤在蒸发后，秸秆隔层中仍蓄存了较多的水分，其溶液盐浓度也不高，秸秆隔层内部水分的蒸散可扩大其与土层的水势差，抑制水盐上行，进而可减少盐分表聚。

表 2-7 秸秆隔层使用不同秸秆长度的各处理秸秆隔层内部水分和盐分含量

项目	CK	CG	SG
含水率 / %	18.82	162.40	151.37
含盐量 / (g/kg)	1.26	0.65	0.54
溶液盐浓度 / (g/L)	0.67	0.04	0.04

注：CK 处理的为同位土层数值。

2.5.3.3 秸秆隔层埋深对土壤水盐分布的影响

（1）土壤剖面水盐分布特征

图 2-25 为不同秸秆隔层埋深土壤在 15 mm/d 的大气蒸发能力条件下，连续蒸发 20 d 后土壤剖面含水率与含盐量分布特征。由图 2-25 可知，秸秆隔层埋深影响土壤剖面含水率分布。在 0~20 cm 土层，三个处理土壤含水率明显低于 CK 处理，且土壤含水率随秸秆隔层埋深减小而降低。在 20~40 cm 土层，各处理土

壤含水率表现为：M20>CK>M60>M40，而在 40~60 cm 土层各处理土壤含水率表现为：M20>M40>CK>M60。在 60~90 cm 土层，三个处理土壤含水率均高于 CK 处理，且土壤含水率随埋深的减小而增大。这进一步说明秸秆隔层处理主要可提高隔层以下土层水分含量，而对其上土层水分无保蓄作用，反而加速了其上土层水分蒸发散失。

从土壤剖面含盐量来看，蒸发结束后，各处理土壤剖面含盐量由上往下呈逐渐增大趋势。与 CK 处理相比，除 M60 处理在 40~70 cm 土层外，其他处理在各土层含盐量均相对较低。其中，在 0~10 cm 土层，各处理土壤含盐量大小表现为：CK>M60>M40>M20，即表层土壤含盐量随秸秆隔层埋深增大而增加；在 10~60 cm 土层，各处理含盐量大小表现为：CK>M60>M20>M40，而 60~90 cm 土层，含盐量随埋深增大而减小。不同秸秆隔层埋深处理均可将盐分控制在秸秆隔层以下土层，但埋深较深时，表层土壤盐分含量相对较高；埋深较浅时，其阻水作用较早，相同时间内其盐分淋洗深度相对较浅，对土壤返盐有潜在风险。

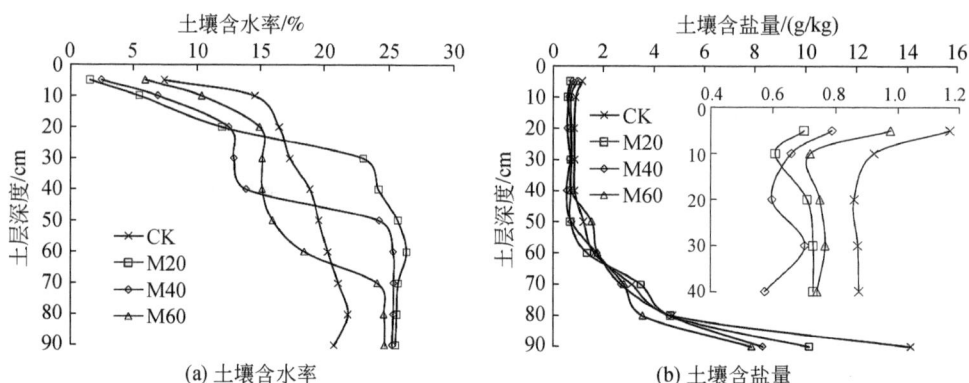

图 2-25　不同秸秆隔层埋深对土壤剖面含水率和含盐量分布的影响

（2）土壤储水量与储盐量

表 2-8 为不同秸秆隔层埋深处理在 15 mm/d 的大气蒸发条件下，连续蒸发 20 d 后 0~40 cm 和 40~90 cm 土壤储水量和储盐量情况。由表 2-8 可以看出，三个秸秆隔层处理 0~40 cm 土壤储水量明显低于 CK 处理，其中 M40 处理最低，M20 处理相对较高；而 40~90 cm 土层储水量大小随秸秆隔层埋深的增大而减小。从土壤储盐量来看，三个秸秆隔层处理在 0~90 cm 土体内的储盐量均低于 CK 处理。其中，0~40 cm 土层各处理的储盐量大小表现为：

CK>M60>M20>M40，而 40~90 cm 土层储盐量随秸秆隔层埋深增大而减小。

表 2-8 不同秸秆隔层埋深处理对土壤储水量与储盐量的影响

处理	储水量 /mm		储盐量 / (t/hm²)	
	0~40 cm	40~90 cm	0~40 cm	40~90 cm
CK	92.42	150.47	5.31	36.26
M20	91.00	187.19	4.09	29.72
M40	63.88	182.27	3.77	26.52
M60	77.54	156.50	4.51	25.77

（3）秸秆隔层内部水盐含量

由表 2-9 可知，在相同大气蒸发条件下，不同秸秆隔层埋深处理的秸秆隔层内部水分和盐分含量也不同。各处理水分和盐分含量均随秸秆隔层埋深的增大而增加，尤其是 M60 处理，其盐分含量比 M20 处理和 M40 处理分别高 1.72 g/kg 和 1.59 g/kg。从秸秆隔层内部的溶液盐浓度来看，M20 处理和 M40 处理差异较小，且二者明显小于 M60 处理。由此说明，尽管秸秆隔层埋深较深时，其水分含量相对较高，但盐分含量也较高，在地下水埋深较浅时，秸秆隔层与土层界面处就有一个相对充足的水源供应，从而导致其阻隔作用减弱或消失。

表 2-9 不同秸秆隔层埋深处理秸秆隔层内部水分和盐分含量

项目	M20	M40	M60
含水率 / %	134.94	168.51	194.43
含盐量 / (g/kg)	0.62	0.75	2.34
溶液盐浓度 / (g/L)	0.05	0.04	0.12

2.6 上膜下秸对潜水蒸发特性及水盐分布的影响

2.6.1 均质土壤潜水蒸发特性

（1）日蒸发强度

图 2-26 为模拟不同稳定大气蒸发能力条件下，均质土壤潜水日蒸发量随时

间的变化关系。从图2-26中可以看出，在连续蒸发30 d内，稳定大气蒸发能力为5 mm/d处理的日蒸发曲线相对稳定，而10 mm/d处理和15 mm/d处理的日蒸发量随蒸发时间的延长而逐渐减小。在其他条件一致时，土壤潜水蒸发能力取决于大气蒸发能力。在蒸发前期，10 mm/d处理和15 mm/d处理日蒸发量明显大于5 mm/d处理，但到了后期，处理间差异不大。与10 mm/d处理相比，15 mm/d处理在蒸发前4 d相对较大，此后呈相反态势，且二者后期日蒸发量差异较小。由于土壤含盐量较高，加之潜水中盐浓度较高，盐分随潜水蒸发向土表运移，形成盐壳后增大了渗透压（史文娟，2005），从而降低了后期日蒸发量。

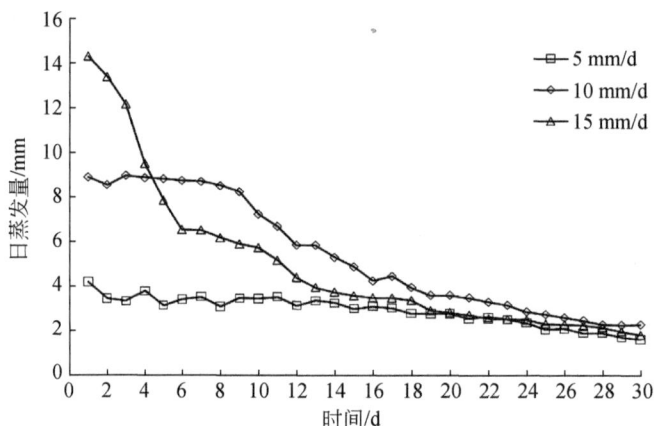

图2-26 不同稳定大气蒸发能力下均质土壤的潜水日蒸发量随时间的变化

（2）累积蒸发量

由模拟不同稳定大气蒸发能力条件下，均质土壤的潜水累积蒸发量随时间的变化关系（图2-27）可知，相同时间的累积蒸发量随蒸发能力的增加而增大。蒸发前期，各处理累积蒸发量迅速增大，随着蒸发过程推进，表层土壤含水率逐渐降低，结果导致同一大气蒸发能力条件下累积蒸发量增大趋势有所减小，且蒸发能力越大的处理变小趋势越明显。连续蒸发30 d后，稳定大气蒸发能力为5 mm/d处理、10 mm/d处理和15 mm/d处理累积蒸发量与同期大气蒸发能力的比值分别为57.96 %、48.74 %和33.45 %。这主要是由于大气蒸发能力较大时，深层土壤及地下水中的盐分随水分上移速度加快，容易形成土表盐壳。

对累积蒸发量随时间的变化曲线进行拟合，其拟合方程与二次函数具有较好的相关性。拟合方程为

$$E_c = at^2 + bt + c \qquad (2\text{-}5)$$

式中，E_c 为累积蒸发量（mm）；t 为蒸发时间（d）；a、b 为参数；c 为常数。

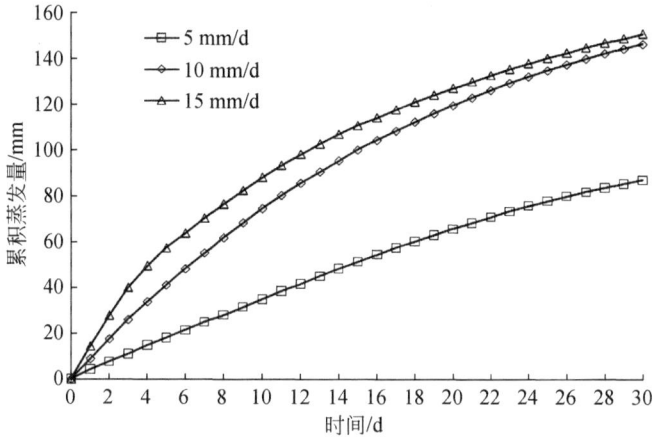

图 2-27 不同稳定大气蒸发能力下均质土壤的潜水累积蒸发量随时间的变化

从拟合结果（表 2-10）可以看出，各处理拟合方程的决定系数均较高。其中，参数 a 均为负值，且随大气蒸发能力的增大而减小，表明累积蒸发量随时间变化的降低程度；参数 b 均为正值，且随大气蒸发能力的增大而增加，表明累积蒸发量与大气蒸发能力呈正相关。累积蒸发量 E_c 对蒸发时间 t 求导后可得蒸发强度的变化速率，其结果表明累积蒸发量的下降速率随大气蒸发能力的增大而增加。这与蒸发过程中马氏瓶水位下降速率表现一致。

表 2-10 不同稳定大气蒸发能力下均质土壤的潜水累积蒸发量与时间的拟合方程

大气蒸发能力	拟合方程	R^2	dE_c/dt
5 mm/d	$-0.0328t^2 + 3.9377t - 0.623$	0.9996	$-0.2938t + 8.5817$
10 mm/d	$-0.1186t^2 + 8.3066t + 1.876$	0.9995	$-0.2372t + 8.0694$
15 mm/d	$-0.1469t^2 + 8.8755t + 11.315$	0.9925	$-0.0656t + 3.8721$

2.6.2 上膜下秸对土壤潜水蒸发特性及水盐分布的影响

2.6.2.1 上膜下秸对土壤潜水蒸发特性的影响

（1）日蒸发强度

由图 2-28 可知，在模拟稳定蒸发条件一致的情况下（$E_0 = 15$ mm/d，E_0 为同期大气蒸发能力），秸秆隔层的存在可明显降低蒸发强度，且结合地膜覆盖的抑制效果更为明显。单纯覆膜措施也能抑制潜水蒸发，但效果不如秸秆隔层明显。其中，CK 处理为均质土壤，土壤通透性好，加之土表裸露，土表与大气之间能量交换较快，在蒸发前 3 d，其日蒸发量与大气蒸发能力的比值（$E_水/E_0$）均在 70 % 以上。但由于蒸发量较大，盐分表聚严重，土表形成的盐壳反过来可抑制水分蒸发（胡顺军等，2004），因此 CK 处理日蒸发量逐渐降低，到了第 30 天其 $E_水/E_0$ 降至 7.76 %，但仍明显大于其他处理。PM 处理也为均质土壤，其土壤毛管连续，水分可借助毛管力作用上升至土壤表层，导致其在蒸发第 1 天时 $E_水/E_0$ 高达 30.58 %，但覆膜形成的阻隔层可有效减弱水分垂直蒸发（员学锋等，2006），因此在蒸发第 2 天时其 $E_水/E_0$ 降至 23.97 %，此后呈逐渐降低趋势。相比之下，SL 处理在蒸发第 1 天时 $E_水/E_0$ 仅为 3.44 %，明显小于 CK 处理和 PM 处理；在第 3 天后达到稳定蒸发。连续蒸发 30 d，PM+SL 处理的日蒸发量明显较低，蒸发第 1 天时 $E_水/E_0$ 仅为 1.80 %，且在第 2 天后就达到稳定蒸发，对潜水蒸发的抑制效果比较突出。

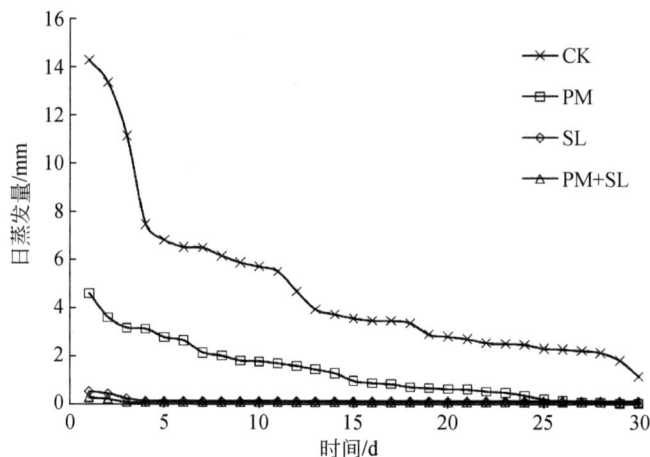

图 2-28　各处理日蒸发量随时间变化

（2）累积蒸发量

由图 2-29 可知，含秸秆隔层土壤可明显降低累积蒸发量，且结合地膜覆盖时效果更为突出，而覆膜措施的抑制效果要弱于秸秆隔层。在连续蒸发 30 d 后，CK 处理的累积蒸发量为 143.74 mm，占同期大气蒸发能力（450 mm）的 31.94 %；PM 处理的累积蒸发量为 41.03 mm，占同期大气蒸发能力的 9.12 %，比 CK 处理低 71.46 %。SL 处理和 PM+SL 处理的累积蒸发量明显较低，分别为 4.57 mm 和 2.45 mm，仅占同期大气蒸发能力的 1.02 % 和 0.55 %，与 CK

处理和 PM 处理相比，SL 处理分别低了 96.82 % 和 88.86 %，PM+SL 处理分别低了 98.29 % 和 94.03 %。

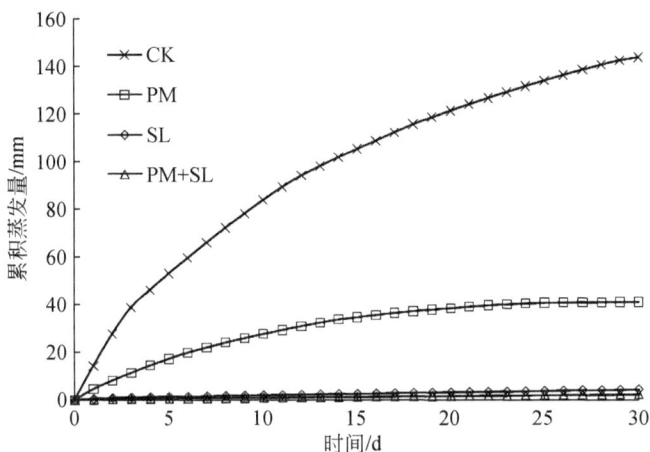

图 2-29　各处理累积蒸发量随时间的变化

2.6.2.2　上膜下秸对土壤水盐分布的影响

（1）土壤剖面含水率

图 2-30 为蒸发过程中，各处理土壤剖面含水率分布情况。由于各处理对土壤蒸发特性的影响不同，导致土壤含水率差异明显。随着蒸发过程推进，各处理均发生脱水，其中 0~40 cm 土层表现尤为明显。不同措施的保水效果有显著的差别，土壤水分的损失主要与土壤供水能力和蒸发强度有关。秸秆隔层主要通过隔断土壤运移通道达到保水目的，CK 处理和 PM 处理为均质土壤，浅层地下水在毛管力作用下向上运移，可形成连续蒸发，保水能力差；而 SL 处理和 PM+SL 处理的秸秆隔层切断了土壤毛管，非饱和土壤水向上运移能力差，导致二者 0~40 cm 土层含水率显著低于 CK 处理和 PM 处理。由于覆膜措施也可通过抑制土表蒸发达到保水目的并影响水分分布，因此，在连续蒸发 30 d 内，PM+SL 处理 0~40 cm 土层含水率比 SL 处理高 20.94 %~25.16 %，PM 处理比 CK 处理高 3.36 %~4.89 %，其中 0~5 cm 土层较为突出。

（2）土壤剖面含盐量

在蒸发作用下，底层土壤和潜水中的盐分可随水分向上迁移，导致各处理发生积盐。由于不同处理措施明显影响土壤剖面含水率分布，土壤剖面含盐量也随之发生了明显的变化。图 2-31 为蒸发过程中，各处理土壤剖面含盐量分布情况。

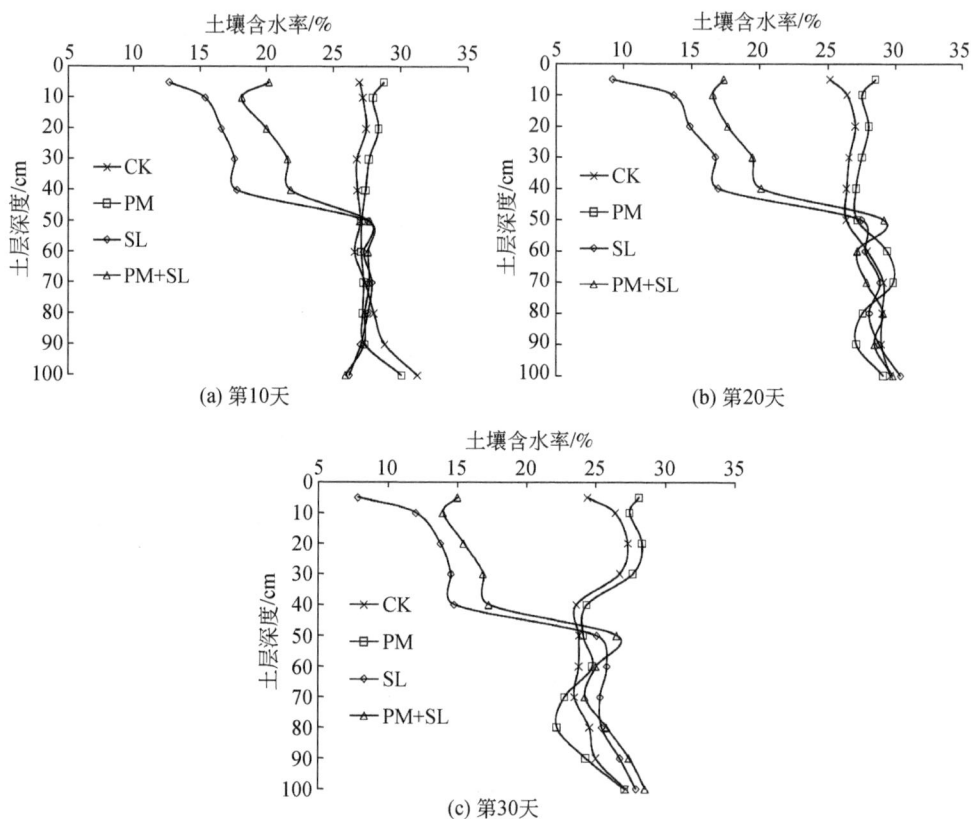

(a) 第10天 (b) 第20天

(c) 第30天

图 2-30　各处理不同蒸发历时的土壤剖面含水率

由图 2-31 可知，不同处理的控盐抑盐效果差异显著，对盐峰高度和含盐量有明显影响。其中，CK 处理为均质土壤，其盐峰位置上移较快，蒸发第 10 天时盐峰就从底土层上升至 40~50 cm 土层处，此后每隔 10 d 上升 10 cm；蒸发 30 d时，0~40 cm 土层平均含盐量高达 14.64 g/kg，比蒸发前增加了 14.09 g/kg。PM处理虽然也为均质土壤，但由于覆盖了地膜，返盐程度小于 CK 处理，其盐峰位置在第 10 天时上升至 70~80 cm 土层处，此后 20 d 内保持不变；其 0~40 cm 土层平均含盐量为 2.34 g/kg，比 CK 处理低 83.97 %；SL 处理和 PM+SL 处理由于埋设的秸秆隔层具有控盐作用，蒸发 30 d 内盐峰位置一直保持在最底土层。在0~40 cm 土层范围内，SL 处理和 PM+SL 处理平均含盐量相对较低，其中 SL 处理为 2.14 g/kg，分别比 CK 处理和 PM 处理低 85.35 % 和 8.56 %；PM+SL 处理为 1.77 g/kg，分别比 CK 处理和 PM 处理低 87.91 % 和 24.55 %。与 SL 处理相比，PM+SL 处理 90 cm 以上土层的含盐量相对较低，其中 0~5 cm 土层尤为明显。由

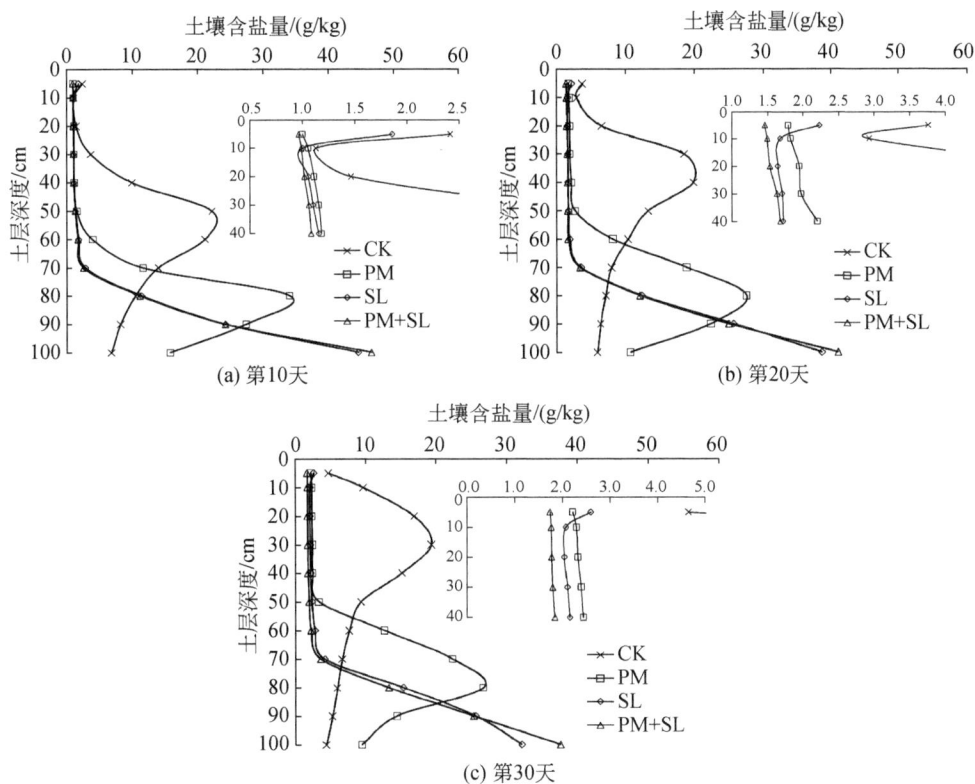

图 2-31　各处理不同蒸发历时的土壤剖面含盐量

此表明秸秆隔层的抑盐效果明显优于地膜覆盖,而地膜覆盖结合秸秆隔层的控盐、抑盐效果最为明显。

2.6.3　秸秆隔层埋深对土壤潜水蒸发特性及水盐分布的影响

2.6.3.1　秸秆隔层埋深对土壤潜水蒸发特性的影响

（1）日蒸发量强度

图 2-32 为 10 mm/d 大气蒸发能力下,地膜覆盖结合秸秆隔层不同埋深处理的日蒸发量随时间的变化。各处理均可明显降低潜水蒸发强度。由于 CK 处理（地膜覆盖）土壤毛管连续,底层土壤水分可向蒸发面运移,在蒸发第 1 天,其日蒸发量与大气蒸发能力的比值（$E_{水}/E_0$）为 21.84 %,明显高于其他处理;但其地表覆膜使水分只能从地表狭窄的空隙处散失,可减少土表水分的蒸发损失。因此,

蒸发第2天,CK处理的$E_水/E_0$为15.79 %,且呈逐渐降低的变化趋势。到了第30天,$E_水/E_0$降至3.51 %。地膜覆盖结合秸秆隔层不同埋深处理的潜水蒸发量相对较低,在蒸发第1天,M20处理、M40处理和M60处理的$E_水/E_0$分别为6.99 %、3.84 %和3.50 %,蒸发第2天也表现出相同态势。这说明随秸秆隔层埋深的增加,日蒸发量呈降低趋势,且处理间的差异主要体现在前2天,从第3天开始各处理基本无潜水蒸发,处理间也无差异。

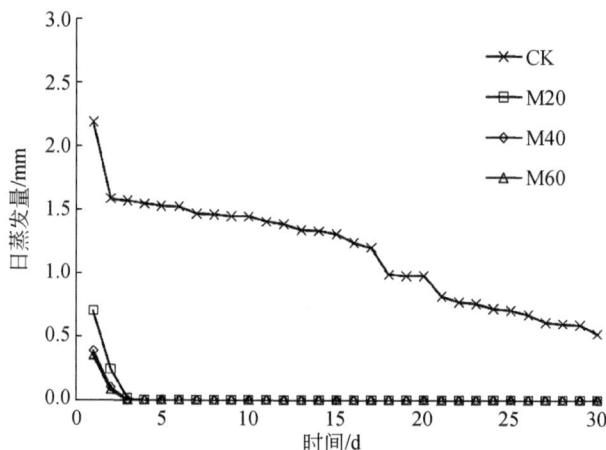

图 2-32　各处理日蒸发量随时间的变化

（2）累积蒸发量

从10 mm/d大气蒸发能力下,地膜覆盖结合秸秆隔层不同埋深处理的累积蒸发量随时间变化图（图2-33）可以看出,与CK处理（地膜覆盖）相比,M20处理、M40处理和M60处理均可明显降低累积蒸发量。在连续蒸发30 d后,CK处理的累积蒸发量为34.52 mm,占同期大气蒸发能力（300 mm）的11.51 %;M20处理、M40处理和M60处理的累积蒸发量分别为0.95 mm、0.48 mm和0.43 mm,占同期大气蒸发能力的比值分别为0.32 %、0.16 %和0.14 %,明显低于CK处理。这可能是由于蒸发开始时,不同处理深土层水分含量的差异造成。由2.2.3小节分析可知,在有限土体条件下（100 cm）,埋深越浅的处理（M20）,其阻水作用开始时间越早,入渗结束时间越晚。由于水分入渗—再分布时间不同,其土壤剖面含水率分布也不同（李毅等,2004）。因此,蒸发开始时,M20处理深土层含水率相对要低,毛管作用力导致部分潜水上行,从而表现为其潜水消耗量相对大于其他处理。

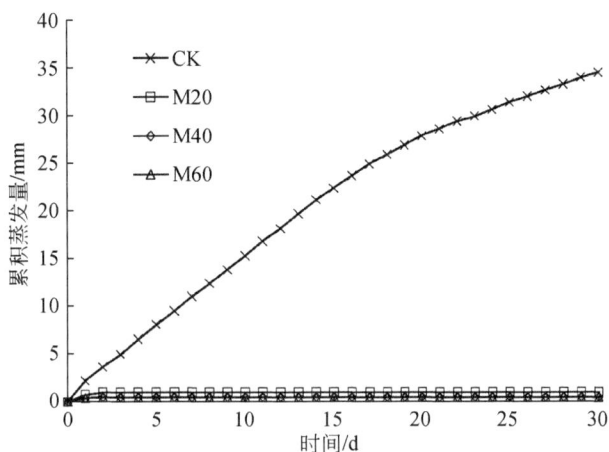

图 2-33　各处理累积蒸发量随时间的变化

2.6.3.2　秸秆隔层埋深对土壤水盐分布的影响

（1）土壤剖面含水率

图 2-34 为连续蒸发 30 d 后，不同埋深秸秆隔层处理土壤剖面含水率分布情况。由图 2-34 可知，各处理土壤含水率差异主要体现在 0~80 cm 土层，而 80~100 cm 土层无明显差异。其中，CK 处理（地膜覆盖）为均质土壤，土体通透性强，蒸发过程中，在毛管力作用下，潜水可上移补给土层水分损失，因此其 60 cm 以上土层含水率差异不大，平均土壤含水率在 25 % 左右，60~80 cm 土层相对较低，但也在 24 % 左右。

在土体中不同位置埋设秸秆隔层后，土壤剖面含水率分布出现差异。在 0~10 cm 土层范围内，各处理含水率大小表现为：CK>M60>M40>M20，即土壤含水率随秸秆隔层埋深增加而增大；其中，M20 处理 0~5 cm 土层含水率低于基础值，M40 处理与 M60 处理含水率差异不大。在 10~40 cm 土层范围内，各处理含水率大小表现为：M20>CK>M60>M40；在 40~60 cm 土层范围表现为：M20>M40>CK>M60。这主要是由于秸秆隔层埋深不同，在入渗过程中，秸秆隔层以上土层的储水量不同，储水越多，在相同大气蒸发能力条件下，留存的水分越多。同时，由于秸秆隔层切断了土壤毛管，潜水很难越过秸秆隔层补给其上土层水分损失，这有效保存了其下层土壤水分。值得注意的是，M40 处理和 M60 处理的秸秆隔层上部相邻土层含水率明显低于下部相邻土层，而 M20 处理差异相对较小。这主要是由于 M20 处理表层土壤干燥程度远大于其他两个处理，干土层对水分蒸发具有抑制作用。也说明秸秆隔层下部土层中的水分很难补给上部土层水分的蒸发散失。

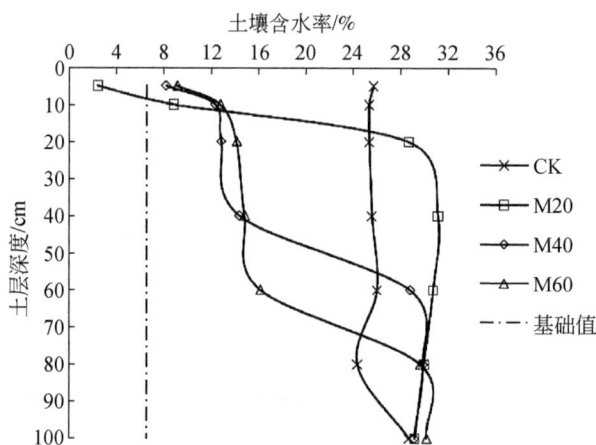

图 2-34　各处理蒸发 30d 后土壤剖面含水率

（2）土壤剖面含盐量

图 2-35 为连续蒸发 30 d 后，秸秆隔层不同埋深处理土壤剖面含盐量分布情况，三个处理与 CK 处理（均质土壤）的剖面含水率差异明显。整体上看，CK 处理剖面含水率图呈"S"形分布，其盐峰位于 70~80 cm 土层，土壤含盐量高达 10.56 g/kg，60 cm 土层含盐量也高达 6.06 g/kg，明显高于秸秆隔层处理。在 0~40 cm 土层范围内，CK 处理土壤含盐量也明显高于其他处理，但随土层深度减小，其与三个秸秆隔层处理的含盐量差异也逐渐减小。由此可见，尽管 PM 处理上部土层含水率高于三个秸秆隔层处理，但在潜水补给水分散失的同时，也促使被淋洗至底土层中的盐分上移，加剧了土壤返盐。

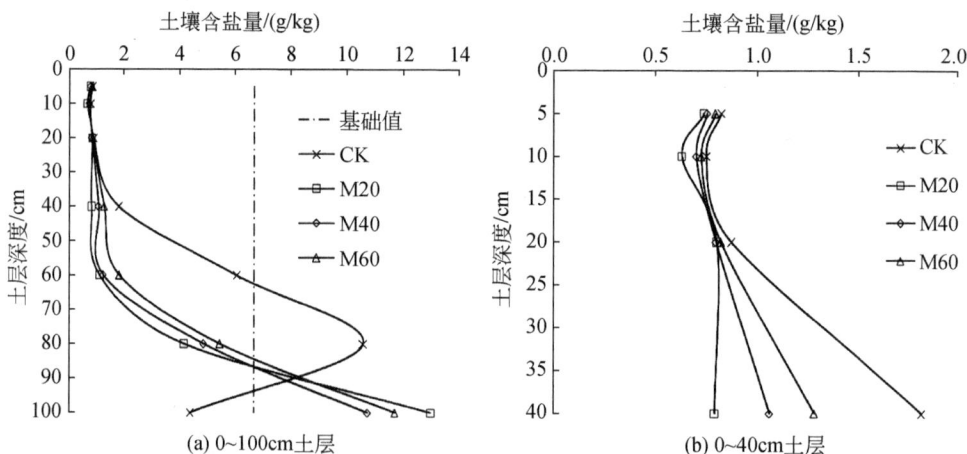

图 2-35　各处理蒸发 30d 后土壤剖面含盐量

秸秆隔层埋深不同，土壤剖面盐分分布也不同，但处理间盐分分布差异不如水分分布差异明显。其中，在 0~80 cm 土层范围内，各处理含盐量大小为：CK>M60>M40>M20，即土壤含盐量随秸秆隔层埋深增加而增大；三个秸秆隔层处理的含盐量明显低于基础值，但各处理在 0~20 cm 土层差异不大。在 80~100 cm 土层处，各处理含盐量大小与 80 cm 以上土层呈相反趋势。这是由于隔层埋深不同，入渗后隔层上部土层的盐储量有差异。在蒸发过程中，非饱和土壤水分无法越过秸秆隔层而上移（池宝亮等，1994），盐分被控制在隔层以下土层中，而隔层以上土壤中的盐分会重新分布。同时，入渗过程中阻水能力大小也会导致盐分淋洗效率的差异。由此可见，秸秆隔层埋深越大，其上部土层的盐储量越多，盐分越容易表聚。

2.7　上膜下秸影响潜水蒸发及调控水盐分布的机理

2.7.1　秸秆隔层土壤与均质土壤温度场差异分析

由地膜覆盖与秸秆隔层处理在蒸发过程中的土壤剖面温度变化情况（图 2-36）可知，各处理表层土壤温度相对较高，温差梯度均随剖面深度增加逐渐减小。其中，在 5 cm 土层处，PM 处理和 PM+SL 处理土壤温度明显高于 CK 处理和 SL 处理。在 20 cm 土层处，SL 处理和 PM+SL 处理土壤温度要高于 CK 处理和 PM 处理。在 20~90 cm 土层范围内，SL 处理和 PM+SL 处理土壤温度低于 CK 处理而高于 PM 处理，但各处理之间的差异不如 0~20 cm 土层明显。由此可见，表层土壤温度高低主要与是否覆盖地膜有关，而亚表层（20~40 cm）土壤温度主要与秸秆隔层有关。

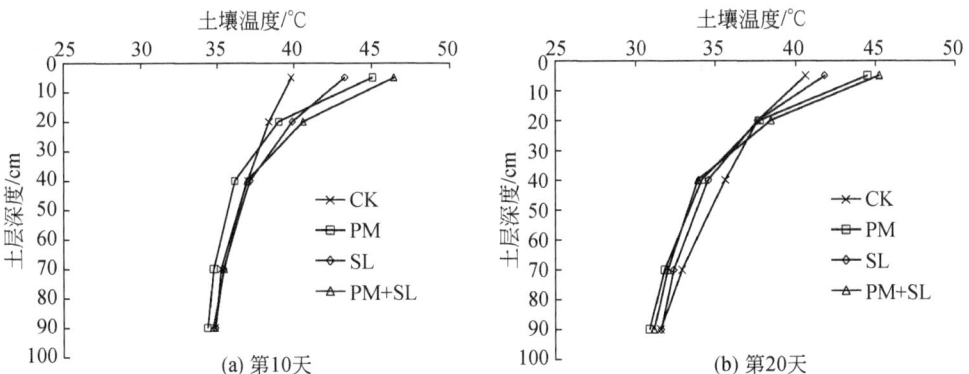

(a) 第10天　　　(b) 第20天

(c) 第30天

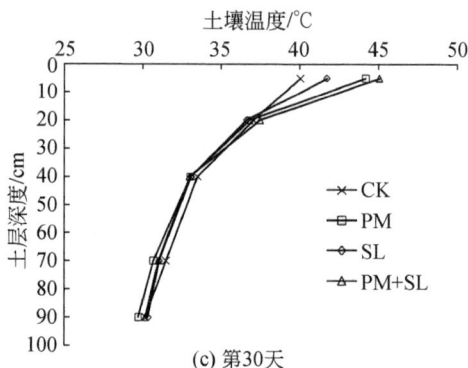

图 2-36　秸秆隔层与地膜覆盖处理对土壤剖面温度分布的影响

由图 2-37 可知，秸秆隔层埋深对土壤剖面温度也有影响。在蒸发前期，0~5 cm 土层土壤温度随秸秆隔层埋深的增加而减小，5 cm 土层以下土壤温度则随秸秆隔层埋深的增加而增大。蒸发中后期，土壤剖面温度随秸秆隔层埋深的增加而增大。这是由于秸秆隔层埋深较小时，0~5 cm 土层土壤含水率降低速率较快，秸秆隔层的导水率迅速降低，对其下土层水分蒸发散失的抑制作用增加，在强烈的蒸发条件下，其上部土层容易变为干土层，而干土层反过来可抑制潜水蒸发。秸秆隔层埋深较大时，隔层上部存储的土壤水分在一定时间内可有限补给表层土壤水分散失，推迟其上部土层温度增高的开始时间。由此可见，尽管秸秆隔层土壤上部土层温度相对较高，可能会加速土壤水分运动，但同时也增加了汽态水分运动所占的比例，从而可有效抑制潜水蒸发和盐分表聚。

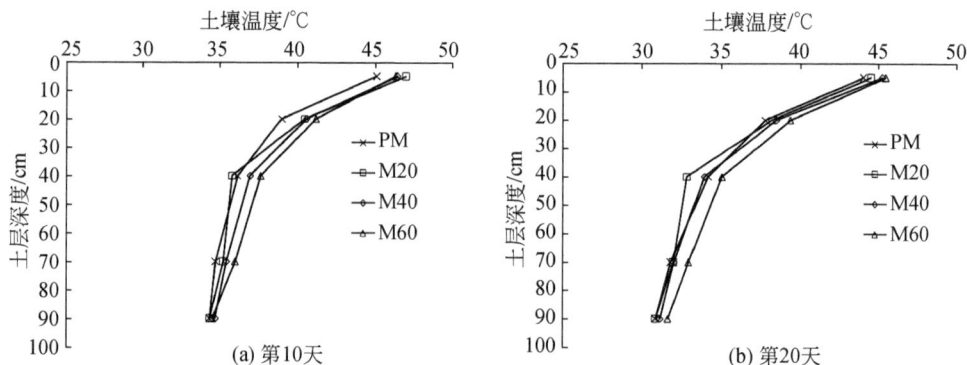

(a) 第10天

(b) 第20天

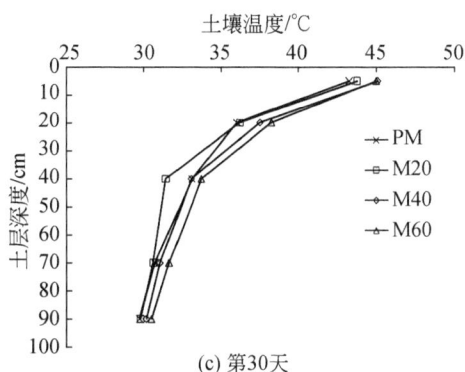

(c) 第30天

图 2-37　覆膜条件下不同埋深秸秆隔层处理对土壤剖面温度分布的影响

2.7.2　秸秆隔层土壤与均质土壤水势差异分析

从秸秆隔层内部及其上下土层水势在蒸发过程中的变化趋势图（图 2-38）可知，蒸发开始时，秸秆隔层和土层含水率均较高，水势较低，差异不大。随蒸发过程的推进，秸秆隔层上部土层水势逐渐增大，而其下部土层水势则逐渐降低，在蒸发前 15 d 表现尤为明显。其中，地膜覆盖结合秸秆隔层处理上下土层水势变化幅度要小于秸秆隔层处理。与土层相比，秸秆隔层内部水势变化幅度更为剧烈，在蒸发前 2 d，无覆盖秸秆隔层内部水势迅速增大，上升至 80 kPa 后稳定并轻微波动。蒸发 20 d 后，其水势呈波动增加态势，但未超过 90 kPa。相比之下，地膜覆盖结合秸秆隔层处理秸秆隔层内部水势在蒸发前 14 d 比较平稳，此后迅速上升至 100 kPa 后稳定并轻微波动。

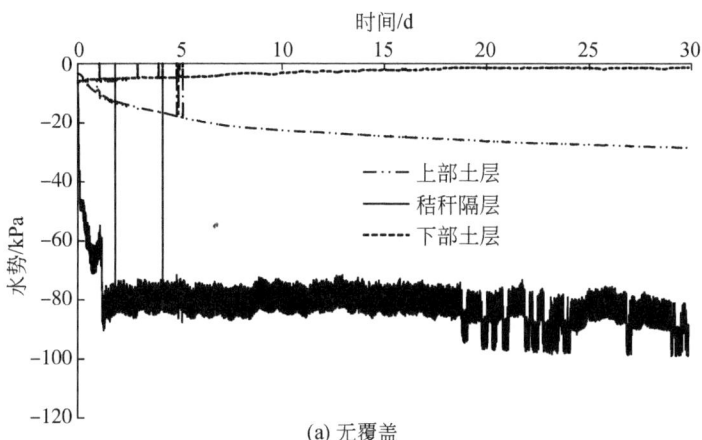

(a) 无覆盖

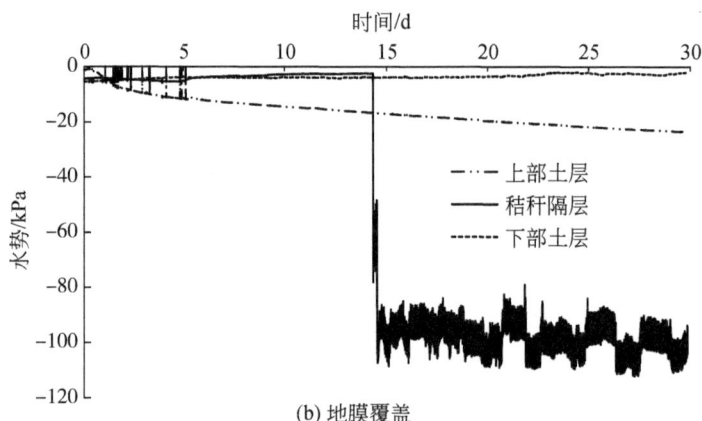

图 2-38　秸秆隔层和其上下土层水势随时间的变化

由于秸秆隔层切断了土壤毛管，抑制了潜水的上行补给，导致秸秆隔层上部土层水分迅速降低，秸秆隔层内部存储的水分也部分被蒸散，导致秸秆隔层和上部土层水势逐渐增大。这可能是由于在蒸发过程中，深层土壤水分上移，增大了隔层下部土层含水率而降低了其水势，秸秆隔层与其上下土层的水势差异逐渐增大，蒸发后期尤为明显。尽管地膜覆盖延长了秸秆隔层与其下部土层水势的差异，但其与上部土层水势的差异明显较大。深层土壤水分上行至秸秆隔层后被阻断，从而有效抑制了潜水蒸发，同时也有效地抑制了土表返盐。

2.7.3　秸秆隔层土壤与均质土壤三相比差异分析

图 2-39 和图 2-40 分别为非覆膜和覆膜条件下，秸秆隔层和同位土层的三相比随时间变化情况。在蒸发开始时，均质土壤内部空隙被水分填充，土体中基本无气体存在，而秸秆隔层内部则被大量空气占据。尽管秸秆隔层内部液体比例明显大于同位土层，但由于其内部空隙较大，在入渗过程中，即使秸秆吸水量达自身特性的最大值，但仍有部分大孔隙存在，封闭有部分空气。前文研究表明，在水分入渗后再分布 2 d 内，秸秆隔层内部水分含量逐渐降低，从而增大了其内部气体比例。这部分封闭的气体可形成"阻隔层"，对水分的移动具有阻碍作用，结果导致土壤剖面水分吸力的不均一性（曲晨晓和王炜，1997）。

随着蒸发进行，秸秆隔层内部水分含量逐渐降低，气体比例逐渐增大。从蒸发开始至蒸发第 30 天，秸秆隔层处理内部气态比例从 33.2 % 增大至 38.1 %，地膜覆盖结合秸秆隔层处理的气态比例从 32.7 % 增大至 48.6 %。与秸秆隔层相比，同位土层气体比例明显较小，蒸发前 20 d 也呈逐渐增大趋势，而第 30 天时有所

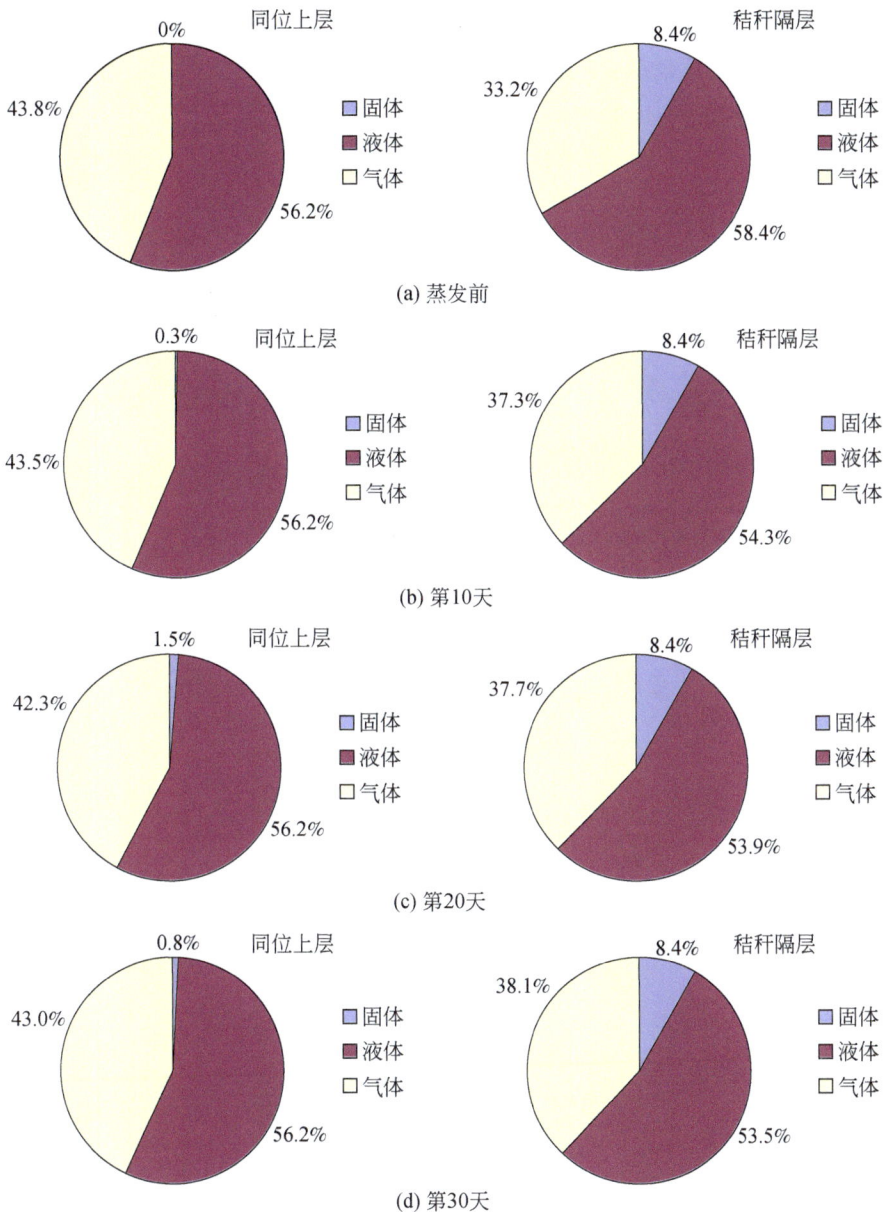

（a）蒸发前

（b）第10天

（c）第20天

（d）第30天

图 2-39　无覆盖条件下秸秆隔层和同位土层三相比随时间的变化

降低。这可能是由于蒸发前期，同位土层水分上移补给土表蒸发，水分含量降低较快，但随后潜水上移填补了水分损失，液体比例增大，从而降低了蒸发后期气体比例。然而，秸秆隔层水分在温度梯度下逐渐降低，其内部大多数孔隙中的水散失后形成不导水的阻隔层，底层土壤毛管水上升至秸秆隔层时，无法越过秸秆隔层而上升，只能以水汽形式扩散，从而明显降低了潜水蒸发强度，有效抑制了土壤盐分表聚。尤其是结合地膜覆盖后，温度梯度扩大，秸秆隔层内部水分散失较快，气体比例增大幅度相对较大，其对水盐运移的抑制作用也增大。

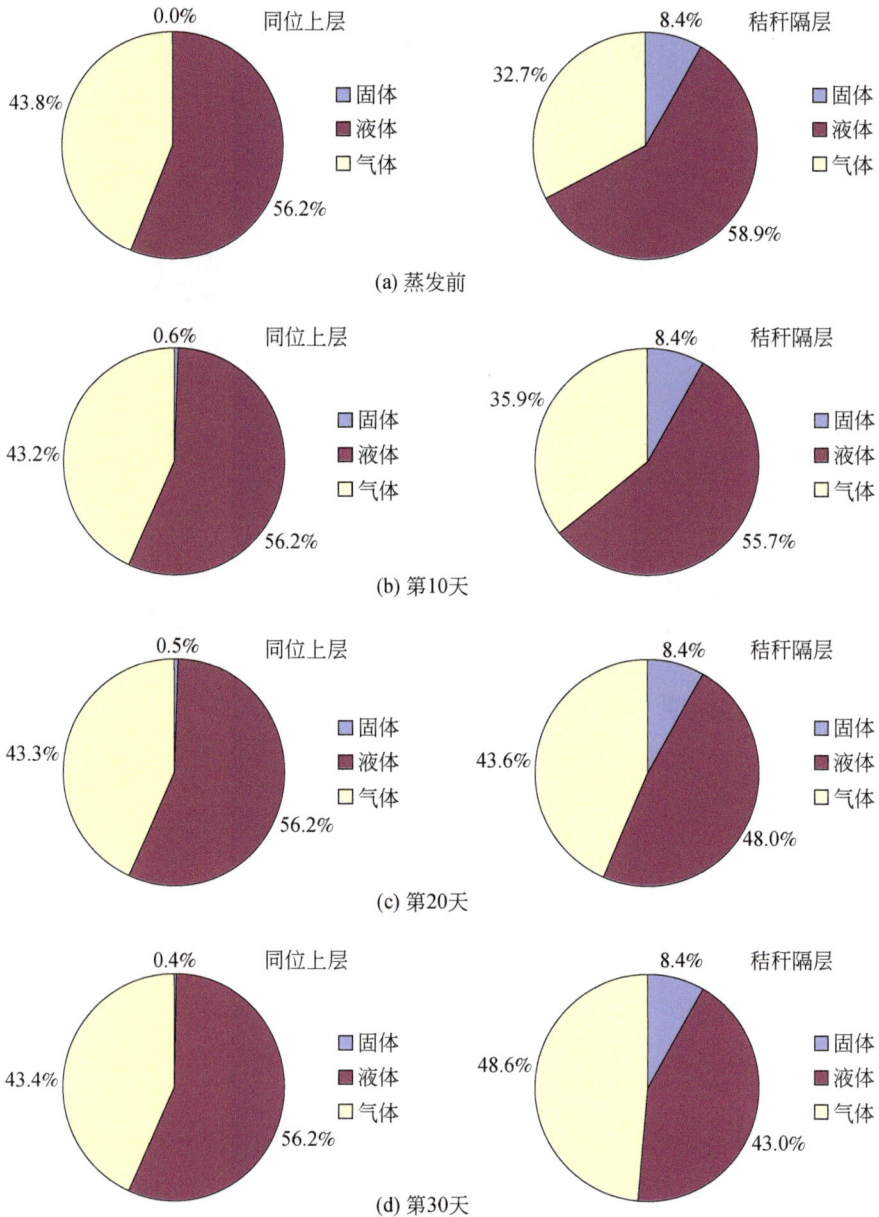

图 2-40　覆膜条件下秸秆隔层和同位土层三相比随时间的变化

2.7.4 秸秆隔层土壤与均质土壤返盐程度差异分析

图 2-41 为非覆膜和覆膜条件下,秸秆隔层及其同位土层电导率随时间的变化。可以看出,无论是否覆膜,秸秆隔层电导率均明显低于同位土层,且二者差异随时间延长而增大。另外,在强烈蒸发条件下,秸秆隔层有效抑制了潜水蒸发,蒸发前期,秸秆隔层内部电导率值略有增加,但很快便趋于平稳状态。此后,秸秆隔层及其上部土壤电导率相对稳定,此时,盐分主要通过扩散和机械弥散作用运移,其转移速度较对流情况要小得多(张殿发和郑琦宏,2005)。

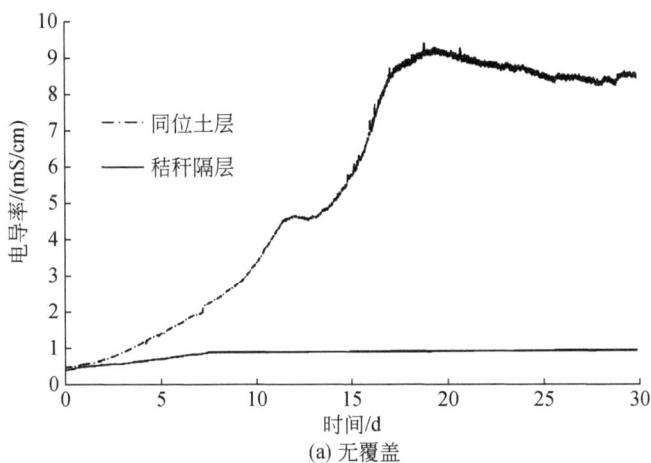

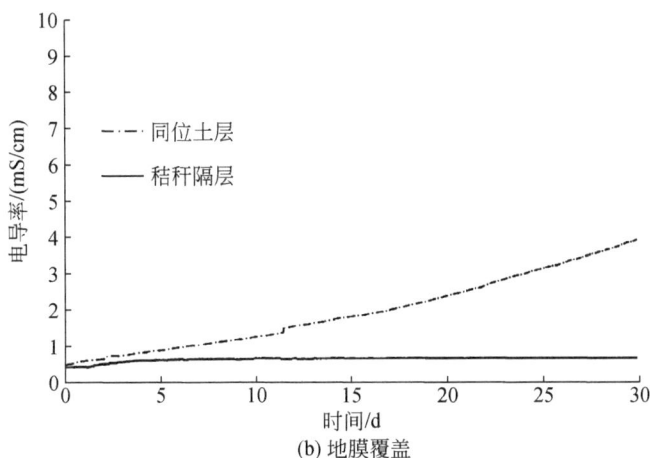

图 2-41 无覆膜和覆膜条件下秸秆隔层及其同位土层电导率随时间的变化

2.8 本章小结

本章采用土柱模拟试验方法，研究了秸秆隔层不同埋深、秸秆隔层使用不同秸秆部位及长度对土壤水分入渗特性，以及秸秆隔层土壤入渗后的水盐分布特征的影响，得出以下结论：

1）与均质土壤相比，秸秆隔层土壤对水分入渗能力影响较大，使表征土壤入渗能力的单位历时累积入渗和湿润锋移动速度明显减小，具有阻水减渗作用。水流在秸秆隔层以上土层范围内运移时，入渗过程为非线性过程；水流在秸秆隔层以下土层范围运移时，入渗过程由非线性过程转变为线性稳渗过程。同时，由于秸秆隔层内部大孔隙的存在，以及秸秆的分布不均匀引起土壤水分渗透的不稳定性，即出现优先流现象。

2）秸秆隔层的存在使土层与秸秆隔层交界面处产生水势差，二者导水率差异较大，水分入渗通量发生突变，从而阻碍了水分入渗。但这种阻碍作用是有时效的，随着入渗的进行，秸秆隔层与土层含水率不断增加，二者导水率相等时，阻碍作用消失。

3）秸秆隔层延长了入渗水流在其上部土壤的停蓄时间，从而提高了土壤含水率，储水作用明显。由于秸秆隔层与土层交界面的下表面处产生了水势逆差，且在水分入渗结束后再分布过程中，水势逆差呈增大趋势，从而使秸秆隔层上部土层具有较长期的储水作用。

4）秸秆隔层使土壤中的可溶性盐分得到充分溶解，形成高浓度的土壤溶液，随水分迁移至底土层，从而降低了秸秆隔层上部土壤含盐量，提高了水分洗盐效果。

5）秸秆隔层埋深不影响其阻水减渗性能，只是对水分入渗过程线性化之前的初始入渗量产生影响，且对秸秆隔层下部土层的入渗速率也无影响。

6）秸秆隔层的阻水性能主要取决于秸秆自身的特性。秸秆部位、长度对土壤入渗特性的影响较大，这主要是由于其内部孔隙结构、导水率、水势和入渗能力等不同而造成的。

本章研究了秸秆隔层使用不同秸秆部位、长度和秸秆隔层不同埋深对土壤毛管水运动、水分蒸发、潜水蒸发和水盐分布的影响，并定量分析了秸秆隔层内部水分、盐分和溶液盐浓度的变化，得出如下结论：

1）均质土壤毛管水上升高度和地下水补给速度均与时间呈明显的幂函数关系。与之相比，秸秆隔层抑制了毛管水上升高度和其下土层毛管水运移速度。毛管水无法越过秸秆隔层，仅表现为秸秆隔层下界面呈不同程度浸润。当秸秆隔层由玉米叶组成，或由被粉碎的秸秆组成时，其浸润程度相对较大。

2）秸秆隔层土壤可降低水分蒸发强度。这种抑制作用主要体现在蒸发中后期，而蒸发刚开始时其蒸发强度与均质土壤差异不大。秸秆隔层土壤对水分蒸发的抑制作用受秸秆部位和长度的影响。在相同埋深条件下，由玉米叶构成的秸秆隔层的水分蒸发强度小于由玉米叶和玉米秆同比混合构成的秸秆隔层，而由玉米秆构成的秸秆隔层土壤在蒸发后期日蒸发量相对较大。碎秸秆隔层土壤蒸发强度要小于长秸秆隔层土壤，但在蒸发后期，碎秸秆隔层土壤日蒸发量相对较大。秸秆部位和长度相同条件下，土壤蒸发强度随秸秆隔层埋深的增加而增大。

3）在强烈蒸发作用下，秸秆隔层内部水分被蒸发散失，其含水率的降低增大了其对土壤水分运动的阻碍作用，从而抑制了土壤返盐。秸秆部位和长度不同，秸秆隔层内部水分和盐分含量也不同，且均低于同位土层。秸秆隔层埋深较大时，其内部水盐含量也较高，有潜在盐渍化风险。

4）均质土壤的潜水蒸发强度随大气蒸发能力的增大而增加。与之相比，秸秆隔层土壤能有效地抑制潜水蒸发，降低潜水蒸发强度和累积蒸发量，其抑制效果比地膜覆盖明显，且地膜覆盖结合秸秆隔层的抑制效果最佳。在连续蒸发 30 d 内，秸秆隔层处理的潜水累积蒸发量比均质土壤降低了 96.82 %，而地膜覆盖结合秸秆隔层处理降低了 94.02 %。这是由于秸秆隔层土壤剖面温度相对较高，温度梯度加速了其气态水运动，增加了其内部气体所占的比例，封闭的气体形成阻碍水分运动的"阻隔层"，使得秸秆隔层与其上下土层的水势差异逐渐增大，其含盐量也始终低于同位土层，从而可有效地抑制潜水蒸发和土壤返盐。

5）秸秆隔层土壤优化了剖面水盐分布。与均质土壤相比，秸秆隔层土壤控制了底层土壤水分上行，对隔层下部土壤水分具有保蓄作用，而上部土壤含水率相对较低，尤其是秸秆隔层埋深较浅时。同时，其将盐分控制在深层土壤中，明显降低了秸秆隔层上部土壤含盐量，有效地抑制了土表返盐。地膜覆盖结合秸秆隔层不但可大幅度减少秸秆隔层上部土壤水分蒸发散失，还能增强隔层的控盐作用，达到保水、控盐的双重效果。

6）秸秆隔层埋深对潜水蒸发强度的影响不明显，但保水、抑盐效果差异明显。秸秆隔层埋深较浅时，其抑制潜水蒸发和土壤返盐的效果相对较好，而其上层土壤水分含量较低，很难满足作物生长需水要求；埋深较深时，保水效果较好，而抑盐效果相对较差。

参 考 文 献

池宝亮，庞金梅，焦晓燕 . 1994. 秸秆不同覆盖方式在控制根层盐化中的作用 . 山西农业大学学报，14(4): 440-443.

冯永军, 陈为峰, 张蕾娜, 等. 2000. 滨海盐渍土水盐运动室内实验研究及治疗对策. 农业工程学报, 16(3): 38-42.

胡顺军, 康绍忠, 宋郁东, 等. 2004. 塔里木盆地潜水蒸发规律与计算方法研究. 农业工程学报, 20(2): 49-53.

虎胆·吐马尔白, 吴旭春, 迪力达. 2006. 不同位置秸秆覆盖条件下土壤水盐运动实验研究. 灌溉排水学报, 25(1): 34-37.

李久生, 杨凤艳, 刘玉春, 等. 2009. 土壤层状质地对小流量地下滴灌灌水器特性的影响. 农业工程学报, 25(4): 1-6.

李毅, 邵明安, 王文焰, 等. 2004. 有限深土体中再分布的土壤水盐运移试验研究. 农业工程学报, 20(3): 40-43.

李韵珠, 胡克林. 2004. 蒸发条件下粘土层对土壤水和溶质运移影响的模拟. 土壤学报, 41(4): 493-502.

李卓, 吴普特, 冯浩, 等. 2009. 容重对土壤水分入渗能力影响模拟试验. 农业工程学报, 25(6): 40-45.

罗焕炎, 严蔼芬, 谢驹华. 1965. 层状土中毛管水上升的实验研究. 土壤学报, 13(3):312-324.

牛健植, 余新晓. 2005. 优先流问题研究及其科学意义. 中国水土保持科学, 3(3): 110-116.

牛健植, 余新晓, 张志强. 2006. 优先流研究现状及发展趋势. 生态学报, 26(1): 231-243.

彭振阳, 伍靖伟, 黄介生. 2012. 间歇入渗对土壤溶质淋洗效率的影响. 农业工程学报, 28(20): 128-134.

乔海龙, 刘小京, 李伟强, 等. 2006. 秸秆深层覆盖对水分入渗及蒸发的影响. 中国水土保持科学, 4(2): 34-38.

秦耀东, 任理, 王济. 2000. 土壤中大孔隙流研究进展与现状. 水科学进展, 11(2): 203-207.

曲晨晓, 王炜. 1997. 土壤剖面中砂质夹层的储水作用及机理研究. 华中农业大学学报, 16(5): 349-356.

史文娟. 2005. 蒸发条件下夹砂层土壤水盐运移实验研究. 西安: 西安理工大学博士学位论文.

史文娟, 沈冰, 汪志荣. 2005. 层状土壤水盐动态研究与分析. 干旱地区农业研究, 23(5): 250-254.

宋日权, 褚贵新, 冶军, 等. 2010. 掺砂对土壤水分入渗和蒸发影响的室内试验. 农业工程学报, 26(S1): 109-114.

汪志荣, 王文焰. 2000. 砂土夹层的阻水减渗机制及合理埋深. 西安理工大学学报, 16(2): 170-174.

王春颖, 毛晓敏, 赵兵. 2010. 层状夹砂土柱室内积水入渗试验及模拟. 农业工程学报, 26(11): 61-67.

王文焰, 张建丰, 汪志荣, 等. 1995. 砂层在黄土中的阻水性及减渗性的研究. 农业工程学报, 11(1): 104-110.

解文艳, 樊贵盛. 2004. 土壤结构对土壤入渗能力的影响. 太原理工大学学报, 35(4): 381-384.

依艳丽. 2009. 土壤物理研究法. 北京: 北京大学出版社: 158-160.

员学锋, 吴普特, 汪有科, 等. 2006. 免耕条件下秸秆覆盖保墒灌溉的土壤水, 热及作物效应研究. 农业工程学报, 22(7): 22-26.

张殿发，郑琦宏. 2005. 冻融条件下土壤中水盐运移规律模拟研究. 地理科学进展，27(4)：46-55.

张建兵，杨劲松，姚荣江，等. 2013. 有机肥与覆盖方式对滩涂围垦农田水盐与作物产量的影响. 农业工程学报，29(15): 116-125.

张金珠. 2013. 干旱区秸秆覆盖对滴灌土壤水盐分布及棉花生长的调控效应. 乌鲁木齐：新疆农业大学博士学位论文.

张坤，苗长春，徐圆圆，等. 2009. 麦秸强化石油烃污染耕地水浸洗盐过程及场地试验. 环境科学，30(1): 217-222.

张蕾娜，冯永军，张红. 2001. 滨海盐渍土水盐运移影响因素研究. 山东农业大学学报：自然科学版，32(1): 55-58.

Bodman G B, Colman E A. 1944. Moisture and energy conditions during downward entry of water into soils. Soil Science Society of America Journal, 8(C): 116-122.

Bezborodov G A, Shadmanov D K, Mirhashimov R T, et al. 2010. Mulching and water quality effects on soil salinity and sodicity dynamics and cotton productivity in Central Asia. Agriculture, Ecosystems and Environment, 138(1): 95-102.

Chen C, Wagenet R J. 1992. Simulation of water and chemicals in macropore soils Part 1. Representation of the equivalent macropore influence and its effect on soilwater flow. Journal of Hydrology, 130(1-4): 105-126.

Franzluebbers A J. 2002. Water infiltration and soil structure related to organic matter and its stratification with depth. Soil and Tillage Research, 66(2): 197-205.

Helalia A M. 1993. The relation between soft infiltration and effective porosity in different soils. Agricultural Water Management, 24(8): 39-47.

Hillel D, Baker R S. 1988. A descriptive theory of fingering during infiltration into layered soils. Soil Science, 146(1): 51-56.

Sheng Z, Liang Y, Zhang X, et al. 2008. Effects of soil mulching on cucumber quality, water use efficiency and soil environment in greenhouse. Transactions of the Chinese Society of Agricultural Engineering, 24(3): 65-71.

Yamanaka T, Takeda A, Sugita F. 1997. A modified surface-resistance approach for representing bare-soil evaporation: Wind tunnel experiments under various atmospheric conditions. Water Resources Research, 33(9): 2117-2128.

Zhang G S, Chan K Y, Oates A, et al. 2007. Relationship between soil structure and runoff/soil loss after 24 years of conservation tillage. Soil and Tillage Research, 92(1): 122-128.

第 3 章 | 上膜下秸的水盐调控效应

目前，河套灌区农田大多通过高频多量的灌溉控制盐分（杜军等，2011；郝芳华等，2013），由于灌区地势低洼，加之排水设施不健全，导致灌区地下水位偏高（张璇等，2011），加剧了农田土壤盐渍化和次生盐渍化障碍（冯兆忠等，2003；Feng et al., 2005；王云慧等，2010；张璇等，2011）。河套盐渍区作物生长一般表现为盐碱与干旱双重胁迫，因此，要维持盐渍灌区环境良性发展，不但要控盐抑盐，还要降低由土表蒸发引起的土壤水分无效损失，提高作物水分利用效率（邢述彦等，2012），减少灌溉水入渗补给地下水（张志杰等，2011）。本章研究在内蒙古河套灌区盐渍农田，以玉米秸秆作为隔层材料，研究秸秆隔层措施结合不同地表覆盖方式以及覆膜条件下秸秆隔层不同厚度和埋深对盐渍土水盐调控的影响机制，以期为灌区盐碱土农业开发利用提供科学依据和技术支撑。

3.1 试验基地气候条件和地下水埋深变化特征

3.1.1 降水量和蒸发量年度变化规律

农田土壤水盐运移与降水量和蒸发量有密切关系。图 3-1 为试验年份和试验开展之前十年（2001~2010 年）平均降水量和蒸发量变化情况，图 3-2 为 2011~2013 年生育期内日降水量和日均温变化情况。试验区 2001~2010 年平均降水量为 187.5 mm，每年降水主要集中在 6 月至 9 月，此时段降水量占年总降水量的 70 % 以上。在试验开展的 2011 年、2012 年和 2013 年里，降水量分别为 79.3 mm、371.0 mm 和 109.9 mm，作物生育期内降水量分别 54.5 mm、238.6 mm 和 64.8 mm，分别占年总降水量的 68.73 %、64.31 % 和 58.96 %。生育期内，2012 年日降水量大于 10 mm 的天数有 8 d，最高值达 67.2 mm；2013 年仅有 3 d，而 2011 年日降水量基本低于 10 mm。由此可知，2011 年和 2013 年降水量较小，属干旱年份，尤其是 2011 年；而 2012 年降水量较大，属丰水年，且属于罕见的极多雨年份。

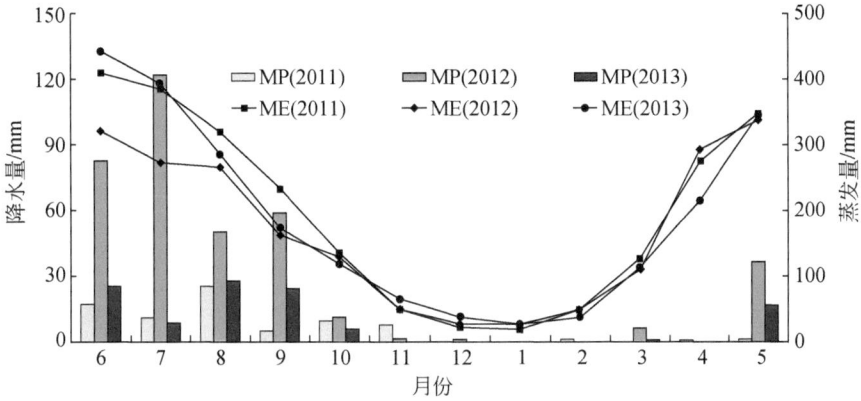

图 3-1 试验基地月降水量和蒸发量变化情况

注：ME 和 MP 分别为每月降水量和蒸发量。

降水量的差异导致生育期间日均温也不同，其中，2011 年日均温变化范围为 13.4~27.0℃，平均温度为 20.6℃；2012 年日均温变化范围为 7.2~26.1℃，平均温度为 19.8℃；2013 年日均温变化范围为 12.2~27.2℃，平均温度为 20.3℃。2011 年、2012 年和 2013 年蒸发量分别为 2371.3 mm、2043.1 mm 和 2254.6 mm，差异不如降水量大，且其变化趋势与降水量相反，与 2001~2010 年平均值（2164.8 mm）相比，2011 年和 2013 年蒸发量相对较大，而 2012 年相对较小。降水量较大的年份蒸降比相对较小，而降水量越小、蒸降比越大，土壤越容易产生盐渍化，对作物生长越不利。温度、降水和蒸发三者之间密切相关，降水能大幅度提高空气湿度，导致温度降低，从而降低蒸发量。

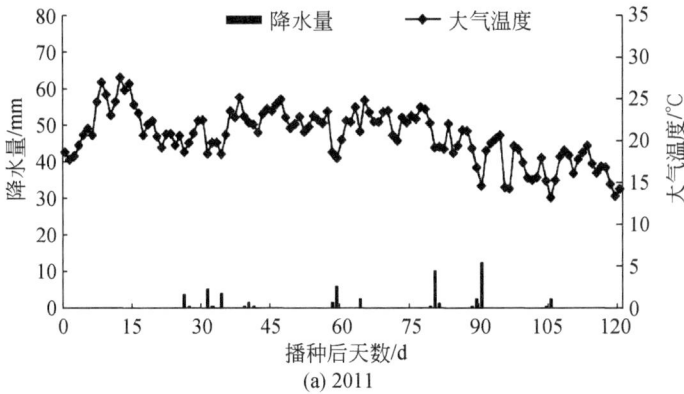

(a) 2011

(b) 2012

(c) 2013

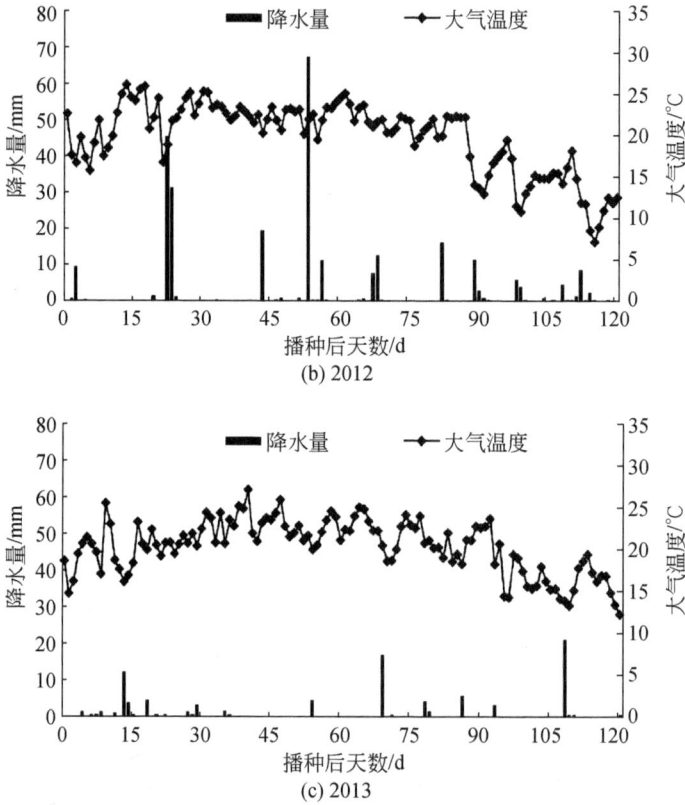

图 3-2 作物生育期间日降水量和日均温变化情况

3.1.2 地下水埋深年度变化规律

从图 3-3 可以看出，年内农田地下水位呈两次上升与下降，且变化幅度较大。每年地下水位变化可以分为四个阶段：①冻融期（12 月至翌年 4 月），地下水位在 1.5~2.2 m 波动；②作物生长季初期（5 月至 7 月），为 1.3~1.5 m，6 月份略有降低；③作物生长季后期（8 月至 9 月），为 1.5~1.8 m；④作物收获后至冻融前（10 月至 11 月），地下水位明显上升，最高处可达 0.9 m。从地下水位年际变化来看，差异主要体现在 5 月至 11 月，即作物生长期，其他时段差异较小。河套灌区地下水位变化主要受人类活动和气象因子的影响，每年春灌、秋浇和伏灌后，地下水位均呈上升趋势，尤其是秋浇，灌水量普遍较大，导致地下水位上升。年内灌水次数和单次灌水量不同也会导致地下水位产生变化。此外，降水量大的年份，地下水位也高。土壤盐分的变化与地下水埋深的动态变化密切相关（王水献等，2012）。地下水对土壤水的补给为农田蒸散的主要来源，也是土壤盐渍化的盐分来源（刘广明等，2002）。因此，地下水位较高时，加大了潜水蒸发，导致深层土壤盐分向表层运移，从而加剧土壤盐分表聚。

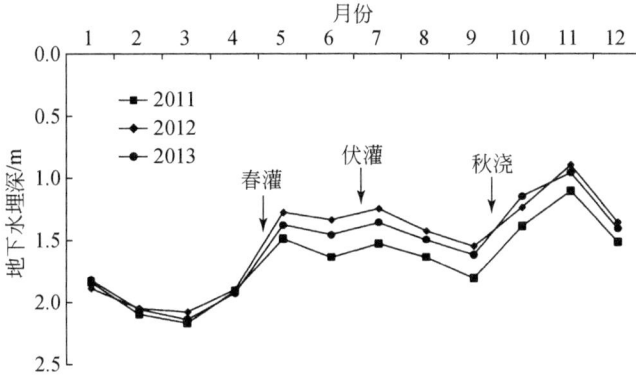

图 3-3 试验基地地下水埋深变化情况

3.2 上膜下秸对农田土壤水盐分布的影响

3.2.1 土壤水分分布特征

3.2.1.1 土壤剖面含水率分布特征

（1）播种前土壤剖面含水率

从 2011~2013 年播种前各层土壤平均含水率来看（表 3-1），秸秆隔层处理（SL 和 PM+SL）0~20 cm 和 20~40 cm 土层含水率比无秸秆隔层处理（CK 和 PM）分别提高了 4.01 % 和 3.10 %。由 2011~2013 年作物播种前各处理土壤剖面含水率分布情况（图 3-4）可知，各处理表层土壤含水率相对较低，0~20 cm 土层含水率为 21 %~23 %，土壤含水率随土壤深度增加。各处理在 0~60 cm 土层含水率差异较大，而 60~100 cm 差异相对较小。每年播种前，秸秆隔层处理（SL 和 PM+SL）0~40 cm 土层含水率明显高于无秸秆隔层处理（CK 和 PM），其中 20~40 cm 土层尤为明显。这与土柱模拟试验结果一致，即秸秆隔层在灌水后可提高其上土层含水率。由于秸秆隔层其上的 0~40cm 土层是农田作物主要利用土层，在灌溉量一致的情况下，这种储水效应在干旱年尤为有利和重要，可为作物前期生长提供充足水分，促进作物生长发育，丰水年（2012 年）由于降水补给土壤水库，则与对照差异缩小。

表 3-1　2011~2013 年播种前土壤平均含水率　　　（单位：%）

处理	不同土层平均含水率				
	0~20 cm	20~40 cm	40~60 cm	60~80 cm	80~100 cm
CK	21.59a	24.87b	28.56a	30.06a	31.15a
PM	21.62a	25.00b	28.59a	30.01a	31.28a
SL	22.42a	25.68a	27.97b	29.77a	31.10a
PM+SL	22.51a	25.73a	28.15ab	29.78a	30.88a

注：同列数据后不同字母表示处理间差异显著（P<0.05），下同。

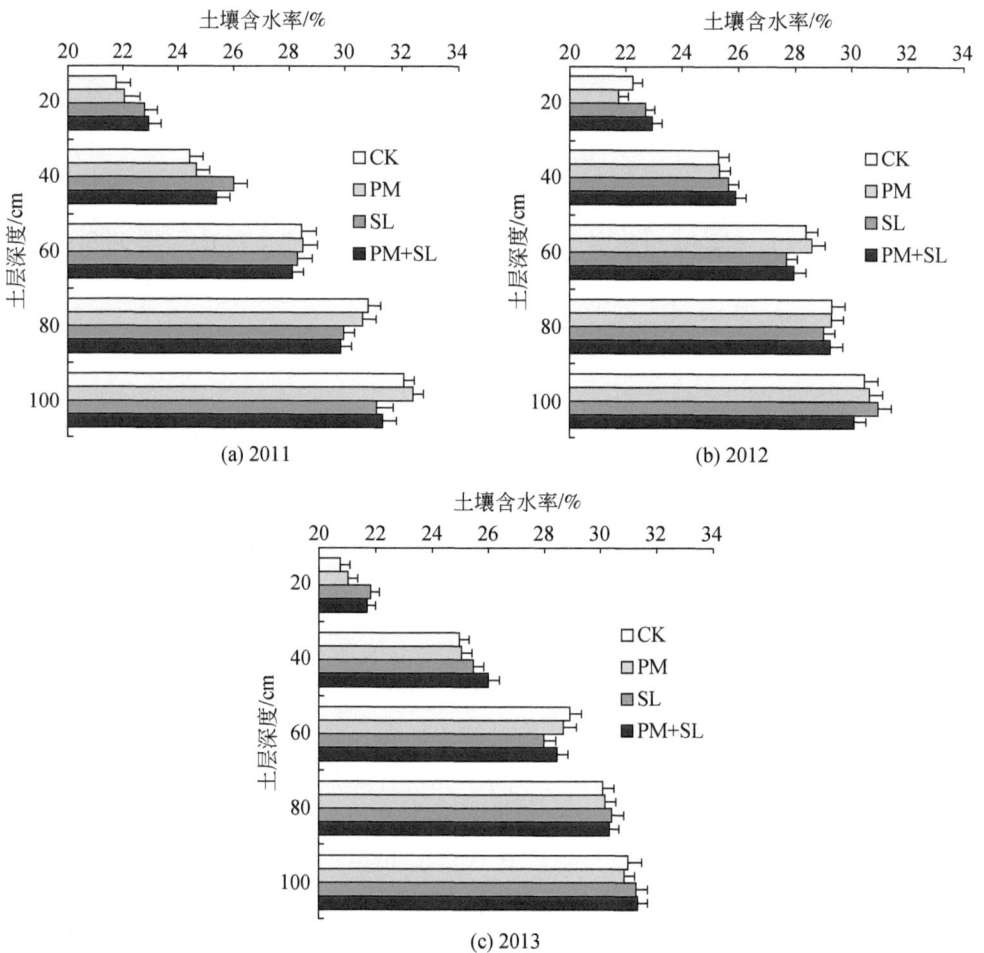

(a) 2011

(b) 2012

(c) 2013

图 3-4　各处理播种前土壤剖面含水率分布

（2）收获后土壤剖面含水率

从 2011~2013 年作物收获后各层土壤平均含水率来看（表 3-2），PM 处理、SL 处理和 PM+SL 处理 0~20 cm 土层含水率分别比 CK 处理高 5.02 %、6.64 % 和 5.15 %，在 20~40 cm 土层处也分别高 2.52 %、7.93 % 和 1.60 %。由 2011~2013 年作物收获后各处理土壤剖面含水率分布情况（图 3-5）可知，各处理保墒效果与时效不同，导致收获后土壤剖面含水率的明显差异。与 CK 处理相比，SL 处理各层土壤含水率相对较高，尤其在 40 cm 及以下土层明显高于其他处理，这可能是秸秆隔层可蓄存大量水分，同时，地表裸露造成强烈蒸发，土表变干且形成盐壳，反而抑制了部分水分蒸发，同时食葵长势较弱，蒸腾作用低，从而保蓄了较多水分。PM 处理除 40~60 cm 土层含水率较低外，其他土层均较高，这是由于地膜覆盖具有提水保墒作用（员学峰等，2006）。PM+SL 处理 0~40 cm 土层含水率与 PM 处理差异不大，但 40 cm 及以下土层含水率要低于 PM 处理，尤其在 2013 年其 40~100 cm 土层含水率明显低于其他处理，这是由于食葵长势好，蒸腾作用强所致。

表 3-2 2011~2013 年收获后土壤平均含水率　　　　（单位：%）

处理	不同土层平均含水率				
	0~20 cm	20~40 cm	40~60 cm	60~80 cm	80~100 cm
CK	19.31a	22.44a	24.56a	26.15a	28.53a
PM	20.28a	23.00a	24.48a	26.71a	29.06a
SL	20.59a	24.22a	24.47a	27.21a	29.94a
PM+SL	20.30a	22.80a	24.08a	26.17a	27.35a

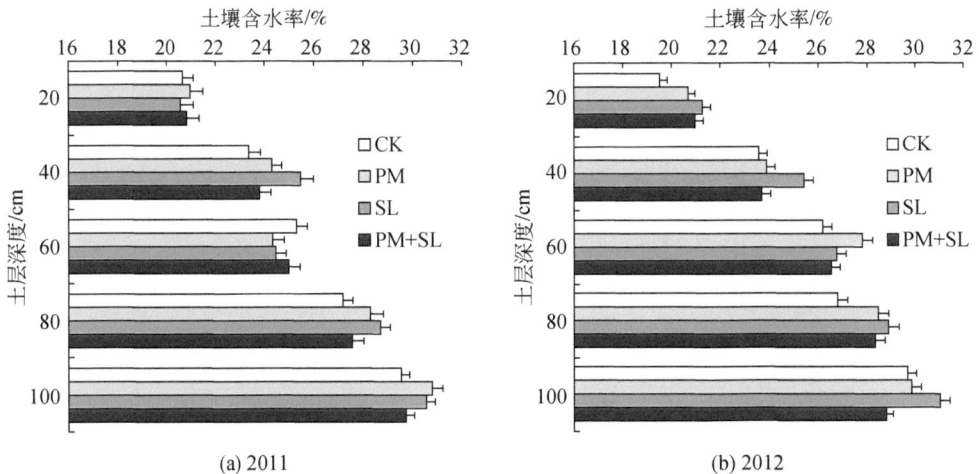

(a) 2011

(b) 2012

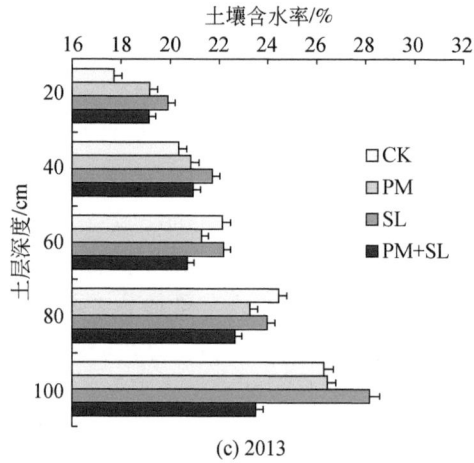

(c) 2013

图 3-5 各处理收获后土壤剖面含水率分布

3.2.1.2 土壤含水率动态变化特征

由 2011~2013 年各处理在食葵生育期内 0~40 cm 土层平均含水率的动态变化（图 3-6）可知，各处理土壤含水率随食葵生育期推移而降低，尤其是 2013 年，土壤含水率降低幅度较大。然而，由于每年降水量大小及降水时间差异，导致年际间土壤含水率动态差异较大。

2011 年，播种后 60 d 以前，PM+SL 处理含水率最高，显著高于 CK 处理和 PM 处理，SL 处理次之。之后，SL 处理和 PM+SL 处理含水率有所降低。2012 年，PM+SL 处理含水率明显高于其他处理。与 CK 处理相比，除播种后 47 d 和 76 d 外，SL 处理和 PM 处理含水率也明显较高；而 SL 处理和 PM 处理含水率呈交替式变

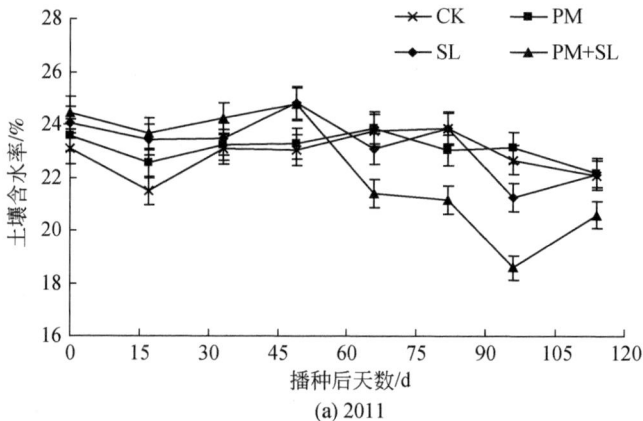

(a) 2011

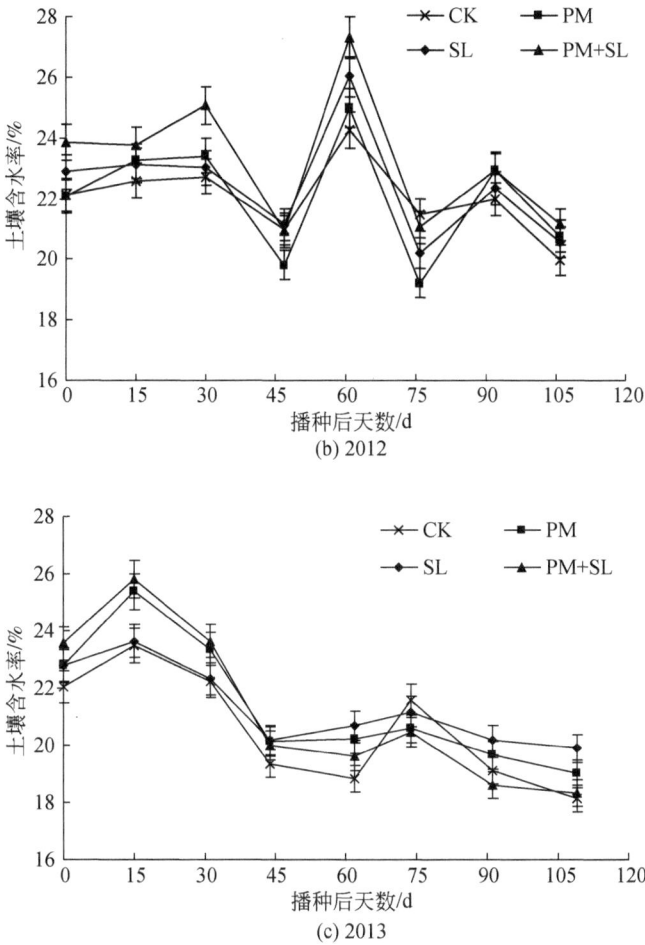

图 3-6 各处理 0~40 cm 土层平均含水率的动态变化

化，且二者差异不明显。这是由于整个生育阶段降水量较大且频繁，可有效补充土壤水库，从而使各处理土壤含水率在整个生育阶段相对较高。2013 年，播种后的前 45 d，PM+SL 处理含水率显著高于其他处理，PM 处理次之，之后，二者土壤含水率显著降低，而除播种后 74 d 外，SL 处理含水率高于 CK 处理。这说明，秸秆隔层处理在食葵生育前期可明显提高 0~40 cm 土层含水率，且结合地膜覆盖后保水效果尤为显著。

3.2.2 土壤盐分分布特征

3.2.2.1 土壤剖面含盐量

（1）播种前土壤剖面含盐量

从 2011~2013 年播种前各层土壤平均含盐量来看（表 3-3），播种前，SL 处理和 PM+SL 处理 0~60 cm 土壤含盐量均低于 CK 处理和 PM 处理，二者 0~20 cm、20~40 cm 和 40~60 cm 土层平均含盐量分别降低了 21.23 %、29.60 % 和 21.49 %。由 2011~2013 年播种前土壤剖面含盐量分布情况（图 3-7）可知，各处理均有盐分表聚现象，即表层土壤含盐量相对较高，0~20 cm 土层含盐量为 2.0~3.5 g/kg。在 2011 年，秸秆隔层处理（SL 和 PM+SL）0~60 cm 土层含盐量显著低于无秸秆隔层处理（CK 和 PM），其中 20~40 cm 土层尤为明显。2012 年，由于播种前高强度的降水增大了秸秆隔层以上土壤盐分淋洗量和淋盐深度，使其 0~80 cm 土层含盐量明显低于无秸秆隔层处理。2013 年，秸秆隔层处理 0~100 cm 土层含盐量均低于无秸秆隔层处理，其中 20~80 cm 土层达显著水平。这与土柱模拟试验结果一致，秸秆隔层在灌水后可降低其上土层含盐量，将更多可溶性盐分淋洗至秸秆隔层以下土层，这可为作物前期生长创造低盐环境，有效降低土壤盐害。但秸秆隔层的阻水减渗作用造成盐分淋洗深度小于无秸秆隔层处理，因此，有秸秆隔层处理 60~100 cm 土层含盐量要高于无秸秆隔层处理。

表 3-3 2011~2013 年播种前土壤平均含盐量 （单位：g/kg）

处理	不同土层平均含盐量				
	0~20 cm	20~40 cm	40~60 cm	60~80 cm	80~100 cm
CK	2.84a	2.65a	2.15a	1.67a	1.40a
PM	2.65a	2.60a	2.04a	1.31a	0.96b
SL	2.25a	1.97b	1.82ab	1.35a	1.06b
PM+SL	2.08a	1.73b	1.46b	1.25a	1.19ab

（2）收获后土壤剖面含盐量

从 2011~2013 年食葵收获后各层土壤平均含盐量来看（表 3-4），PM 处理、SL 处理和 PM+SL 处理各层土壤含盐量均低于 CK 处理，尤其在 0~20 cm 土层，差异较大。其中，PM+SL 处理土壤含盐量分别比 CK 处理低 3.22 %~49.05 %；PM 处理含盐量比 CK 处理降低 3.74 %~35.09 %；SL 处理含盐量比 CK 处理降低了 3.24 %~24.8 %。由 2011~2013 年食葵收获后各处理土壤剖面含盐量分布情况

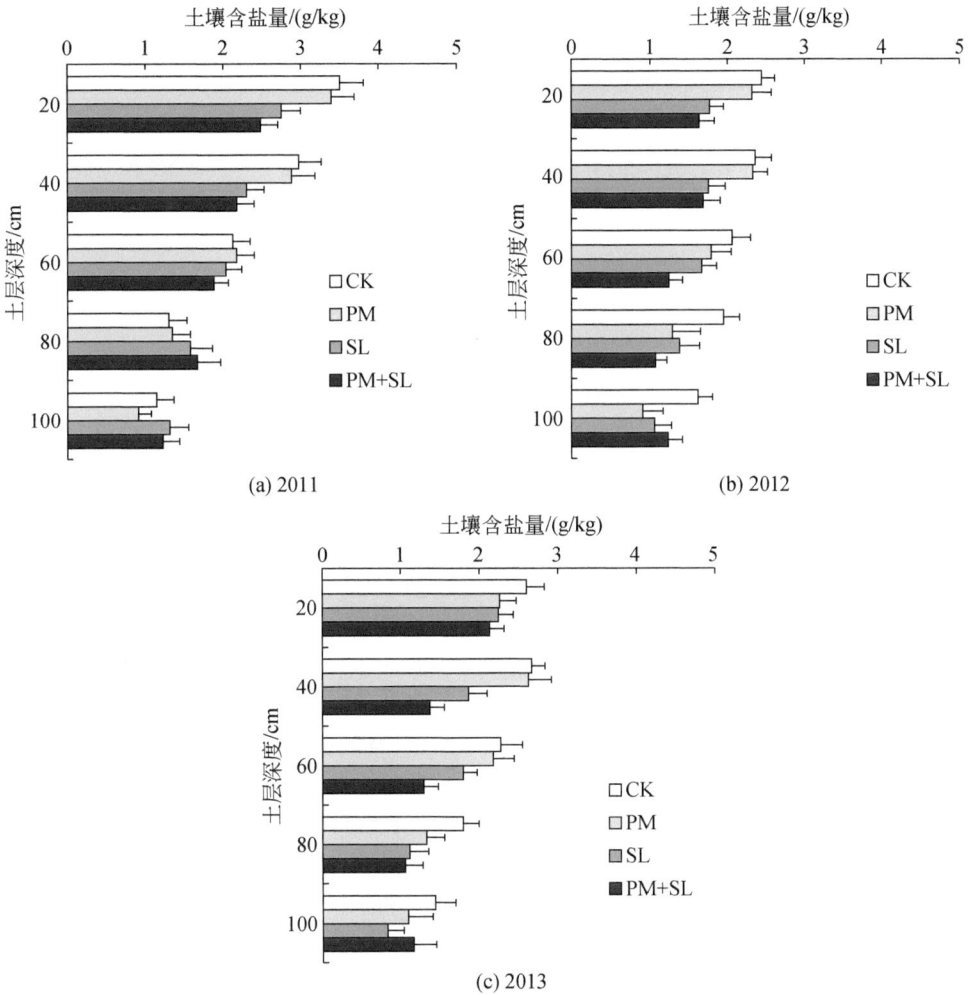

(a) 2011

(b) 2012

(c) 2013

图 3-7　各处理在播种前土壤剖面含盐量分布

（图 3-8）可以看出，各处理抑盐效果和作用时效不同，食葵收获后土壤剖面含盐量有明显差异，地表覆膜的处理（PM 和 PM+SL）0~20 cm 土层含盐量显著低于地表无覆盖处理（CK 和 SL）。在 2011 年，地表相同情况下，秸秆隔层处理0~40 cm 和 60~80 cm 土层含盐量要低于无秸秆隔层处理，其中 0~20 cm 土层达显著水平。秸秆隔层处理的抑盐作用在 2012 年表现不明显，SL 处理各层土壤含盐量要低于 CK 处理，PM+SL 处理 0~80 cm 土层含盐量均低于 PM 处理。2013年，秸秆隔层处理明显降低了 0~40 cm 土层含盐量，其中 0~20 cm 土层达显著水平。这说明 PM+SL 处理可明显抑制土壤返盐，尤其是干旱年份，抑盐效果更为显著，也更有农业利用价值，而 SL 处理和 PM 处理也有一定抑盐作用，但效果不如 PM+SL 处理明显。丰水年（2012 年）降水量较大，导致秸秆隔层长期处于高水分含量状态，秸秆隔层液态水分含量较高且接近饱和状态时，其对水分的阻碍作用较小，抑盐效果反而不如干旱年明显。

表 3-4　2011~2013 年食葵收获后土壤平均含盐量　　　（单位：g/kg）

处理	不同土层平均含盐量				
	0~20 cm	20~40 cm	40~60 cm	60~80 cm	80~100 cm
CK	5.90a	2.54a	1.77a	1.34a	1.15a
PM	3.83bc	2.39a	1.66a	1.29a	1.06a
SL	5.04ab	2.15a	1.72a	1.01a	1.10a
PM+SL	3.01c	2.00a	1.58a	1.10a	1.12a

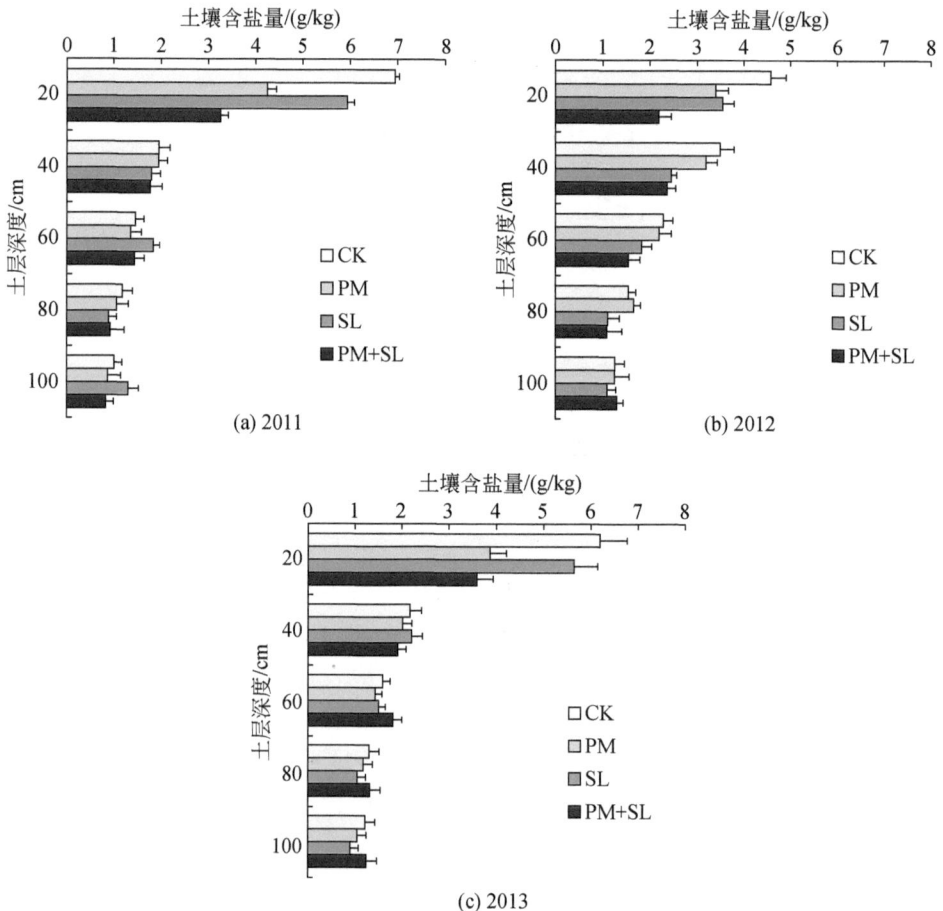

(a) 2011

(b) 2012

(c) 2013

图 3-8　各处理在食葵收获后土壤剖面含盐量分布

3.2.2.2 土壤含盐量动态变化

食葵主要根系分布在 0~40 cm 土层，研究该层土壤盐分动态对判定作物根层盐害具有重要意义。由 2011~2013 年各处理在食葵生育阶段 0~40 cm 土层平均含盐量的动态变化（图 3-9）可知，各处理的控盐抑盐效果不同，对降低食葵生育期盐害的效果也有差异。其中，PM+SL 处理在整个生育阶段均明显低于其他处理，尤其是 2011 年，差异达显著水平。与 CK 处理相比，SL 处理在 2011 年控盐效果仅体现在播种后 45 d 之前，此后其含盐量明显高于其他处理，而 2012 年和 2013 年其控盐效果可延长至播种后 75 d 左右。PM 处理则在食葵整个生育阶段均有抑盐效果。SL 处理和 PM 处理含盐量在生育前期（至播种后 45 d）差异不大，但生育中后期，SL 处理含盐量要高于 PM 处理，且在 2011 年达显著水平。

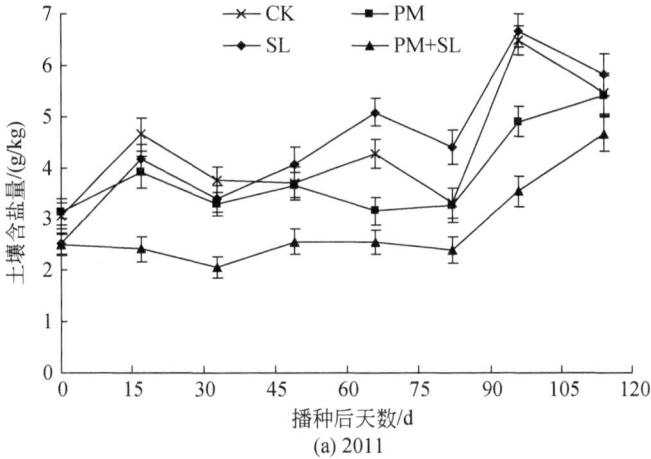

(a) 2011

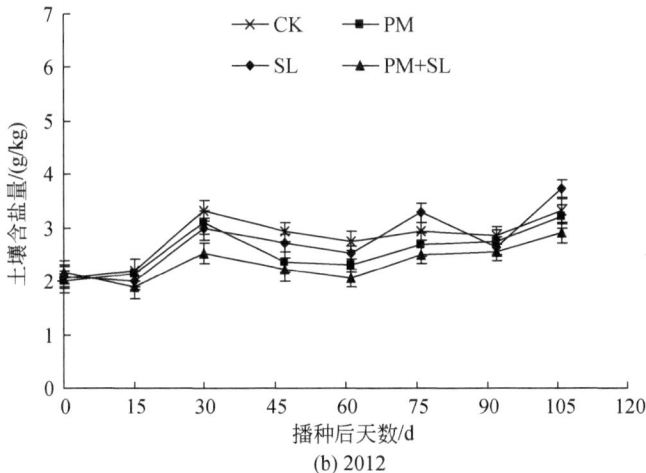

(b) 2012

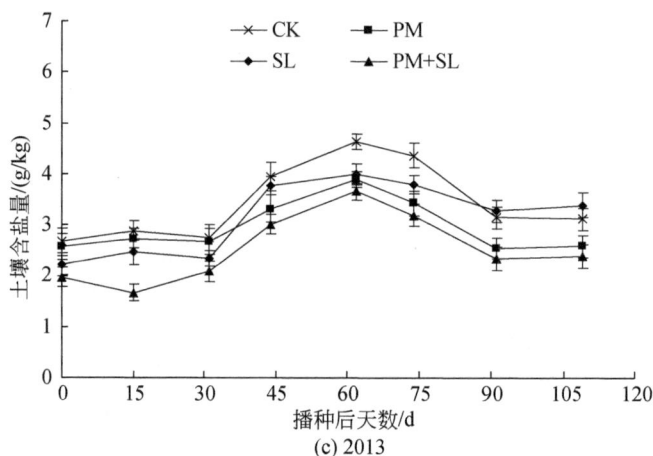

图 3-9　各处理 0~40 cm 土层平均含盐量的动态变化

由此可见，地膜覆盖或秸秆隔层措施均在一定程度上可抑制土壤返盐，但地膜覆盖结合秸秆隔层措施控盐抑盐效果最佳。

3.2.3　土壤溶液盐浓度

土壤溶液盐浓度可较为准确地反映盐分对作物生长的影响程度（林义成等，2005）。由各处理在食葵不同生育时期 0~40 cm 土壤溶液盐浓度变化（表 3-5）可以看出，与 CK 处理相比，PM+SL 处理可显著降低苗期 0~40cm 土壤溶液盐浓度；SL 处理次之，也具有降盐效果；PM 处理更次之。PM+SL 处理在整个生育阶段均能保持较低的溶液盐浓度，从三年土壤溶液盐浓度的平均值来看，PM+SL 处理溶液盐浓度分别比 CK 处理、PM 处理和 SL 处理低 18.85 %~36.80 %、7.16 %~29.58 % 和 5.75 %~28.11 %。这说明，尽管 PM+SL 处理在干旱年份生育后期土壤含水率相对较低，但其含盐量在整个生育阶段均较低，土壤溶液盐浓度不高，淡化了根层，对食葵生长的盐胁迫程度要低于其他处理。

表 3-5　食葵不同生育时期各处理 0~40 cm 土壤溶液盐浓度变化　（单位：g/L）

年份	处理	苗期	现蕾期	开花期	成熟期
2011	CK	1.63a	1.80b	1.39b	2.86b
	PM	1.42b	1.32c	1.42b	2.12c
	SL	1.45ab	2.20a	1.84a	3.14a
	PM+SL	0.85c	1.19c	1.13c	1.90d

续表

年份	处理	苗期	现蕾期	开花期	成熟期
2012	CK	1.46a	1.14a	1.37b	1.29a
	PM	1.33ab	0.92b	1.40b	1.19a
	SL	1.29ab	0.97b	1.63a	1.18a
	PM+SL	1.01b	0.75c	1.19c	1.11ab
2013	CK	1.24a	2.46a	2.02a	1.64a
	PM	1.14ab	1.92b	1.66bc	1.30b
	SL	1.05b	1.93b	1.79b	1.62a
	PM+SL	0.88c	1.87b	1.56c	1.26bc
平均值	CK	1.44a	1.80a	1.59ab	1.93a
	PM	1.30a	1.39a	1.49ab	1.53a
	SL	1.26a	1.70a	1.76a	1.98a
	PM+SL	0.91b	1.27a	1.29b	1.42a

3.3 不同秸秆用量对农田土壤水盐分布的影响

3.3.1 土壤水分分布

3.3.1.1 土壤剖面含水率

（1）播种前土壤剖面含水率

秸秆隔层厚度不同，其储水效果也有差异，从各秸秆隔层厚度处理播种前土壤剖面含水率三年平均值来看（表3-6），H3 处理、H5 处理和 H7 处理 0~20 cm 土层含水率比 CK 处理分别提高了 1.92 %、2.85 % 和 3.05 %，20~40 cm 土层也分别提高了 3.35 %，3.68 % 和 5.29 %。由 2011~2013 年播种前各处理土壤剖面含水率分布（图 3-10）可知，不同处理表层土壤含水率相对较低，0~20 cm 土层含水率在 21 % 左右；其下土层土壤含水率随深度增加。各处理 0~40 cm 土层含水率均高于 CK 处理，其中 20~40 cm 土层达显著水平。在 2011 年，H3 处理 0~20 cm 土层含水率要高于 H5 处理和 H7 处理，但差异不显著；而在 90~100 cm 土层处，H3 处理显著较低；H5 处理和 H7 处理间含水率无明显差异。2012 年，在 0~40 cm 土层范围内，土壤含水率随秸秆隔层厚度的增加而增加；在 40~100 cm 土层范围内，土壤含水率随秸秆隔层厚度的增加而降低。2013 年，H3 处理 0~20 cm 土层含水率与 CK 处理差异不大，而 H5 处理和 H7 处理含水率明显高于 CK 处理；在 20~80 cm 土层范围内，H3 处理和 H5 处理含水率基本相近，二者明显小于 H7 处理。这说明，不同厚度秸秆隔层处理在播种前均可提高 0~40 cm 土层含水率，这种储水作用随秸秆隔层厚度的增加而增强。

表 3-6　2011~2013 年播种前不同秸秆隔层厚度处理土壤平均含水率　（单位：%）

处理	不同土层平均含水率				
	0~20 cm	20~40 cm	40~60 cm	60~80 cm	80~100 cm
CK	21.78a	25.33b	28.49a	30.01a	31.28a
H3	22.20a	26.18ab	28.33a	29.67a	30.96a
H5	22.40a	26.26ab	28.26a	29.55a	30.88a
H7	22.45a	26.67a	28.35a	29.24a	30.27a

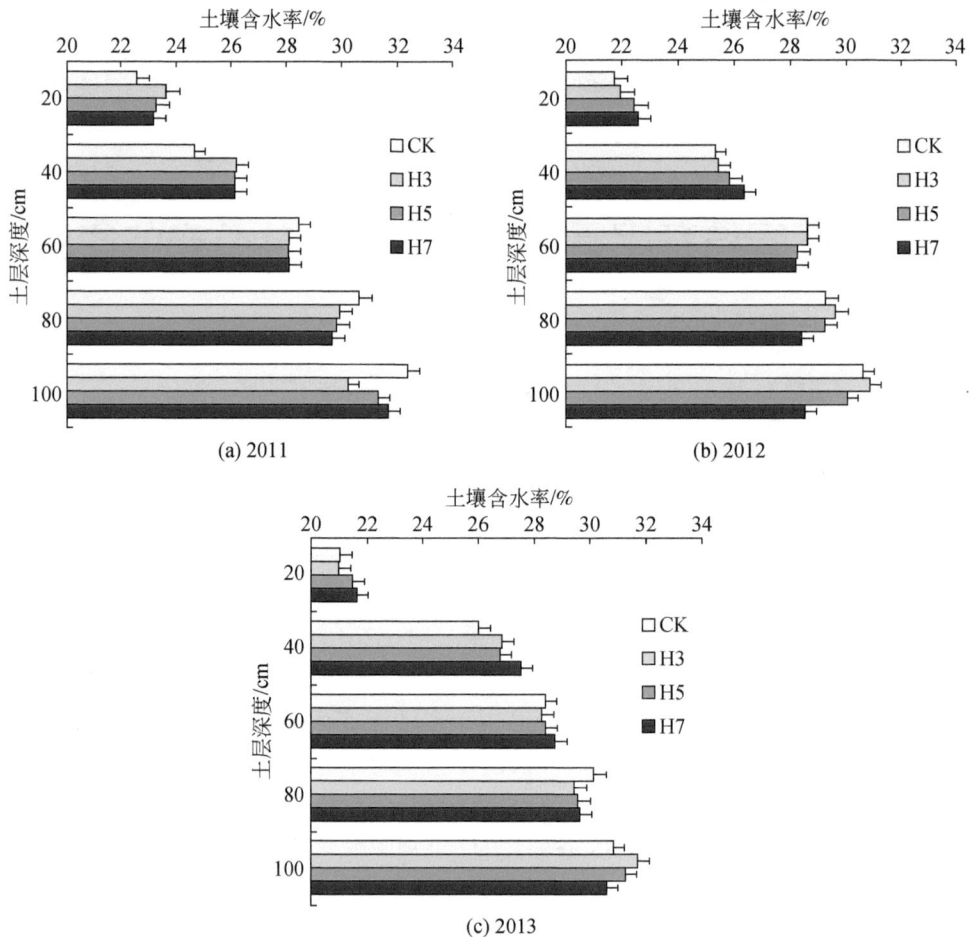

图 3-10　不同秸秆隔层厚度处理在播种前土壤剖面含水率分布

（2）收获后土壤剖面含水率

从各秸秆隔层厚度处理食葵收获后土壤剖面含水率三年平均值来看（表 3-7），H3 处理、H5 处理和 H7 处理含水率分别比 CK 处理低 1.26 %~7.01 %、1.52 %~5.37 % 和 0.41 %~7.66 %，其中 H5 处理和 H7 处理与 CK 处理在 0~40 cm 土层含水率差异较大。由 2011~2013 年食葵收获后土壤剖面含水率分布（图 3-11）可知，三个秸秆隔层厚度处理土壤剖面含水率均明显小于 CK 处理，2011 年和 2012 年差异尤为明显。其中，在 0~40 cm 土层范围内，土壤含水率随秸秆隔层厚度的增加而减小，而 40~100 cm 土层呈相反趋势。这说明随秸秆隔层厚度的增加，其对水分上移的阻碍作用增大，致使隔层下部土层水分很难越过隔层补给水分损失。

表 3-7 2011~2013 年食葵收获后土壤平均含水率 （单位：%）

处理	不同土层平均含水率				
	0~20 cm	20~40 cm	40~60 cm	60~80 cm	80~100 cm
CK	19.90a	22.81a	23.77a	26.74a	29.29a
H3	19.25a	22.31a	23.47a	25.76a	27.23a
H5	19.07a	21.90a	23.41a	26.19a	27.71a
H7	18.37a	21.13a	23.03a	26.60a	29.17a

3.3.1.2 土壤含水率动态变化

由食葵生育阶段不同秸秆隔层厚度处理 0~40 cm 土层平均含水率动态变化

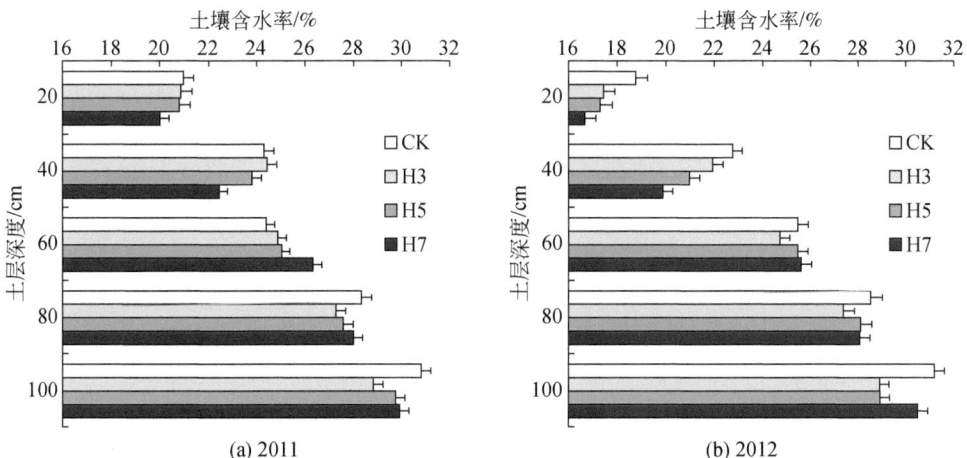

(a) 2011　　　　　　　　　　(b) 2012

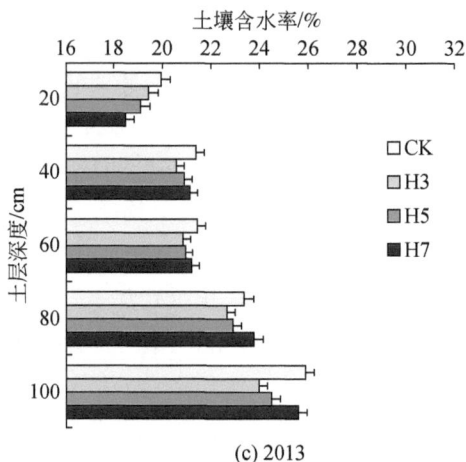

(c) 2013

图 3-11　各处理在食葵收获后土壤剖面含水率分布

（图 3-12）可以看出，在 2011 年和 2013 年，三个秸秆隔层厚度处理土壤含水率在播种后 60 d 之前明显高于 CK 处理，尤其在 2011 年差异均达显著水平，各处理土壤含水率随秸秆隔层厚度的增加而增高；此后，各处理土壤含水率显著低于 CK 处理，土壤含水率随秸秆隔层厚度的增加而降低。这是秸秆隔层阻断深层土壤水分上移的作用结果，丰水年（2012 年）可提高各处理雨季土壤含水率，但雨季过后，土壤含水率依然低于 CK 处理。而秸秆隔层处理的阻水作用和抑制水分上移作用均随其厚度增加而增强。

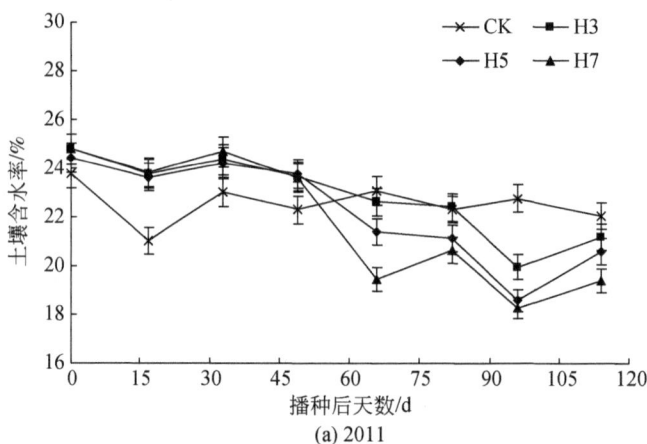

(a) 2011

(b) 2012

(c) 2013

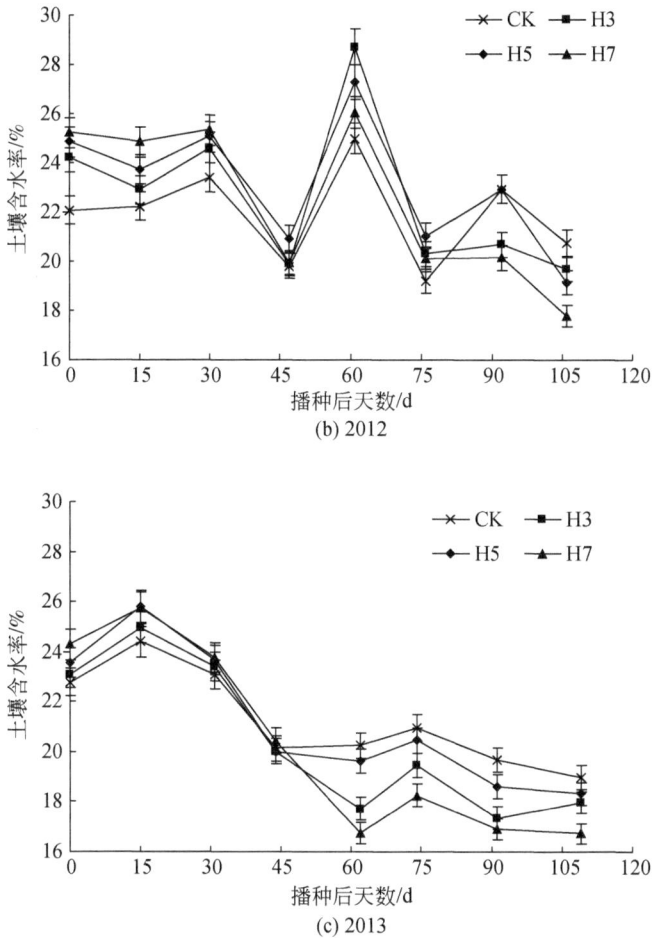

图 3-12　各处理 0~40 cm 土层平均含水率动态变化

3.3.2　土壤盐分分布

3.3.2.1　土壤剖面含盐量

（1）播种前土壤剖面含盐量

从各秸秆隔层厚度处理播种前土壤含盐量三年平均值来看（表 3-8），H3 处理、H5 处理和 H7 处理 0~60 cm 土层含盐量分别比 CK 处理低 11.96 %~17.11 %、17.12 %~21.59 % 和 8.31 %~23.07 %。图 3-13 为 2011~2013 年播种前土壤剖面含盐量分布情况。由图 3-13 可知，三个秸秆隔层厚度处理在灌水后均可降低 0~60 cm 土层含盐量，尤其在 2011 年，0~40 cm 土层含盐量差异达显著水平；不同秸秆隔层厚度处理均可促进灌水淋盐效率，随秸秆隔层埋设年限延长，秸秆隔层处理促进盐分淋洗的作用也呈减弱趋势，隔层厚度越小，效果越弱，H3 处理 0~20 cm 土层含盐量在 2012 年和 2013 年与 CK 处理差异较小。

表 3-8　2011~2013 年播种前土壤平均含盐量　　　（单位：g/kg）

处理	不同土层平均含盐量				
	0~20 cm	20~40 cm	40~60 cm	60~80 cm	80~100 cm
CK	2.65a	2.40a	1.88a	1.31a	0.96b
H3	2.27a	1.99a	1.66a	1.52a	1.36a
H5	2.08a	1.84a	1.56a	1.47a	1.39a
H7	2.04a	1.84a	1.73a	1.68a	1.50a

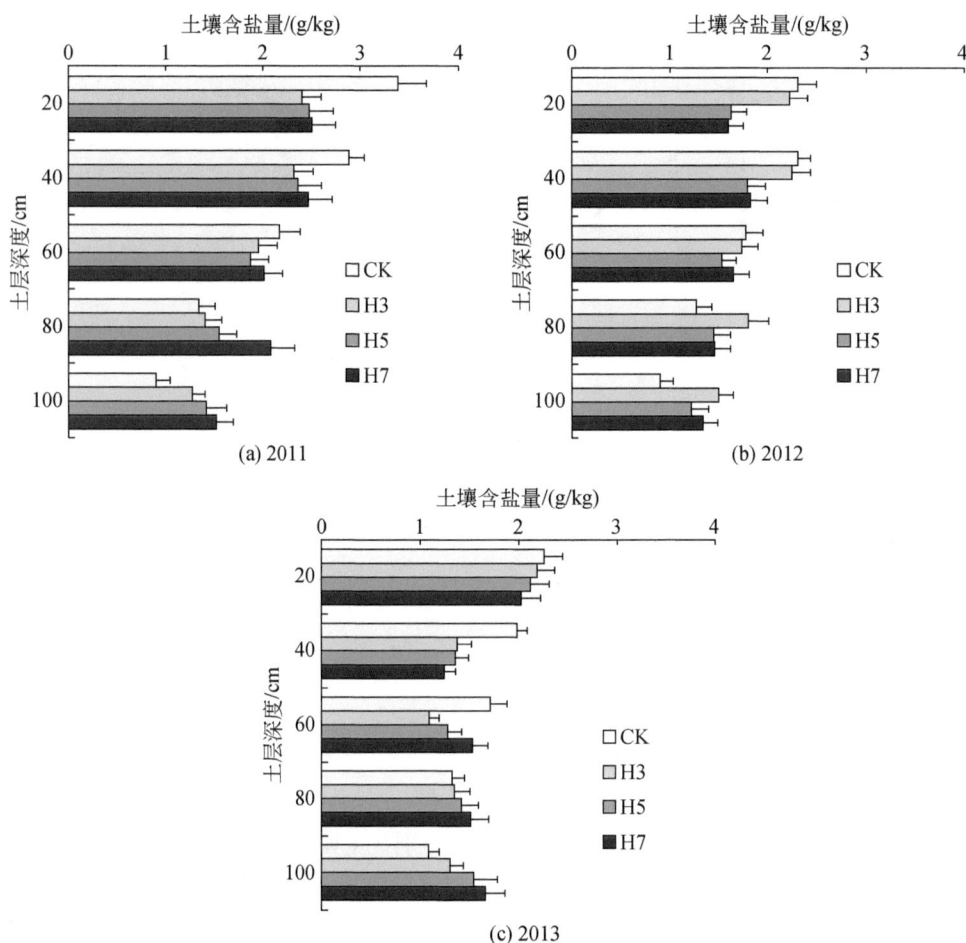

(a) 2011

(b) 2012

(c) 2013

图 3-13　各处理在播种前土壤剖面含盐量分布

（2）食葵收获后土壤剖面含盐量

从各秸秆隔层厚度处理在食葵收获后土壤含盐量三年平均值来看（表3-9），在0~20 cm 土层，H3 处理、H5 处理和 H7 处理含盐量分别比 CK 处理低 12.16 %、22.18 % 和 26.24 %；在 20~40 cm 土层，H5 处理和 H7 处理含盐量分别比 CK 处理低 13.33 % 和 15.78 %，H3 处理含盐量要高于 CK 处理，但差异不显著。图 3-14 为 2011~2013 年食葵收获后土壤剖面含盐量分布情况，由图 3-14 可知，与 CK 处理相比，各处理均可显著降低 0~20 cm 土层含盐量，抑制盐分表聚；尤其在 2012 年，三个秸秆隔层厚度处理在 0~80 cm 土层含盐量均要小于 CK 处理。在 20~40 cm 土层，H5 处理和 H7 处理含盐量均小于 CK 处理，H3 处理在 2011 年和2013 年高于 CK 处理而在 2012 年低于 CK 处理。这表明秸秆隔层厚度较小时，其抑盐能力也相对较小，适当增加秸秆隔层厚度对发挥其长效控盐机制具有重要意义。

表 3-9　2011~2013 年食葵收获后不同秸秆隔层厚度处理土壤平均含盐量（单位：g/kg）

处理	不同土层平均含盐量				
	0~20 cm	20~40 cm	40~60 cm	60~80 cm	80~100 cm
CK	3.56a	2.39a	1.66a	1.29a	1.06ab
H3	3.13a	2.41a	1.78a	1.44a	1.44a
H5	2.77a	2.07a	1.83a	1.17a	1.12ab
H7	2.63a	2.01a	1.69a	1.10a	0.93b

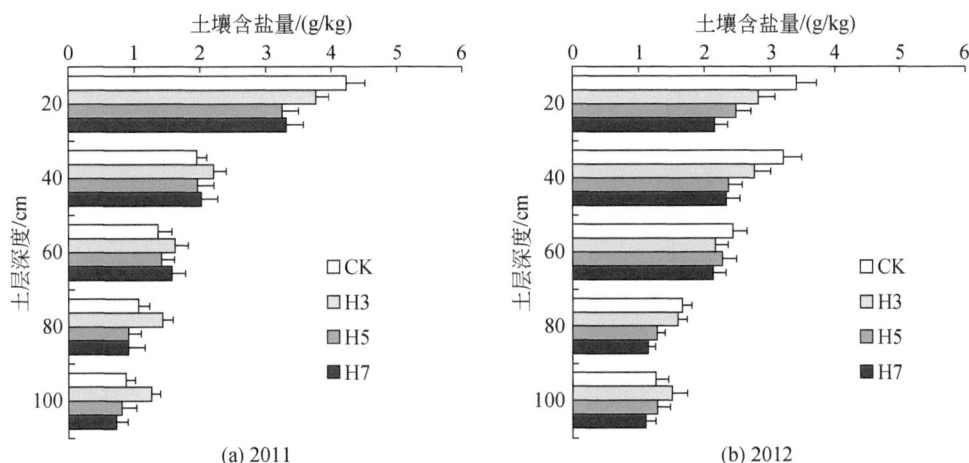

(a) 2011　　　　　　(b) 2012

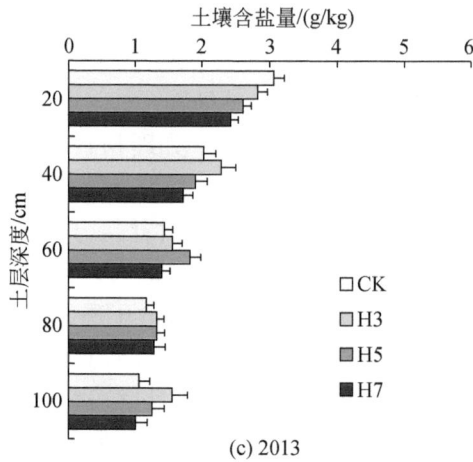

(c) 2013

图 3-14　不同秸秆隔层厚度处理在食葵收获后土壤剖面含盐量分布

3.3.2.2　土壤含盐量动态变化

由食葵生育阶段不同秸秆隔层厚度处理 0~40 cm 土层平均含盐量动态变化（图 3-15）可以看出，秸秆隔层厚度不同，生育期内控盐抑盐效果也有差异。除 2013 年食葵播种后 61 d 和 76 d 外，三个秸秆隔层厚度处理土壤含盐量明显低于 CK 处理，尤其在 2011 年，差异达显著水平。随秸秆隔层埋设年限的延长，三个秸秆隔层厚度处理的土壤含盐量与 CK 处理差异也呈减小趋势。整体上看，抑盐效果随秸秆隔层厚度的增加而增强。但在 2011 年，H5 处理和 H7 处理无明显差异，且二者在食葵生育后期与 H3 处理的差异也较小。可见，不同秸秆隔层厚度处理在试验第三年仍具有一定程度的抑盐作用，且其效果随厚度的增加而增强。

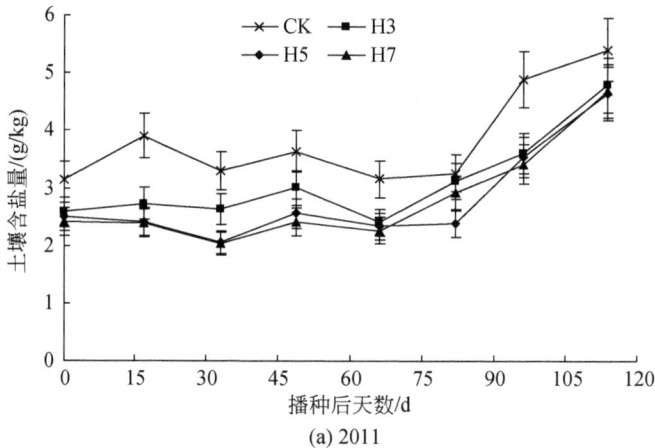

(a) 2011

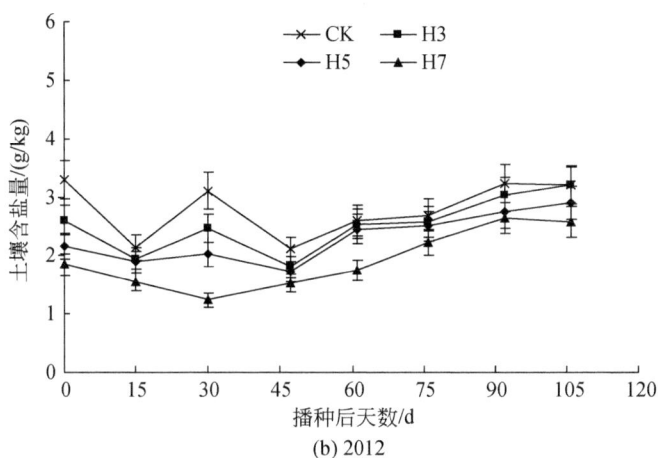

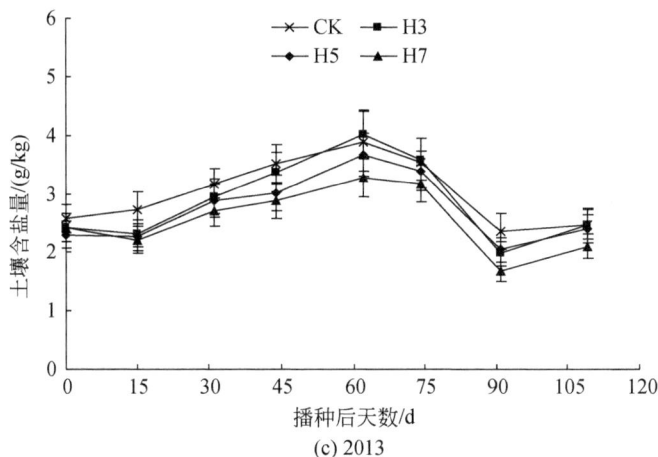

图 3-15 各处理 0~40 cm 土层平均含盐量动态变化

3.3.3 土壤溶液盐浓度

由食葵不同生育时期各处理 0~40 cm 土壤溶液盐浓度变化（表 3-10）可知，在 2011 年和 2012 年食葵苗期，三个秸秆隔层厚度处理土壤溶液盐浓度均显著低于 CK 处理；2013 年食葵苗期，三个处理土壤溶液盐浓度均低于 CK 处理，但仅 H7 处理显著低于 CK 处理。随食葵生育时期推进，三个秸秆隔层厚度处理的土壤溶液盐浓度与 CK 处理差异有所减小，尤其是 H3 处理，其土壤溶液盐浓度在 2013 年食葵现蕾期和开花期显著高于 CK 处理；H7 处理土壤溶液盐浓度也呈增大趋势，尤其在食葵开花期，其土壤溶液盐浓度要高于 H5 处理。这是由于三个秸秆隔层厚度处理土壤含水率在食葵生育中后期均出现降低趋势，且土壤含水率降低幅度随秸秆隔层厚度增加而增大，因此增大了土壤溶液盐浓度。从三年平均值来看，H3 处理、H5 处理和 H7 处理土壤溶液盐浓度分别比 CK 处理低 0.96 %~19.05 %、10.88 %~30.50 % 和 6.31 %~40.66 %。

表 3-10　食葵不同生育时期各处理 0~40 cm 土壤溶液盐浓度变化 （单位：g/L）

年份	处理	苗期	现蕾期	开花期	成熟期
2011	CK	1.43a	1.37a	1.46a	2.15a
	H3	1.08b	1.06b	1.39a	1.81b
	H5	0.85c	1.09b	1.13b	1.90b
	H7	0.82c	1.17b	1.41a	1.87b
2012	CK	1.33a	1.04a	1.40a	1.41a
	H3	1.00b	0.88ab	1.27ab	1.47a
	H5	0.81bc	0.90ab	1.19b	1.20b
	H7	0.49c	0.67b	1.11b	1.31ab
2013	CK	1.37a	1.92b	1.68ab	1.19a
	H3	1.26ab	2.40a	1.84a	1.14a
	H5	1.22ab	1.87bc	1.66b	1.10ab
	H7	1.14b	1.96b	1.74ab	0.99b
平均值	CK	1.38a	1.44a	1.51a	1.59a
	H3	1.12ab	1.43a	1.50a	1.47a
	H5	0.96b	1.29a	1.33a	1.40a
	H7	0.82b	1.26a	1.42a	1.39a

3.4　不同秸秆隔层埋深对农田土壤水盐分布的影响

3.4.1　土壤水分分布

（1）土壤剖面含水率

由覆膜条件下不同秸秆隔层埋深处理在食葵不同生育时期土壤剖面含水率分布情况（图 3-16）可知，与 CK 处理相比，三个秸秆隔层埋深处理主要能提高

20~60 cm 土层含水率。在食葵苗期和现蕾期，0~40 cm 土层土壤含水率随秸秆隔层埋深的增加而增高，其中 M20 处理和 M40 处理在 0~20 cm 土层含水率差异较小，二者差异主要体现在 20~40 cm 土层，且二者 0~80 cm 土层含水率均显著小于 M60 处理。在食葵开花期和成熟期，M60 处理在 0~60 cm 土层范围内含水率均为最高，M20 处理次之，而 M40 处理含水率显著低于 M20 处理和 M60 处理，成熟期尤为明显。这是由于秸秆隔层埋深可决定灌水时其上土层储水量，秸秆隔层埋深较小时储存的水分也相对较少，在大气蒸发和作物蒸腾情况下，秸秆隔层上部土层中的水分很快被消耗，而在秸秆隔层的阻断作用下，其下土层中的水分很难上移补给，从而导致 0~20 cm 土层水分相对较低。

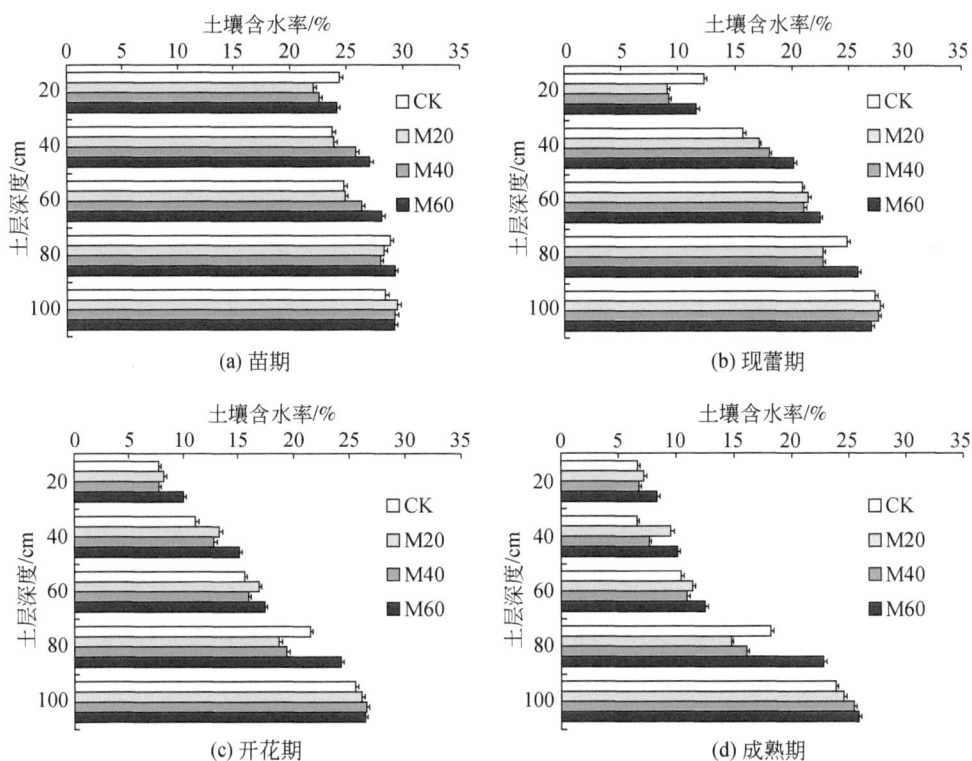

(a) 苗期　　(b) 现蕾期　　(c) 开花期　　(d) 成熟期

图 3-16　不同生育时期各处理土壤剖面含水率

（2）土壤储水量

田间土壤储水量可反映作物生长期间土壤的供水能力，尤其是在食葵根系生长分布层（0~40 cm 土层）。由表 3-11 可知，食葵不同生育时期各处理 0~40 cm 土层储水量差异较大。在播种时，M20 处理、M40 处理和 M60 处理储水量分别比 CK 处理高 2.17 %、7.91 % 和 9.45 %，其中 M40 处理和 M60 处理与 CK 处理的差异

达显著水平。食葵苗期，M40 处理和 M60 处理储水量也分别比 CK 处理高 0.55 %
和 6.03 %，而 M20 处理显著低于 CK 处理。食葵现蕾期，M20 处理和 M40 处理
储水量低于 CK 处理，但 M60 处理比 CK 处理高 13.51 %，差异均显著。食葵开
花期，由于降水量较现蕾期有所增加，土壤水库得以补充，M20 处理、M40 处
理和 M60 处理的土壤储水量均高于 CK 处理，其中 M20 处理和 M60 处理显著高
于 CK 处理。食葵成熟期，M20 处理、M40 处理和 M60 处理储水量分别比 CK
处理高 26.51 %、8.73 % 和 39.36 %。可见， M60 处理在整个生育阶段保水效果
最好，M40 处理在生育前期保水效果也相对较好。M20 处理由于隔层过浅，虽
然 20~40cm 土层含水量较高，但 0~20cm 土层含水量极低，不利于食葵生长。

表 3-11　食葵不同生育时期各处理 0~40 cm 土壤储水量变化　　（单位：mm）

处理	播种时	苗期	现蕾期	开花期	成熟期
CK	156.31b	141.30b	82.25b	55.57c	39.10c
M20	159.70b	134.99c	76.87c	63.40b	49.47b
M40	168.68a	142.10b	77.04c	60.53c	42.51bc
M60	171.08a	150.24a	93.37a	73.93a	54.49a

3.4.2　土壤盐分分布

（1）土壤剖面含盐量

由食葵不同生育时期各处理土壤剖面含盐量分布（图 3-17）可知，随食葵生
育期的推进，各处理差异逐渐增大。与 CK 处理相比，三个处理除苗期 80~100 cm
土层外，其他土层含盐量在各生育时期均较低。在整个生育阶段，在 0~80 cm 土
层范围内，土壤含盐量大小整体表现为：M60>M20>M40，而 80~100 cm 土层
则表现为: M20>M40>M60（苗期和现蕾期）、M20>M60>M40（开花期和成熟期）。
由此表明，秸秆隔层埋深较大或较小时，秸秆隔层上部土壤含盐量均相对较高，
从而降低了抑制土壤盐分表聚的作用；秸秆隔层埋深适中时，可提高控盐抑盐
效果。

（2）土壤储盐量的变化特征

由食葵不同生育时期各处理 0~40 cm 土壤储盐量变化（表 3-12）可知，在食
葵生育期，三个处理的土壤储盐量均明显低于 CK 处理，且差异随生育期推进而
增大。播种时，M20 处理、M40 处理和 M60 处理在 0~40 cm 土层的储盐量分别
比 CK 处理低 3.72 %、18.48 % 和 1.91 %。在食葵苗期，M20 处理、M40 处理和

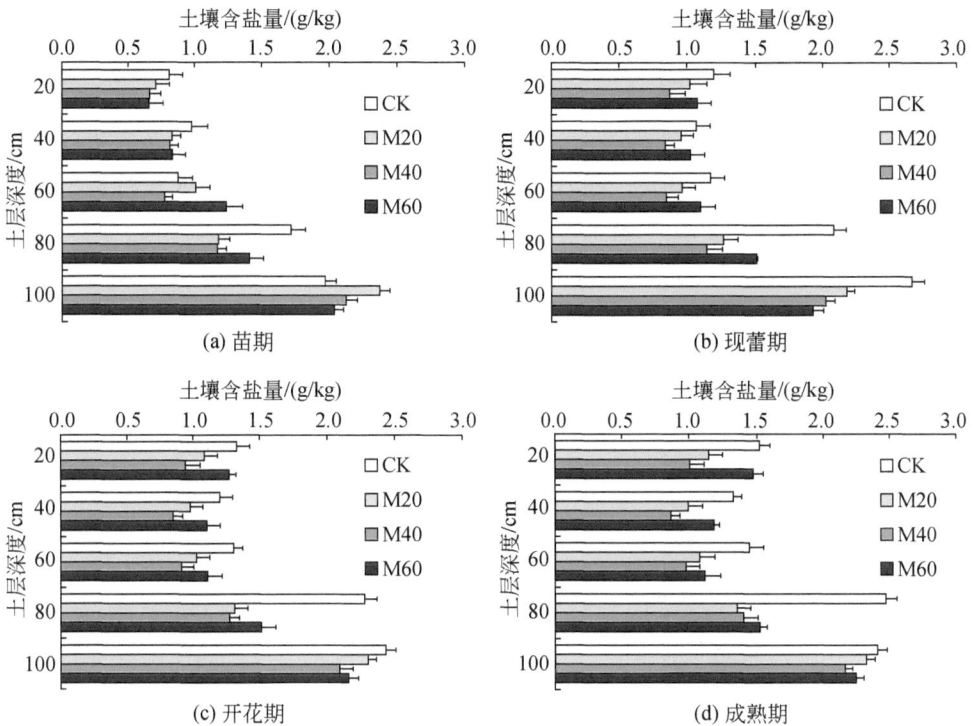

图 3-17　食葵不同生育时期各处理土壤剖面含盐量

M60 处理土壤储盐量分别比 CK 处理低 14.02 %、17.73 % 和 16.65 %，成熟期分别低 24.54 %、34.25 % 和 6.82 %。可见，M40 处理抑盐效果最好，M20 处理次之，M60 处理相对较差。这可能是与灌水后盐分淋洗量及淋洗深度有关，M20 处理的阻水作用导致其淋盐深度相对较浅，盐分富集在隔层下部土层，有潜在返盐危害；而 M60 处理则淋盐效率相对较低，且这部分盐分在水分蒸发和作物蒸腾作用下，可上行至土表，导致土表返盐。

表 3-12　食葵不同生育时期各处理 0~40 cm 土壤储盐量变化　（单位：t/hm²）

处理	播种时	苗期	现蕾期	开花期	成熟期
CK	4.31a	5.28a	6.67a	7.44a	8.37a
M20	4.15ab	4. 40b	5.82bc	6.07c	6.32c
M40	3.52b	4.04c	5.06c	5.28d	5.40d
M60	4.23ab	4.54b	6.17b	6.98b	7.80b

3.4.3 土壤溶液盐浓度

由食葵不同生育时期各秸秆隔层埋深处理 0~40 cm 土壤溶液盐浓度变化（表 3-13）可以看出，在播种时，三个秸秆隔层埋深处理土壤溶液盐浓度均低于 CK 处理，但无显著差异；随着食葵生育时期推进，各处理与 CK 处理的差异逐渐增大，生育中后期达显著水平。其中，M40 处理土壤溶液盐浓度在整个生育阶段明显低于其他处理。从播种时至开花期，M60 处理溶液盐浓度要低于 M20 处理，但差异不显著；到了成熟期，M60 处理溶液盐浓度显著高于 M20 处理。这说明，M40 处理可降低土壤溶液盐浓度，有效降低作物盐害。

表 3-13　不同处理 0~40 cm 土壤溶液盐浓度变化　　　　（单位：g/L）

处理	播种时	苗期	现蕾期	开花期	成熟期
CK	0.28a	0.37a	0.81a	1.34a	2.14a
M20	0.26a	0.34ab	0.76ab	0.96b	1.28c
M40	0.21a	0.28b	0.66b	0.87c	1.27c
M60	0.25a	0.29b	0.67b	0.94b	1.43b

3.5　秸秆隔层调控年限对农田土壤理化性状的影响

3.5.1　秸秆隔层深埋对土壤盐分分布的影响

秸秆隔层深埋处理三年间 0~100 cm 剖面土壤盐分的分布情况如图 3-18 所示。在 2014 年，秸秆隔层深埋处理具有明显的抑制盐分表聚的现象，SL800 处理 0~20 cm 土层平均含盐量较 CK 处理显著降低了 19.18 %，但 SL800 处理深层土壤（50~90 cm）盐分含量较 CK 处理显著提高了 13.21 %~25.99 %（$P<0.05$）；在 2015 年，SL800 处理在整体 1 m 土体中的盐分含量均低于 CK 处理，表现出了明显的抑制返盐的效果，SL800 处理 0~20 cm 土层平均含盐量较 CK 处理显著降低了 17.04 %（$P<0.05$），而深层平均土壤含盐量无显著性差异；在 2016 年，从 1 m 土体的盐分分布情况上看，秸秆隔层处理与对照处理之间均无显著性差异。

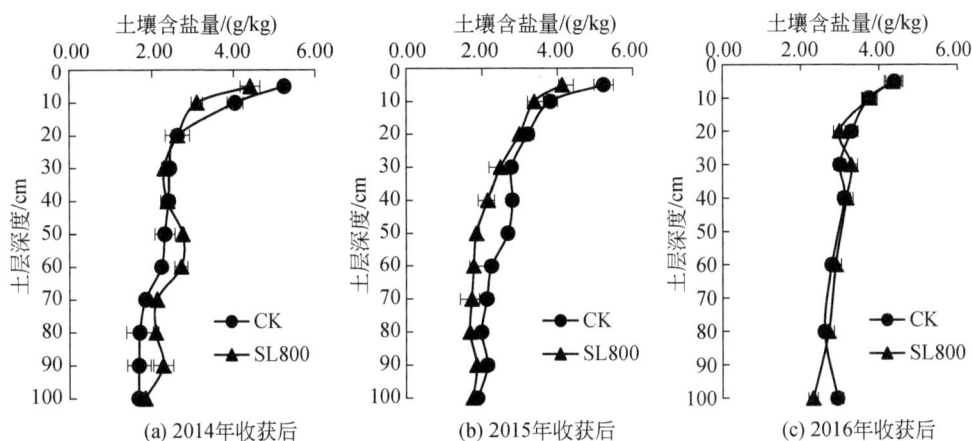

图 3-18 秸秆隔层深埋三年间食葵收获期 0~100 cm 土层剖面盐分分布情况

注：CK 为无秸秆隔层（对照），SL800 为土层 40 cm 埋设秸秆隔层 800 kg/ 亩。下同。

3.5.2 秸秆隔层深埋 3 年后对土壤理化性质的影响

如表 3-14 所示，秸秆隔层深埋三年后秸秆隔层处理的不同土层的土壤全盐含量、土壤容重、饱和导水率与翻耕对照处理相比，均无显著性差异。

表 3-14 秸秆隔层深埋三年后土壤理化性质变化

土层深度	处理	全盐 / (g/kg)	容重 / (g/cm)	饱和导水率 / %
秸秆隔层上部	CK	2.119 ± 0.51	1.690 ± 0.46	$0.000\ 80 \pm 0.000\ 05$
	SL800	3.415 ± 0.34	1.645 ± 0.11	$0.001\ 48 \pm 0.000\ 51$
	t	-2.120	0.971	-1.323
秸秆隔层	CK	0.695 ± 0.17	1.667 ± 0.04	$0.000\ 84 \pm 0.000\ 04$
	SL800	0.720 ± 0.034	1.628 ± 0.53	$0.011\ 20 \pm 0.008\ 1$
	t	-0.655	0.592	-12.832
秸秆隔层下部	CK	0.691 ± 0.05	1.614 ± 0.15	$0.003\ 70 \pm 0.000\ 3$
	SL800	0.626 ± 0.08	1.591 ± 0.12	$0.002\ 36 \pm 0.000\ 52$
	t	0.661	1.172	2.589

注：t 为独立样本 T 检验所得 t 值。

3.5.3 秸秆隔层深埋 3 年后对土壤团聚体的影响

（1）团聚体组成

秸秆隔层埋设第三年团聚体组成变化如表 3-15 所示。秸秆深埋 3 年后，各土层均是粒径 <0.053 mm 团聚体含量占主要成分，其平均含量达到 78.646 %~87.173 %。在秸秆隔层上层土壤与秸秆隔层（中层土壤）中，SL800 处理粒径为 0.25~2 mm 土壤团聚体含量分别较 CK 处理提高了 1.98 % 与 1.37 %；在秸秆隔层下部土壤中，SL800 处理粒径 <0.053 mm 微团聚体含量较 CK 处理提高了 6.56 %。

表 3-15　秸秆隔层深埋 3 年后对各土层团聚体组成的影响　（单位：%）

土层深度	处理	>2mm	1~2mm	0.5~1mm	0.25~0.5mm	0.053~0.25mm	<0.053mm
秸秆隔层上部	CK	1.781	0.323	1.021	1.708	10.229	84.938
	SL800	0.611	0.393	1.768	2.866	8.045	82.732
秸秆隔层处	CK	4.604	1.021	2.01	4.042	9.677	78.646
	SL800	4.009	1.258	2.746	4.441	9.86	79.542
秸秆隔层下部	CK	0.396	0.844	1.979	4.521	11.646	80.615
	SL800	—	0.454	1.406	2.303	8.666	87.173

（2）水稳性团聚体

秸秆隔层深埋 3 年后不同处理土壤水稳性团聚体的剖面分布如图 3-19 所示。

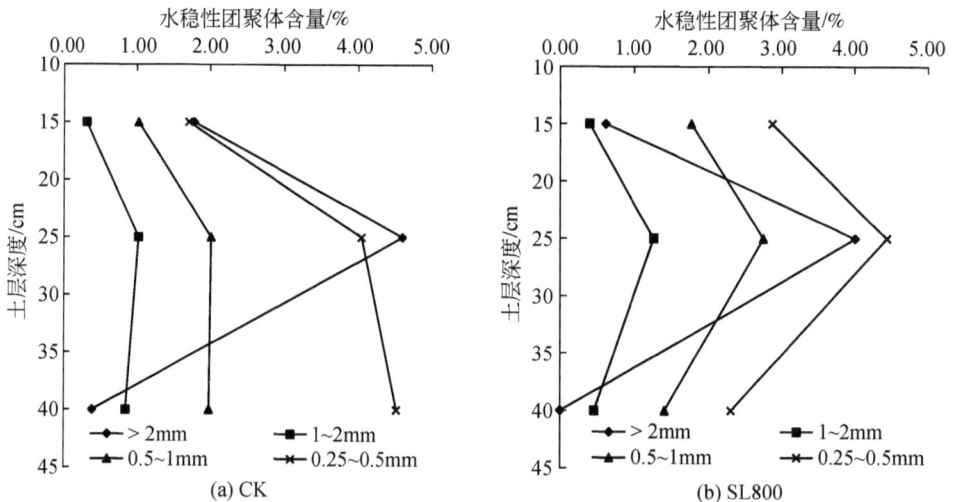

图 3-19　秸秆隔层深埋 3 年后不同处理土层深度水稳性团聚体的剖面分布

CK 处理, 粒径 >2 mm、1~2 mm、0.5~1 mm 的土壤水稳性团聚体含量随土层深度的增加呈现先增加后减小的趋势, 其中粒径 >2 mm 的土壤水稳性团聚体随深度变化幅度较大, 而粒径为 0.25~0.5 mm 的团聚体含量随着深度的增加而增加。SL800 处理, 各粒级水稳性团聚体含量均随土层深度呈现先升高后降低的趋势, 整体表现为粒径为 0.25~0.5 mm 的团聚体含量最高, 粒径 >2 mm、0.5~1 mm 团聚体含量次之, 粒径为 1~2 mm 的团聚体含量均较低。

3.6 本 章 小 结

本章通过田间微区定位试验, 研究了地膜覆盖结合秸秆隔层, 以及覆膜条件下秸秆隔层埋深和厚度对农田土壤水盐运移的影响。得出以下主要结论:

1) 秸秆隔层在灌水后可提高其上土层含水率。在覆膜条件下, 其对根层 (0~40 cm 土层) 土壤的储水保水作用能延续至播种后 60 d 左右, 满足了食葵关键生育期对水分的需求; 之后, 含水率会显著降低, 直到收获时才有所回升。在降水量较多的年份, 地膜覆盖结合秸秆隔层的保水作用能持续至食葵收获。

2) 秸秆隔层能提高灌水洗盐效果, 可将盐分淋洗至底土层, 并将盐分控制在隔层以下土层中, 使根层土壤含盐量在食葵整个生育期保持较低水平, 显著降低了土壤溶液盐浓度, 淡化耕层作用明显, 为食葵根系生长提供了良好的土壤环境, 促进了食葵生长发育。

3) 在相同厚度条件下, 秸秆隔层不同埋深对土壤水盐的调控作用差异较大。秸秆隔层埋深位于 20 cm 时, 食葵生育前期根层土壤储水量较低, 尽管在食葵生育后期相对较高, 但在食葵整个生育阶段含盐量较高, 不利于食葵生长发育; 秸秆隔层埋深位于 60 cm 时, 在食葵生育后期土壤返盐严重, 食葵整个生育阶段呈"高水高盐"态势, 导致根层土壤溶液盐浓度较大, 抑制了食葵生长发育; 秸秆隔层位于 40 cm 时, 在食葵整个生育阶段根层土壤含盐量显著较低, 土壤溶液盐浓度也最低。结合农业生产实际, 建议秸秆隔层埋深以 40 cm 为宜。

4) 在相同埋深条件下, 随秸秆隔层厚度增加, 灌水后其上土层储水淋盐效果也增强。在生育前期, 其保水效果随秸秆隔层厚度的增加而增强, 生育后期呈相反态势。而在食葵整个生育阶段, 秸秆隔层对土壤盐分运移的抑制效果随其厚度的增加而增强。综合土壤溶液盐浓度表明, 农业生产中, 并非秸秆隔层越厚越好。因此, 为了发挥秸秆隔层长效控盐效果, 建议埋设厚度为 5 cm, 可起到良好的保墒、抑盐作用。

5) 800 kg/ 亩施用量的秸秆隔层埋设三年后, 秸秆隔层及其上、下层土壤的全盐含量、容重、饱和导水率与翻耕处理均无显著差异, 但提高了上层及秸秆隔层的水稳性团聚体含量。

参 考 文 献

杜军，杨培岭，李云开，等．2011．灌溉、施肥和浅水埋深对小麦产量和硝态氮淋溶损失的影响．农业工程学报，27(2): 57-64.

冯兆忠，王效科，冯宗炜，等．2003．河套灌区秋浇对不同类型农田土壤氮素淋失的影响．生态学报，23(10): 2027-2032.

郝芳华，孙铭泽，张璇，等．2013．河套灌区土壤水和地下水动态变化及水平衡研究．环境科学学报，33(3): 771-779.

林义成，丁能飞，傅庆林，等．2005．土壤溶液电导率的测定及其相关因素的分析．浙江农业学报，17(2): 83-86.

刘广明，杨劲松，李冬顺．2002．地下水蒸发规律及其与土壤盐分的关系．土壤学报，39(3): 384-389.

王水献，董新光，吴彬，等．2012．干旱盐渍土区土壤水盐运动数值模拟及调控模式．农业工程学报，28(13): 142-148.

王云慧，张璇，欧阳威，等．2010．夏灌对内蒙古河套灌区土壤中磷元素迁移的影响．农业工程学报，26(4): 93-99.

邢述彦，郑秀清，陈军锋．2012．秸秆覆盖对冻融期土壤墒情影响试验．农业工程学报，28(2): 90-94.

员学锋，吴普特，汪有科，等．2006．免耕条件下秸秆覆盖保墒灌溉的土壤水，热及作物效应研究．农业工程学报，22(7): 22-26.

张璇，郝芳华，王晓，等．2011．河套灌区不同耕作方式下土壤磷素的流失评价．农业工程学报，27(6): 59-65.

张志杰，杨树青，史海滨，等．2011．内蒙古河套灌区灌溉入渗对地下水的补给规律及补给系数．农业工程学报，27(3): 61-66.

Feng Z Z, Wang X K, Feng Z W. 2005. Soil N and salinity leaching after the autumn irrigation and its impact on groundwater in Hetao Irrigation District, China. Agricultural Water Management, 71(2): 131-143.

| 第 4 章 | 上膜下秸的促生效应

旺盛的生长和良好的株型是作物高产的基础，不同程度的盐胁迫会对作物生长产生不同程度的抑制作用，延迟作物生长发育进程，降低植株性状，影响产量（黄仕泉和王翠芳，1982；孔东等，2004）。一般认为，盐胁迫对向日葵生长发育的危害主要体现在：第一，降低出苗率，危害苗期生长；第二，全面降低植株生长性状，尤其危害根的生长；第三，影响向日葵产量形成，造成减产（杨培岭等，1993；Ashraf et al., 2003；唐奇志等，2004；张俊莲等，2006；贾秀苹等，2009）。在盐碱地上利用地膜覆盖结合秸秆隔层技术可储水抑制蒸发，保持土壤墒情，并强化灌溉的淋盐效果，降低耕层含盐量，为食葵根系创造一个相对高水低盐的环境，从而提升食葵的抗盐能力，提高食葵生长对盐碱环境的适应性。因此，本章重点介绍盐碱地上膜下秸技术对盐碱地食葵生长发育的影响。

4.1　上膜下秸对食葵出苗的影响

4.1.1　上膜下秸对食葵出苗率的影响

盐胁迫是影响种子萌发的重要因子之一，种子萌发对盐分的响应反映了植物适应局地环境的生态机制（时丽冉等，2007）。孔东等（2004）、张俊莲等（2006）研究发现，中度和重度盐胁迫可影响食葵正常出苗。因此，出苗率可以反映不同处理的控抑盐效果。由试验出苗、保苗结果（表4-1）可知，各处理出苗率表现为：PM+SL>PM>SL>CK，其中PM+SL处理的出苗率超过了90%，显著高于其他处理，说明其更有利于食葵的出苗。各处理生育后期的死苗率均显著低于CK处理（34.78%），PM+SL处理的死苗率最低，仅为26.67%。各处理最终成株率表现为：PM+SL>PM>SL>CK。PM+SL处理成株率最高，达68.75%；PM处理虽然出苗率较高，但死苗率也较高，不利于作物保苗，最终影响了成株率；SL处理与PM处理成株率相近。不同处理的出苗、保苗情况与水分、盐分、地温等因素有关，秸秆隔层可降低表层土壤盐分含量，因此有利于提升作物的出苗率，并降低死苗率；覆盖地膜能抑制蒸发，提高土壤温度，利于食葵出苗，但由于其表层土壤盐分含量较高，造成死苗较严重。PM+SL 处理结合了秸秆隔层与地膜覆盖的双重优点，促进了食葵的出苗、保苗和最终成株。

表 4-1　各处理食葵出苗率、死苗率和成株率比较　　　　（单位：%）

处理	出苗率	死苗率	成株率
CK	86.25c	34.78a	56.25c
PM	89.60b	30.21b	62.53b
SL	87.75bc	29.02bc	62.28b
PM+SL	93.75a	26.67c	68.75a

4.1.2　上膜下秸对食葵苗期生长的影响

比较不同处理食葵苗期干物质积累速率可知（图 4-1），各处理全株干物质积累速率表现为：PM+SL>PM>SL>CK，其中，PM+SL 处理干物质积累速率比 CK 处理提升 35.30 %；PM 处理比 CK 处理高 16.38 %；SL 处理比 CK 处理高 14.47 %。与对照相比，各处理均能提高食葵苗期不同器官干物质积累速率，PM+SL 处理食葵苗期根、茎、叶的干物质积累速率均最高；PM 处理与 SL 处理差异不显著，其中 PM 处理根、叶的干物质积累速率略高于 SL 处理，SL 处理茎的干物质积累速率略高。据研究，苗期生长速率越快，说明其受盐碱胁迫程度有所降低，故研究结果显示，PM+SL 处理可有效调控食葵苗期生长，降低盐害。

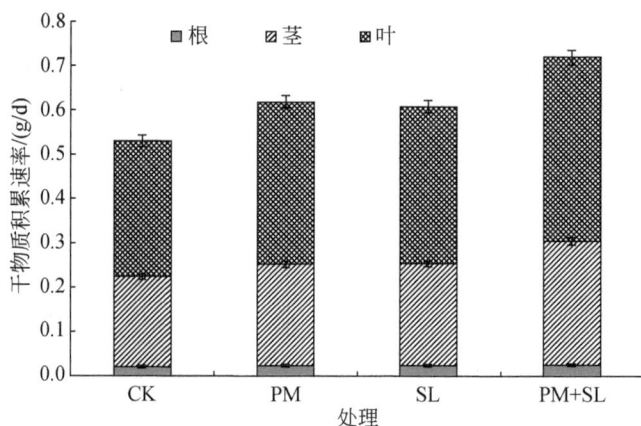

图 4-1　各处理食葵苗期干物质积累速率

4.2 上膜下秸对向日葵植株生长发育的影响

4.2.1 上膜下秸对食葵生育期进程的影响

食葵的早发有利于早期的叶面积伸展和干物质积累，可为后期的高产打下基础。孔东等（2004）研究发现，盐胁迫使食葵达到最大生长速率的时间发生改变。以 2011 年为例，不同处理食葵生育期进程结果（表 4-2）显示，PM+SL处理和 PM 处理出苗比 SL 处理和 CK 处理提前 4 d，这是因为在品种、播种时间和肥水管理等条件相同的前提下，温度是影响盐碱地食葵生育期长短和生育进程的主要因素，地表覆膜具有增温效应，有利于食葵提早出苗，SL 处理地表无覆盖，因此出苗时间与 CK 处理无差异。随着食葵的生长发育，土壤含水率和含盐量等因素开始与土壤温度共同发挥作用，PM+SL 处理开花期比 CK 处理提前 12 d，成熟提前 5 d，显著提早了食葵生育进程。PM 处理开花期比 CK 处理提前 11 d，比 PM+SL 处理略微落后，成熟期基本与 PM+SL 处理一致，比CK 处理提前 5 d。SL 处理对食葵的促长效应主要体现在食葵生长后期，其开花日期比 CK 处理提前 4 d，成熟期比 CK 处理提前 2 d。PM+SL 处理表现出了对食葵生育进程显著的促进作用，这主要是地膜覆盖的保温效应和秸秆隔层的淡化作用共同作用的结果。

表 4-2 各处理食葵生育期进程

处理	播种	出苗		开花		成熟	
	日期	日期	比对照提前 /d	日期	比对照提前 /d	日期	比对照提前 /d
CK	6 月 1 日	6 月 13 日	0	8 月 6 日	0	9 月 16 日	0
PM	6 月 1 日	6 月 9 日	4	7 月 27 日	11	9 月 11 日	5
SL	6 月 1 日	6 月 13 日	0	8 月 2 日	4	9 月 14 日	2
PM+SL	6 月 1 日	6 月 9 日	4	7 月 26 日	12	9 月 11 日	5

4.2.2 上膜下秸对食葵植株农艺性状的影响

覆膜条件下，秸秆隔层改变了土壤含水率、含盐量等因素，影响着食葵在各个生育阶段的生长状况。黄仕泉和王翠芳（1982）认为，向日葵的植株生长性状会随着土壤盐分的增加而变劣。分析不同处理食葵各生育期农艺性状变化动态（图 4-2）可知，各处理均可不同程度地增加食葵的株高、茎粗、叶数和叶面积，与对照相比，对食葵各个生育阶段影响的大小顺序分别为成熟期、开花期、现蕾期、苗期。其中，PM+SL 处理促长效果最为明显，从苗期开始，各项指标均优于其他处理，其次是 PM 处理，SL 处理又次之。至成熟期，PM+SL 处理、PM 处理、SL 处理的株高分别比 CK 处理提高 36.62 %、26.48 %、29.58 %；茎粗分别比 CK 处理提升 16.44 %、13.45 %、14.95 %；叶面积分别比 CK 处理提高 49.05 %、23.77 %、21.02 %。

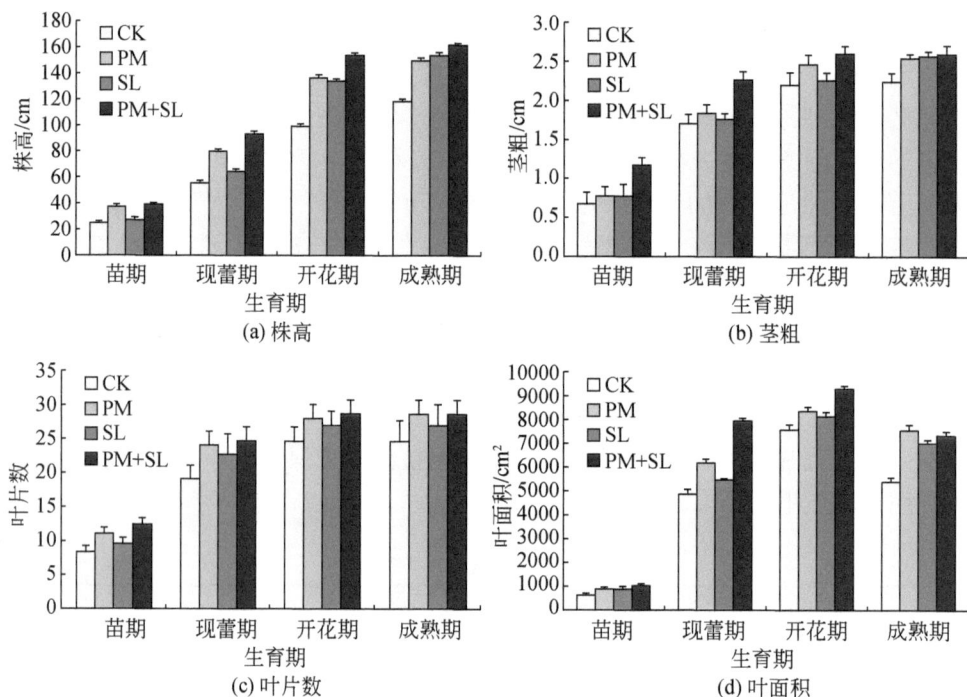

图 4-2　各处理食葵不同生育时期农艺性状动态

4.2.3　上膜下秸对食葵根生长与根冠比的影响

根的生长可反映作物对环境的适应性，根冠比能反映植物的生长以及环境条件对地上部与地下部生长的不同影响，也是反映植物根系与地上部分生长协调的重要指标（李韵珠等，1999）。试验结果显示（表 4-3），不同处理主根长和根干重均大于 CK 处理，PM+SL 处理、PM 处理、SL 处理主根长分别比对照提升 33.33 %、22.64 %、15.72 %；根重分别比对照提升 53.34 %、29.54 %、24.50 %。这说明各处理均改善了根层生长环境，促进了食葵根系生长，其中 PM+SL 处理促根作用最为显著。PM+SL 处理、PM 处理和 SL 处理的地上部干物质均显著高于对照，PM+SL 处理的地上部干物质又显著高于 PM 处理和 SL 处理，而 PM 处理高于 SL 处理但差异不显著。各处理根冠比表现为：PM+SL>PM=SL>CK，均优于对照，其中 PM+SL 处理根冠比达 0.351，较高的根冠比为作物创造了良好的营养生长条件。前人的研究结果表明，植物在胁迫条件下，生物量分配比例的改变有助于植物适应环境的改变。这说明，覆膜条件下，秸秆隔层创造了更利于食葵根系生长的环境，促进根系发育，食葵通过根系的生长来增加植株对水分和养分的需求，同时增大了植物的根冠比，即地上部与根系生长的协调状况及植株的整体素质较好。

表 4-3　各处理对食葵各部位干重的影响

处理	主根长 /cm	根重 /g	地上部干物质 /g	根冠比
CK	15.9b	108.16b	339.21c	0.319b
PM	19.5a	140.11ab	414.62b	0.338ab
SL	18.4ab	134.66ab	397.91b	0.338ab
PM+SL	21.2a	165.85a	472.11a	0.351a

4.3　上膜下秸对食葵净光合速率与干物质积累的影响

4.3.1　上膜下秸对食葵净光合速率的影响

由于不同处理对水盐运移调控程度不同，食葵净光合速率（Pn）也随之发生变化（表 4-4）。其中，PM+SL 处理苗期、现蕾期、开花期和成熟期的 Pn 分别比 CK 处理高 4.87 %、6.41 %、11.90 % 和 10.51 %；PM 处理苗期、现蕾期、开花期和成熟期的 Pn 分别比 CK 处理高 1.42 %、6.39 %、3.81 % 和 9.33 %，均低于 PM+SL 处理；SL 处理的 Pn 在苗期、现蕾期、开花期和成熟期，分别比 CK 处理高 1.25 %、4.03 %、0.40 % 和 7.68 %，低于 PM+SL 处理和 PM 处理。这表明，PM+SL 处理对食葵 Pn 的提升效果体现在全生育期，其中苗期尤为明显。这与其对水盐调控结果的趋势基本一致，进一步说明 PM+SL 处理在食葵生长期可起到保墒控盐的作用，从而有效地降低了水盐胁迫对 Pn 的影响。

光合作用是作物生产力高低的决定因素和对环境胁迫程度的反应指标（刘瑞显等，2008），土壤水分过低或盐分过高均会降低作物的 Pn（Yu et al., 1998）。

同时，Pn 也受气孔导度（Gs）和叶肉细胞光合能力高低的调控，Pn 和蒸腾速率（Tr）的耦合过程决定了叶片水分利用效率（LWUE）和作物能量转化效率的高低（王建林等，2008）。本试验结果显示，食葵在各时期 Pn、Gs 和 Tr 与土壤水分、盐分含量变化趋势相同，但胞间二氧化碳浓度（Ci）表现出不同的变化趋势。导致食葵各生育时期 Pn 降低的原因不同，苗期 Pn 与土壤水分含量有关，PM+SL 处理的水分含量显著高于 CK 处理，Pn、Gs 和 Tr 均高于 CK 处理，而 Ci 低于 CK 处理，表明此时 Pn 降低主要是由水分胁迫引起；现蕾期、开花期和成熟期，Pn 随土壤水分含量的降低和盐分含量的升高而降低，Gs 和 Tr 也呈不同程度降低，而 Ci 先降后增，表明此时 Pn 降低由水分和盐分胁迫共同造成。另外，在本试验中，食葵生长前期各处理间 LWUE 差异不显著，后期水盐胁迫加剧时气孔关闭，Tr 下降幅度大于 Pn，从而使 LWUE 升高，且 LWUE 与胁迫程度关系密切，这与刘瑞显等（2008）对棉花的研究结果一致。

表 4-4　各处理食葵不同生育时期光合参数

生育期	处理	Pn/[$\mu molCO_2/(m^2 \cdot s)$]	Gs/[$mmol/(m^2 \cdot s)$]	Ci/($mmolCO_2/mol$)	Tr/[$mmolH_2O/(m^2 \cdot s)$]	LWUE/[$\mu molCO_2/(mmolH_2O)$]
苗期	CK	40.36b	2.16b	295.66a	15.81ab	2.53a
	PM	40.93ab	2.25a	293.56a	15.43b	2.69a
	SL	40.86b	2.19ab	282.40b	15.89ab	2.53a
	PM+SL	42.32a	2.28a	283.01b	16.30a	2.66a
现蕾期	CK	29.38b	1.43bc	285.53b	14.47b	2.08a
	PM	31.26a	1.57b	290.95a	15.57a	2.05a
	SL	30.56ab	1.23c	279.60c	14.68b	2.07a
	PM+SL	31.26a	2.01a	291.07a	15.74a	2.11a
开花期	CK	29.87b	1.66b	282.19b	10.12ab	2.96a
	PM	30.93b	1.65b	282.84b	10.25a	2.97a
	SL	29.92b	1.57c	285.77a	9.84b	3.10a
	PM+SL	33.35a	1.77a	282.77b	10.13ab	3.27a
成熟期	CK	26.05b	0.67b	315.36b	6.23a	4.94b
	PM	28.48a	0.75b	320.33ab	5.26b	4.95b
	SL	28.05a	0.82a	317.27b	5.35b	5.18ab
	PM+SL	28.79a	0.75b	329.78a	5.37b	5.32a

4.3.2 上膜下秸对食葵干物质积累的影响

从表 4-5 可以看出，不同处理植株干物质积累量随着生育期的推进逐渐增加，在食葵生育早期，各处理主要以叶片干物质积累较多，后期茎逐渐粗壮，现蕾后，花盘干物质积累大幅增长。各处理在各生育期基本表现一致，符合 PM+SL>PM>SL>CK 的规律。食葵整个生育期内，各处理均高于 CK 处理，其中，PM+SL 处理均保持最高的干物质积累量，PM 处理次之，SL 处理与 PM 处理略有差异。PM+SL 处理苗期、现蕾期、开花期、成熟期全株干物质量分别为 CK 处理的 1.43 倍、1.35 倍、1.37 倍、1.43 倍，地膜覆盖结合秸秆隔层极大地促进了食葵干物质的积累。

由图 4-3 可知，总体来看，盐碱地食葵植株（包括根与花盘）干物质积累速率随着生育期的推进呈不断上升趋势。苗期，各处理食葵植株干物质积累速率均高于对照，尤其 PM+SL 处理，极显著提升了苗期食葵干物质积累速率，其日均干物质积累量是对照的 1.49 倍，PM 处理和 SL 处理分别为 CK 处理的 1.25 倍和 1.16 倍。某处理苗期生长量占的比例越大，说明该种处理降低食葵苗期盐胁迫的能力越强。现蕾期，PM+SL 处理、PM 处理、SL 处理植株的干物质积累速率分别是对照的 1.43 倍、1.27 倍、1.14 倍，PM+SL 处理仍然最高。现蕾期之前的生长量占的比例越大，说明该种处理使食葵营养生长较为充分，有利于培养壮苗。前期的高生长速率使 PM+SL 处理的食葵植株长势良好，为后期的高产打下了坚实的基础。开花期之后，茎、叶等生长基本停止，生殖器官花盘开始生长。此时，PM+SL 处理、PM 处理、SL 处理食葵全株的干物质积累速率分别是对照的 1.41 倍、1.26 倍、1.14 倍。在本试验中，PM+SL 处理在食葵生长前期土壤水分含量充足，尽管后期有所降低，但其盐分含量较低，为食葵生长提供了较低的土壤溶液盐浓度环境，提高了 Pn，整个生育期内保持了较好的生长态势和干物质积累速率，更有利于提高食葵抗性。

表 4-5　各处理食葵不同生育时期干物质积累量

生育期	处理	叶		茎		根		花盘		总重 /g
		干重 /g	比例 /%	干重 /g	比例 /%	干重 /g	比例 /%	干重 /g	比例 /%	
苗期	CK	8.20d	59.77	3.54c	25.80	1.98b	14.43	—	—	13.72d
	PM	10.10b	61.81	4.12b	25.21	2.12b	12.97	—	—	16.34b
	SL	9.50c	60.94	4.02b	25.79	2.07b	13.28	—	—	15.59c
	PM+SL	11.06a	56.52	5.93a	30.30	2.58a	13.18	—	—	19.57a

生育期	处理	叶		茎		根		花盘		总重 /g
		干重 /g	比例 /%	干重 /g	比例 /%	干重 /g	比例 /%	干重 /g	比例 /%	
现蕾期	CK	115.45c	46.83	106.82d	43.33	22.66c	9.19	1.57c	0.64	246.51c
	PM	137.12b	46.29	131.18b	44.29	24.92b	8.41	2.98b	1.01	296.20b
	SL	133.22bc	47.29	121.75c	43.22	23.99b	8.52	2.75b	0.98	281.71bc
	PM+SL	155.37a	46.65	147.81a	44.38	26.50a	7.96	3.37a	1.01	333.05a
开花期	CK	123.86c	31.82	124.63d	32.02	75.56d	19.41	65.23c	16.76	389.28c
	PM	147.11b	31.41	152.38b	32.54	83.07b	17.74	85.78b	18.32	468.34b
	SL	142.93bc	31.51	147.05c	32.42	79.97c	17.63	83.67b	18.44	453.62bc
	PM+SL	166.69a	31.21	172.45a	32.28	88.34a	16.54	106.69a	19.97	534.17a
成熟期	CK	94.81c	21.19	151.76d	33.92	108.16d	24.18	92.64c	20.71	447.37d
	PM	116.61b	21.02	189.15b	34.10	140.11b	25.26	108.86b	19.62	554.72b
	SL	109.40bc	20.54	182.97c	34.36	134.66c	25.28	105.54b	19.82	532.57c
	PM+SL	129.59a	20.31	219.99a	34.48	165.85a	26.00	122.53a	19.21	637.96a

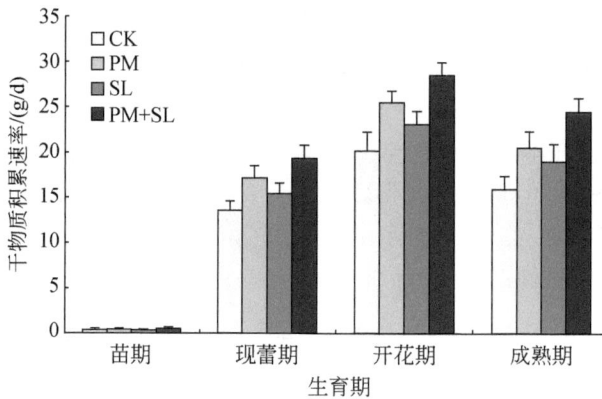

图 4-3　各处理食葵不同生育时期干物质积累速率

4.4　上膜下秸对食葵产量的影响

由表 4-6 可知，不同处理食葵产量排序为 PM+SL>PM>SL>CK，各处理比 CK 处理均有较大提高。产量最高的是 PM+SL 处理，比 CK 处理极显著增产

24.57 %；其次是 PM 处理，增产 11.90 %；SL 处理比 CK 处理增产 8.33 %。这说明覆膜条件下，秸秆隔层的抑制蒸发、保墒、隔盐、抑盐作用，有利于降低盐胁迫对产量形成的危害。各处理公顷花盘数和百粒重均显著高于对照，其中，PM+SL 处理的公顷花盘数最多，比 CK 处理增加 22.21 %；百粒重也最大，比对照增加 13.17 %。但各处理单盘粒数均显著低于对照，这说明 CK 处理秕粒较多。

表 4-6　各处理食葵产量与产量构成因素

处理	籽粒产量 / (kg/hm²)	公顷花盘数 / 个	盘粒数 / 个	百粒重 /g
CK	3 190c	24 751c	948a	13.59b
PM	3 570b	27 514b	866b	14.98ab
SL	3 456bc	27 405b	858b	14.70ab
PM+SL	3 974a	30 249a	854b	15.38a

4.5　本章小结

1）地膜覆盖结合秸秆隔层技术可提升食葵出苗率和苗期生长速率。各处理出苗率和成株率表现为：PM+SL>PM>SL>CK，其中 PM+SL 处理的出苗率超过了 90 %，死苗率最低，仅为 26.67 %，最终成株率最高，达 68.75 %。同时，各处理均能提高食葵苗期不同器官日干物质积累速率，各处理日干物质积累量表现为：PM+SL>PM>SL>CK，其中 PM+SL 处理最高，比 CK 处理提升 35.30 %。

2）地膜覆盖结合秸秆隔层技术可促进食葵植株生长发育。其中，PM+SL 处理的出苗、开花期、成熟期分别比 CK 处理提前 4 d、12 d、5 d。最终 PM+SL 处理、PM 处理、SL 处理的株高分别比 CK 处理提高 36.62 %、26.48 %、29.58 %；茎粗分别比 CK 处理提升 16.44 %、13.45 %、14.95 %；叶面积分别比 CK 处理提高 49.05 %、23.77 %、21.02 %。其中，PM+SL 处理促长效果最为明显，从苗期开始，各项指标均优于其他处理。PM+SL 处理可促进食葵根的生长，主根长比对照提升 33.33 %，根重提升 53.34 %，根冠比最高，达 0.351，为作物创造了良好的营养生长条件。

3）地膜覆盖结合秸秆隔层技术可提高食葵净光合速率与干物质积累速率。其中，PM+SL 处理能在食葵生育期提高 Pn，在苗期、现蕾期、开花期和成熟期，其 Pn 分别比 CK 处理高 4.87 %、6.41 %、11.90 % 和 10.51 %。另外，PM+SL 处理苗期、现蕾期、开花期、成熟期全株干物质量分别为 CK 处理的 1.43 倍、1.35 倍、1.37 倍、1.43 倍。这说明 PM+SL 处理更有利于食葵干物质的积累。

4）地膜覆盖结合秸秆隔层技术可显著增产。各处理中产量最高的是 PM+SL 处理，比 CK 处理增产 24.57 %，增产效果显著。

参 考 文 献

黄仕泉，王翠芳 . 1982. 土壤盐碱对向日葵生长发育影响的研究 . 中国油料作物学报，(4): 52-57.

贾秀苹，岳云，陈炳东 . 2009. 盐胁迫对油葵生育时期和农艺性状的影响分析 . 作物杂志，(6): 45-48.

孔东，史海滨，霍再林，等 . 2004. 河套灌区不同盐分含量土壤对向日葵生长的影响 . 沈阳农业大学学报，35(5-6): 414-416.

李韵珠，王凤仙，刘来华 . 1999. 土壤水氮资源的利用与管理 Ⅰ：土壤水氮条件与根系生长 . 植物营养与肥料学报，5(3): 206-213.

刘瑞显，郭文琦，陈兵林，等 . 2008. 干旱条件下花铃期棉花对氮素的生理响应 . 应用生态学报，19(7):1475-1482.

时丽冉，刘志华，白丽荣 . 2007. 不同 pH 值对旱稻幼苗生长的影响 . 作物杂志，(4): 28-29.

唐奇志，刘兆普，陈铭达，等 . 2004. 海水处理对向日葵幼苗生长及叶片一些生理特性的影响 . 植物学通报，21(6): 667-672.

王建林，于贵瑞，房全孝，等 . 2008. 不同植物叶片水分利用效率对光和 CO_2 的响应与模拟 . 生态学报，28(2):525-533.

杨培岭，罗远培，石元春 . 1993. 土壤—植物根系统的水分传输（综述）. 中国农业大学学报，19(2): 25-30.

张俊莲，张国斌，王蒂 . 2006. 向日葵耐盐性比较及耐盐生理指标选择 . 中国油料作物学报，28(2): 176-179.

Ashraf M, Zafar R, Ashraf M Y. 2003.Time-course changes in the inorganic and organic components of germinating sunflower achenes under salt (NaCl) stress. Flora-Morphology, Distribution, Functional Ecology of Plants, 198(1): 26-36.

Yu G, Nakayama K, Matsuoka N, et al. 1998. A combination model for estimating stomatal conductance of maize (*Zea mays* L.) leaves over a long term. Agricultural and Forest Meteorology, 92(1):9-28.

第5章 | 上膜下秸的节水效应

内蒙古河套灌区地处干旱区,是中国大型自流灌区之一。灌区当前面临两个主要问题:灌溉引起的土地盐碱化,以及引黄配给减少造成的水资源短缺。近年来,河套灌区引黄水量持续减少,2010年引水指标为35.68亿 m^3,较1994年减少5.32亿 m^3,且在进一步缩减。在水资源紧缺和土壤盐渍化的双重压力下,制订农田控盐和节水灌溉相结合的节水控盐灌溉制度,是当地节约用水和防治土壤盐渍化的当务之急。

与常规措施相比,上膜下秸技术一方面由于地表覆盖地膜,抑制了土壤水分蒸发和表层土壤返盐(梁建财等,2015);另一方面,秸秆隔层改变了水盐时空分布(Cao et al.,2012),提高了表层土壤蓄水能力,减少深层土壤水分的蒸散量(乔海龙等,2006a;Sembirin et al.,1995;张坤等,2009),同时提高水浸洗盐效率(崔心红等,2009),对于抑制土壤盐分上移具有明显作用(Hussain et al.,1998)。从理论上来讲,上膜下秸技术可能会减少淋盐灌溉量。然而,该假设尚缺乏基于相关试验研究的验证。在河套灌区,相对秋浇,春灌受作物种植影响供水紧张,主要起到保墒、降低耕层盐分、促进作物出苗的效果,因此,本试验以无秸秆隔层处理为对照,重点探讨河套灌区不同春灌灌溉量下秸秆隔层处理对土壤水盐分布和微生物区系变化的影响,从促进土壤脱盐、土壤微生物区系、作物产量以及灌溉水生产率等多方面较为系统地研究分析不同调控措施的节水效应,以明确上膜下秸的节水潜力,研究结果将为该区域制订科学有效的盐碱地节水控盐灌溉制度提供依据。

5.1 秸秆隔层对春灌前后土壤水盐分布的影响

5.1.1 土壤水分

在土壤中埋设玉米秸秆隔层后土体构型会发生变化,土壤质地的不均匀性会改变水分的运动方式,影响灌溉水的入渗过程,进而影响入渗后土壤的蓄水状况。春灌后,不同处理0~100 cm各层次土壤含水率有所差异(图5-1),0~20 cm表层土壤较疏松,保水能力差,各处理土壤含水率均较低,其中除W70处理灌水量最小，含水率较低，其他处理无较大差异；在 20~40 cm 土层，秸秆隔层处理土壤含水率有随灌水量的增加而增加的趋势，CK 处理由于无秸秆隔层的蓄水作用，其土壤含水率显著低于 W100。食葵根系多分布在 0~40 cm 土层，作物耗水也以 0~40 cm 土层水分为主，秸秆隔层可起到"贮水层"作用，提高秸秆隔层上部土壤储水量，不同处理春灌后 0~40 cm 土壤平均含水率排序为 W100>W90>W80>CK>W70（图 5-2），W100 处理土壤含水率显著高于其他处理（$P<0.05$），较 CK 处理、W90 处理、W80 处理、W70 处理分别提高 6.5 %、3.6 %、5.8 %、8.9 %，W90 处理和 W80 处理土壤平均含水率均高于 CK 处理但

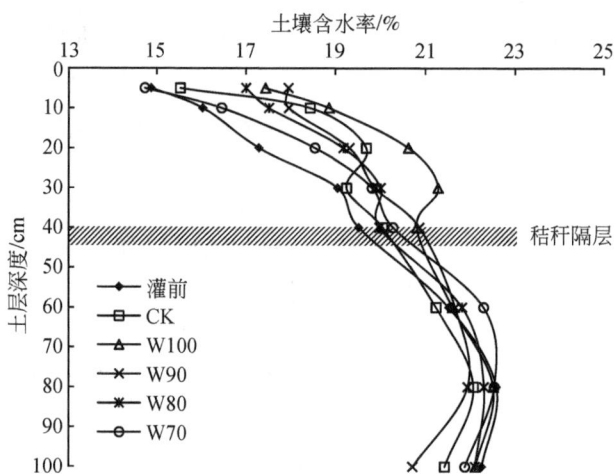

图 5-1　各处理春灌后 1 m 土体剖面土壤含水率分布情况

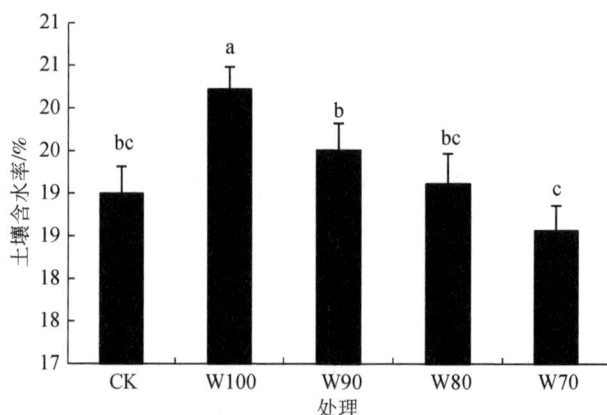

图 5-2　各处理春灌后 0~40 cm 土壤含水率

注：不同小写字母表示处理间在 0.05 水平差异显著，下同。

不显著，说明在当前春灌水平及减少一定春灌量后，秸秆隔层能保蓄较多水分在上部土层中，这种保水效应可为作物前期生长提供充足水分，促进作物生长发育。在 40~100 cm 土层，不同灌溉量下秸秆隔层对土壤含水率的影响较小，处理间无显著差异（$P>0.05$）。

5.1.2　土壤盐分

土壤水分运动与盐分运动有着极其密切的关系，土壤水分运动既是盐分运动的驱动力，又是盐分迁移的重要载体。秸秆隔层改变了灌溉水再分布，提高了根系分布层含水率，这势必也会对盐分分布产生影响。

本研究中，各处理春灌后 1m 土体剖面盐分分布不同（图 5-3），CK 处理 0~40 cm 土层灌后含盐量小于灌前，脱盐主要发生在 0~40 cm 土层，0~40 cm 和 60~100 cm 土层盐分分别占剖面盐分总量的 36.4 % 和 40.7 %，根系分布层盐分主要被淋洗至 60~100 cm 土层；W100 处理 0~50 cm 土层灌后土壤含盐量小于灌前，0~60 cm 含盐量均小于 CK 处理，0~40 cm 和 60~100 cm 土层盐分分别占剖面盐分总量的 32.6 % 和 48.0 %，说明 W100 处理盐分淋洗更加充分且淋盐深度较 CK 处理深；W90 处理各层次土壤含盐量均高于 W100 处理，0~40 cm 和 60~100 cm 土层盐分分别占剖面盐分总量的 31.5 % 和 46.8 %，脱盐层较 W100 处理略浅，但淋盐效果优于 CK 处理。W80 处理土壤盐分分布和 CK 处理接近，但 0~20 cm 土层低于 CK 处理，60~100 cm 盐分随深度变化不大。W70 处理只有 0~20 cm 土层含盐量低于灌前，20~40 cm 土层盐分分布最多，0~40 cm 土层盐分占比 43.1 %，40 cm 以下土层含盐量逐渐减小，60~100 cm 土层盐分占比只有 37.0 %，这是因为 W70 处理灌水量小，压盐效果差，秸秆隔层以上盐分未被充分淋洗所致。

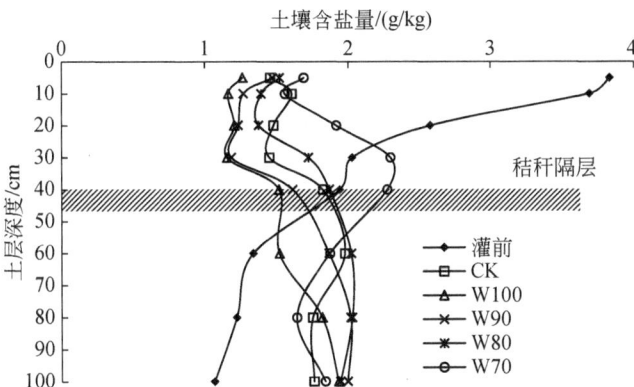

图 5-3　各处理春灌后 1 m 土体剖面土壤含盐量分布情况

所有处理 0~40 cm 根系分布层平均含盐量排序为 W100<W90<CK<W80< W70（图 5-4），而 W100 处理和 W90 处理含盐量均显著低于 CK 处理（$P<0.05$），分别较其低 18.9 % 和 13.9 %，W100 处理与 W90 处理间无显著差异，W80 处理含盐量略高于 CK 处理但不显著，W70 处理土壤含盐量显著高于其他处理，说明在秸秆隔层条件下，灌水量高于常规灌水量的 80 % 以上时，根系分布层含盐量即低于无秸秆隔层土壤，可为作物前期生长创造低盐环境，有效降低土壤盐害。

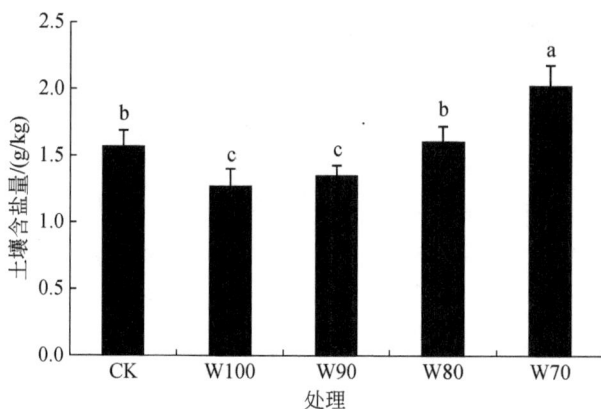

图 5-4　各处理春灌后 0~40 cm 土壤含盐量

5.1.3　土壤脱盐量

不同处理春灌前后脱盐效果不同（表 5-1）。表层 0~10 cm 和 0~20 cm 土层各处理脱盐率大小排序为 W100>W90>W80>CK>W70。但在 0~10 cm 土层，仅 W100 处理脱盐率显著高于 CK 处理；在 0~20 cm 土层，W100 处理、W90 处理间脱盐率无显著差异，但均显著高于 CK 处理，分别较其高 19.1 %、12.6 %，W80 处理脱盐率略高于 CK 处理但不显著，W70 处理脱盐率显著低于其他各处理，表明秸秆隔层处理在春灌灌水量达到常规灌水量的 80 % 以上时表层土壤脱盐率优于无秸秆隔层对照处理。

0~40 cm 和 0~100 cm 土层各处理脱盐率排序为 W100>W90>CK>W80>W70，秸秆隔层处理脱盐率均随灌水量的增加而增大。在 0~40 cm 根系分布层，W100 处理和 W90 处理土壤脱盐率无差异，但显著较 CK 处理高 34.9 % 和 30.1 %，W80 处理略低于 CK 处理，降低 4.5 %，W70 处理脱盐率显著低于其他处理。从整个 1 m 土体来看，CK 处理脱盐率为 1.7 %，接近盐分平衡，W100 处理淋盐深

度深，1 m 土体脱盐率显著优于其他各处理；W90 处理脱盐率为 4.7 %，略高于
CK 处理但不显著；W80 处理和 W70 处理脱盐率为负值，总体呈积盐状态，这是
因为本身灌溉水源中带有部分盐分进入土壤，而过小的灌溉量不足以将盐分淋洗至
1 m 土体外。

表 5-1　各处理春灌后土壤脱盐率

土层 /cm	处理	灌前含盐量 / (g/kg)	灌后含盐量 / (g/kg)	脱盐率 / %	单位水量脱盐量 / [g/(kg · 1000m³)]
0~10	CK	3.81 a	1.53 ab	59.8 bc	1.01
	W100	3.75 a	1.21 c	67.6 a	1.13
	W90	3.83 a	1.37bc	64.2 ab	1.21
	W80	3.78 a	1.46 b	61.4 b	1.29
	W70	3.82 a	1.62 a	57.5 c	1.40
0~20	CK	3.14 a	1.50 b	52.1 b	0.73
	W100	3.19 a	1.21 c	62.0 a	0.88
	W90	3.15 a	1.30 c	58.6 a	0.91
	W80	3.21 a	1.42 bc	55.9 ab	1.00
	W70	3.19 a	1.77 a	44.5 c	0.90
0~40	CK	2.50 a	1.57 b	37.2 b	0.41
	W100	2.56 a	1.27 c	50.2 a	0.57
	W90	2.62 a	1.35 c	48.4 a	0.63
	W80	2.49 a	1.61 b	35.5 b	0.49
	W70	2.64 a	2.03 a	23.3 c	0.39
0~100	CK	1.75 a	1.73 a	1.7 b	0.01
	W100	1.72 a	1.56 b	9.2 a	0.07
	W90	1.80 a	1.72 a	4.7 b	0.04
	W80	1.76 a	1.84 a	−4.6 c	−0.05
	W70	1.76 a	1.88 a	−6.8 c	−0.08

对单位水量脱盐量（Q）进行分析可知，W100 处理在 0~10 cm、0~20 cm、0~40 cm 和 0~100 cm 土层的 Q 值均高于 CK 处理，分别提高 11.3 %、20.8 %、37.9 % 和 438.6 %。W90 处理和 W80 处理灌水量小于 CK 处理，但 0~40 cm 土层 Q 值高于 CK 处理；在 1 m 土体，W90 处理的 Q 值高于 CK 处理，但 W80 处理低于 CK 处理；W70 处理除 0~10 cm 土层外，各层 Q 值均低于 W80 处理。说明秸秆隔层可提高单位水量脱盐量，尤其利于根系分布层土壤脱盐，提高灌水利用率，但灌溉量过小其脱盐效果差。

5.2 秸秆隔层对食葵收获后土壤水盐分布的影响

食葵收获后的土壤水盐含量与分布可反映食葵整个生育期内的水盐运移情况。食葵收获后 0~40 cm 土层各处理的平均含水率排序为 CK>W70>W80>W100>W90（图 5-5），CK 处理含水率显著高于各秸秆隔层处理，分别较 W100 处理、W90 处理、W80 处理和 W70 处理高 17.5 %、23.6 %、14.6 % 和 6.4 %，W70 处理含水率也显著高于 W100 处理、W90 处理、W80 处理（$P<0.05$），而 W90 处理含水率显著低于 W100 处理和 W80 处理。在 40~50 cm 土层 CK 处理也较其他 4 个隔层处理高，但 50 cm 以下又低于其他处理（图 5-6）。食葵收获后 0~40 cm 根系分布层各处理的土壤平均含盐量排序为 W100<W90<CK<W80<W70（图 5-7），W100 处理和 W90 处理含盐量显著低于 CK 处理（$P<0.05$），分别较其低 27.6 % 和 16.3 %，但 W100 处理与 W90 处理间无显著差异。CK 处理和 W80 处理含盐量差异也不显著，但均显著低于 W70 处理。另外，W100 处理、W90 处理食葵收获后秸秆隔层及以下 40~80 cm 土壤盐分总体低于其他 3 个处理（图 5-8）。

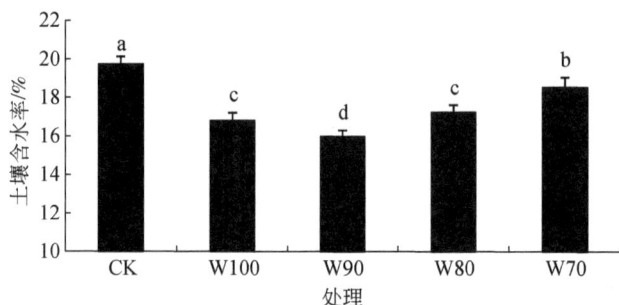

图 5-5 各处理食葵收获后 0~40 cm 土壤含水率

土壤含水率/%

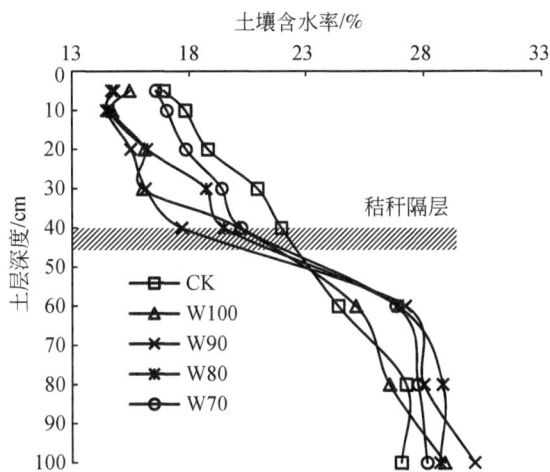

图 5-6 各处理食葵收获后 1 m 土体剖面土壤含水率

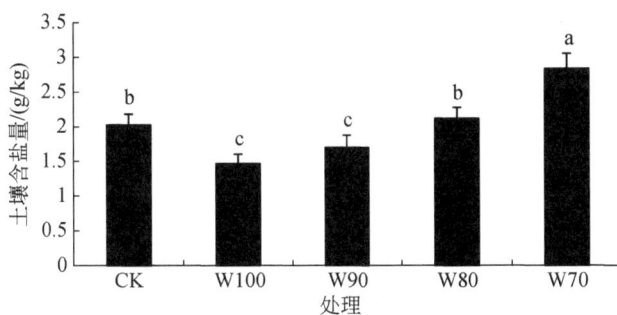

图 5-7 各处理食葵收获后 0~40 cm 土壤含盐量

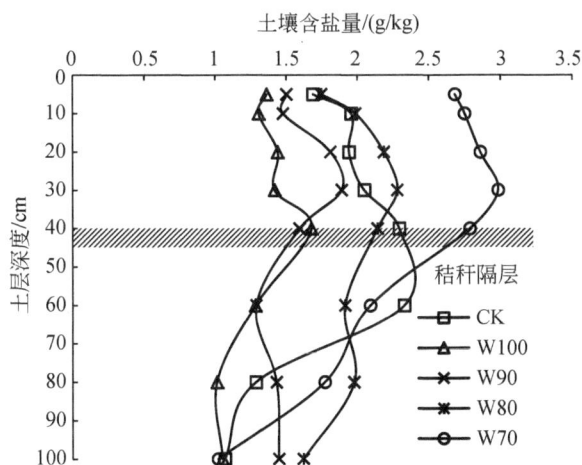

土壤含盐量/(g/kg)

图 5-8 各处理食葵收获后 1 m 土体剖面土壤含盐量

植物耐盐性在幼苗期最差，盐碱地作物出苗率低，保苗困难（Qadir et al.，2000）。提高灌溉脱盐率，降低苗期土壤含盐量，尤其是 0~40 cm 根系分布层盐分含量是盐碱地农业生产的重要环节（Zhao et al.，2016）。本试验中，CK 处理为河套灌区春季常规措施，在无秸秆隔层条件下，水分在均质土壤中运动较快，未达到盐分扩散平衡就开始淋洗（Zhao et al.，2016），脱盐效果较差，脱盐深度在 40 cm，而和 CK 处理相同春灌量的 W100 处理在秸秆隔层的作用下水分入渗速率降低，水分在秸秆隔层上部土壤中的蓄积时间延长，促进了土壤中更多的可溶性盐分离子的交换、吸附和解析，重力水完全下渗后根系分布层土壤盐分降低（赵永敢等，2013；乔海龙等，2006a，2006b），脱盐效果明显较好，脱盐深度接近 60 cm（图 5-3），根系分布层土壤含水率也显著较高（图 5-2）；W90 处理在减小 10 % 春灌量下也具有明显的脱盐效果，脱盐深度 50 cm。综合来看，W100 处理和 W90 处理的春季灌溉量均能发挥秸秆隔层的脱盐作用，促进根系分布层土壤淋盐。本研究还发现，W80 处理虽然减少了 20 % 灌水量，但秸秆隔层将较多的水分滞留在根系分布层，补偿了 20 % 的水分差，因此 W80 处理灌水后含盐量、含水率和脱盐率和 CK 处理均无显著差异；但当灌溉量继续减小至 70 % 后，秸秆隔层上部水量小，盐分溶解量小，脱盐效果变差，表层盐分淋洗至 20~40 cm 土层即无法继续下行。

在作物生长后期，土壤水盐以上行为主，秸秆隔层的存在可打断毛管，抑制水盐向上移动，减少盐分的表聚（张金珠等，2012），进而降低盐分对作物生长带来的不利影响。本试验表明，W100 处理和 W90 处理 0~40 cm 土层含盐量显著低于 CK 处理（图 5-7），但由于这两个处理食葵长势较好，蒸腾作用强，另外秸秆隔层阻断了毛管水的上升，0~40 cm 土壤含水率也显著低于 CK 处理（图 5-5）。W80 处理和 W70 处理前期灌溉脱盐效果弱，因作物受盐分胁迫影响长势较弱，从土壤吸收水分少，收获期根系分布层含水率较高，其含盐量也显著高于 W90 处理和 W100 处理。

5.3　不同春灌灌水量下秸秆隔层对土壤微生物区系的影响

5.3.1　土壤微生物数量

食葵收获后，不同处理土壤细菌菌落数排序为 W100>W90>CK>W80>W70（表 5-2），各处理间差异均达到显著水平（$P<0.05$），W100 处理和 W90 处

理分别比 CK 处理高 29.6 % 和 14.8 %；W80 处理和 W70 处理分别比 CK 处理低 24.7 % 和 53.5 %，说明不同灌溉量下秸秆隔层对土壤细菌菌落数目有显著影响。各处理放线菌菌落数排序为 W100>W90>W80>CK>W70，W100 处理和 W90 处理显著高于 W70 处理（$P<0.05$），分别提高 27.4 % 和 26.3 %，但其他处理间无显著差异。真菌菌落数目不同于细菌和放线菌，各处理排序为 W90>W100>W70>CK>W80，W100 处理真菌菌落数目较 W90 处理显著降低了 29.4 %，W100 处理显著高于 W70 处理、CK 处理和 W80 处理（$P<0.05$），分别提高 84.1 %、117.4 % 和 140.0 %，而 W70 处理、W80 处理和 CK 处理间无显著差异。

表 5-2　食葵收获后各处理土壤细菌、放线菌和真菌数量

处理	细菌菌落数 / (10^6cfu/g)	放线菌菌落数 / (10^5cfu/g)	真菌菌落数 / (10^4cfu/g)
CK	1.42 ± 0.13 c	1.17 ± 0.16 ab	1.38 ± 0.18 c
W100	1.84 ± 0.15 a	1.35 ± 0.10 a	3.00 ± 0.74 b
W90	1.63 ± 0.16 b	1.33 ± 0.22 a	4.25 ± 1.04 a
W80	1.07 ± 0.13 d	1.21 ± 0.23 ab	1.25 ± 0.46 c
W70	0.66 ± 0.08 e	0.98 ± 0.21 b	1.63 ± 0.75 c

5.3.2　优势菌群

由表 5-3 可知，CK 处理土壤中优势菌群种类最少，除土壤中广泛分布的 *Bacillus*（芽孢杆菌属）和 *Pseudomonas*（假单胞菌属）外，只有 *Brevibacterium*（短杆菌属）。各秸秆隔层处理土壤优势菌群种类均多于 CK 处理，而且种类随灌溉量的增加而增加，W100 处理优势菌群种类最多，共有 6 种，W90 处理有 5 种，W80 处理和 W70 处理相对较少，各有 4 种。各处理存在不同的优势菌群，W100 处理有 *Janibacter*（两面神菌属），W90 处理有 *Ensifer*（剑菌属），W80 处理有 *Fictibacillus*（假芽孢杆菌属），W70 处理有 *Microbacterium*（微杆菌属）和 *Rhizobium*（根瘤菌属）。

表 5-3　不同处理对收获后土壤可培养优势菌群的影响

处理	优势菌群
CK	*Bacillus*（芽孢杆菌属）、*Pseudomonas*（假单胞菌属）、*Brevibacterium*（短杆菌属）
W100	*Bacillus*（芽孢杆菌属）、*Janibacter*（两面神菌属）、*Pseudomonas*（假单胞菌属）、*Arthrobacter*（节杆菌属）、*Paenibacillus*（类芽孢杆菌属）、*Brevibacterium*（短杆菌属）

处理	优势菌群
W90	*Bacillus*（芽孢杆菌属）、*Paenibacillus*（类芽孢杆菌属）、*Arthrobacter*（节杆菌属）、*Streptomyces*（链霉菌属）、*Ensifer*（剑菌属）
W80	*Bacillus*（芽孢杆菌属）、*Streptomyces*（链霉菌属）、*Fictibacillus*（假芽孢杆菌属）、*Pseudomonas*（假单胞菌属）
W70	*Bacillus*（芽孢杆菌属）、*Streptomyces*（链霉菌属）、*Microbacterium*（微杆菌属）、*Rhizobium*（根瘤菌属）

土壤微生物数量和群落结构被认为是表征土壤质量变化最敏感的指标，研究表明，土壤盐碱度影响土壤微生物数量和群落结构（李凤霞等，2011），排水可以有效脱盐，但灌水过多或过少均不利于微生物的繁殖（樊金萍等，2012）。在本试验条件下，CK 处理细菌、放线菌、真菌数目低于 W100 处理和 W90 处理，这是因为 CK 处理灌溉脱盐率较低，后期盐分表聚严重，抑制了微生物的繁殖。而 W100 处理和 W90 处理脱盐效果好，更多盐分被淋洗至深层，后期返盐较少，盐碱胁迫小，从而促进作物根系生长，增加根系分泌物，改善根际环境（Huo et al.，2017），另一方面，秸秆隔层的存在为微生物生长提供碳源及氮磷等营养元素（于寒，2015），从而进一步促进了微生物的繁殖。另外，本研究发现 W100 处理真菌数目显著低于 W90 处理，这可能因为真菌较不能耐受低氧水平，W100 处理灌量过高造成土壤溶氧量降低，抑制了真菌繁殖。而 W80 处理和 W70 处理灌溉量小，盐分滞留在 1 m 土体中未被充分淋洗，因此细菌数目显著低于 CK 处理，但放线菌和真菌数目和 CK 处理差异不显著。本研究还发现，与 CK 处理相比，秸秆隔层处理优势菌群种类数较多，这与前期研究结果类似（Li et al.，2016）。其中以 W100 处理和 W90 处理种类最多，这些有益微生物的分布说明秸秆隔层优化了土壤中的微生物群落结构。例如，W100 处理和 W90 处理中均有 *Arthrobacter*（节杆菌属）和 *Paenibacillus*（类芽孢杆菌属）；W90 处理、W80 处理、W70 处理中都含有 *Streptomyces*（链霉菌属）。这些种类丰富的优势菌群降解土壤有机物后所得的营养物质更为多样，也会分泌更多的有利于植株生长的活性成分（陈蕾等，2011；袁树忠和周明国，2008；陈秀蓉和南志标，2002），增加土壤肥力。

5.4 不同春灌灌水量下秸秆隔层对食葵产量的影响

不同处理食葵籽粒产量排序为 W100>CK>W90>W80>W70（表 5-4），其中，

W100 处理食葵产量显著高于其他 4 个处理（ $P<0.05$ ），分别较 CK 处理、W90 处理、W80 处理和 W70 处理增产 5.3 %、6.8 %、11.4 % 和 13.6 %，说明在常规春灌量下秸秆隔层增产效果更显著；W90 处理略低于 CK 处理，但两者无显著差异；而 W80 处理和 W70 处理籽粒产量显著低于 CK 处理（ $P<0.05$ ）。从灌溉水分生产率来看，不同处理间排序为 W70>W80>W90>W100>CK，W100 处理与 CK 处理没有显著差异，W90 处理、W80 处理、W70 处理显著高于 CK 处理（ $P<0.05$ ），而 W90 处理与 W100 处理之间差异没有达到显著水平。

表 5-4　各处理食葵产量和灌溉水分生产率

处理	产量 /（kg/hm²）	灌溉水分生产率 /（kg/m³）
CK	3471.4 b	1.54 a
W100	3655.2 a	1.62 ab
W90	3422.5 b	1.69 b
W80	3281.7 c	1.82 c
W70	3217.5 c	2.04 d

低盐碱胁迫及充足的水分是作物高产的基础，本研究结果表明，W100 处理由于食葵生长期间根系分布层始终保持较低的含盐量，尽管其后期含水率低于 CK 处理但并没有影响作物生长，因此其产量显著高于同样灌溉量的 CK 处理（ $P<0.05$ ），从单纯增产角度，表明当前春灌量水平结合秸秆隔层是最有利的；W90 处理在减少 10 % 春灌量下同样具有很好的根系分布层脱盐效果，盐分含量保持较低的水平，但后期含水率低于 CK 处理和 W100 处理，可能影响了作物生长，因此其产量显著低于 W100 处理，但与 CK 处理相比没有显著差异，而且其水分生产率高于 CK 处理和 W100 处理，从控盐、节水和稳产角度，W90 处理在当前常规基础上减少 10 % 灌水量结合秸秆隔层是可供选择的处理，这对于提高内蒙古河套灌区大面积的中度盐渍化耕地灌溉水生产率、缓解地区水资源短缺压力也具有重要意义。而 W80 处理和 W70 处理由于控盐效果差，籽粒产量显著低于 CK 处理（ $P<0.05$ ），表明这 2 个处理已影响作物产量，尽管其水分生产率较高，但不值得推荐。本研究所采取的春灌模式为一次性大水量灌溉，对于少量多灌模式下秸秆隔层的节水增产效应如何，还有待进一步研究和完善。

5.5 本章小结

与当地常规春灌水平相比，W100处理和W90处理均可提高灌溉脱盐率，加深盐分淋洗深度，提高根系分布层含水率，为作物前期生长提供高水低盐的有利环境，同时抑制后期地表返盐，显著增加土壤细菌、真菌等可培养微生物数量和优势菌群。单纯从高产角度，W90处理与当地常规措施相比没有显著差异，而W100处理食葵增产效果最显著，值得推荐；而从土壤脱盐、作物稳产及水分生产率提高等方面综合效应考虑，在当前春灌量基础上减少10%灌水量结合秸秆隔层（W90）是可供选择的方案。

参 考 文 献

陈蕾, 王倩, 张惠军. 2011. 芽孢杆菌最新分类研究进展. 河南化工, 28(6): 14-18.

陈秀蓉, 南志标. 2002. 细菌多样性及其在农业生态系统中的作用. 草业科学, 19(9): 34-38.

崔心红, 朱义, 张群, 等. 2009. 棉花秸秆隔离层对滨海滩涂土壤及绿化植物的影响. 林业科学, 45(1): 31-35.

樊金萍, 张建丽, 王婧, 等. 2012. 节水灌溉对盐渍土盐分调控与土壤微生物区系的影响. 土壤学报, 49(4): 835-840.

李凤霞, 王学琴, 郭永忠, 等. 2011. 宁夏不同类型盐渍化土壤微生物区系及多样性. 水土保持学报, 25(5): 107-111.

梁建财, 史海滨, 李瑞平, 等. 2015. 不同覆盖方式对中度盐渍土壤的改良增产效应研究. 中国生态农业学报, 23(4): 416-424.

乔海龙, 刘小京, 李伟强, 等. 2006a. 秸秆深层覆盖对水分入渗及蒸发的影响. 中国水土保持科学, 4(2): 34-38.

乔海龙, 刘小京, 李伟强, 等. 2006b. 秸秆深层覆盖对土壤水盐运移及小麦生长的影响. 土壤通报, 37(5): 885-889.

于寒. 2015. 秸秆还田方式对土壤微生物及玉米生长特性的调控效应研究. 长春: 吉林农业大学博士学位论文.

袁树忠, 周明国. 2008. 类芽孢杆菌 (Paenibacillus spp.) 研究进展 // 江苏省植物病理学会. 江苏省植物病理学会第十一次会员代表大会暨学术研讨会论文集: 39-43.

张金珠, 虎胆·吐马尔白, 王振华, 等. 2012. 不同深度秸秆覆盖对滴灌棉田土壤水盐运移的影响. 灌溉排水学报, 31(3): 37-41.

张坤, 苗长春, 徐圆圆, 等. 2009. 麦秸强化石油烃污染耕地水浸洗盐过程及场地试验. 环境科学, 30(1): 231-236.

赵永敢, 王婧, 李玉义, 等. 2013. 秸秆隔层与地覆膜盖有效抑制潜水蒸发和土壤返盐. 农业工程学报, 29(23): 109-117.

Cao J S, Liu C M, Zhang W J, et al. 2012. Effect of integrating straw into agricultural soils on soil infiltration and evaporation. Water Science and Technology, 65(12): 2213-2218.

Huo L, Pang H, Wang J, et al. 2017. Buried straw layer plus plastic mulching improves organic carbon fractions in an arid saline soil. Soil and Tillage Research, 165: 286-293.

Hussain N, Hassan G, Ghafoor A，et al. 1998. Bio-amelioration of sandy clay loam saline sodic soil. Orlando：The Seventh International Drainage Symposium.

Li Y Y, Pang H C, Han X F, et al. 2016. Buried straw layer and plastic mulching increase microflora diversity in salinized soil. Journal of Integrative Agriculture, 15(7): 1602-1611.

Qadir M, Ghafoor A, Murtaza G. 2000. Amelioration strategies for saline soils: a review. Land Degradation and Development, 11(6): 501-521.

Sembiring H, Raun W R, Johnson G V, et al. 1995. Effect of wheat straw inversion on soil water conservation. Soil Science, 159(2): 81-89.

Zhao Y, Li Y, Wang J, et al. 2016. Buried straw layer and plus plastic mulching reduces soil salinity and increases sunflower yield in saline soils. Soil and Tillage Research, 155: 363-370.

第6章 上膜下秸的固碳效应

作为全球碳循环的重要组成部分，干旱区典型陆地生态系统的碳循环研究至关重要（樊恒文等，2002）。不同的农业利用方式可能对农田碳循环过程产生不同影响，而且这些影响也可能因土壤类型、气候条件而异。近年来，盐碱土壤在全球碳循环中的重要作用逐渐受到重视，有学者发现，在盐碱地加入外源碳后 CO_2 释放量高于非盐碱地 16 %~31 %（Rasul et al.，2006）；也有学者指出，盐碱地较高的盐分含量会减少土壤 CO_2 的释放（Farshid and Sheikh-Hosseini，2006；Pathak and Rao，1998）。然而在盐渍土壤上采取不同耕作方式而造成的土壤固碳效果及综合效益评价却少见报道，尤其是上膜下秸这一增产控盐技术的固碳能力未见报道，采用上膜下秸措施后土壤微生物会呈现什么样的变化特征？它们与土壤温度、水分、盐分、养分等影响因素有何关系？这些问题都有待进一步深入研究。

6.1 上膜下秸对土壤微生物多样性的影响

6.1.1 土壤微生物数量

由表 6-1 可见，在食葵开花期，PM+SL 处理综合了地膜覆盖和秸秆隔层的有利作用，为细菌繁殖营造了较高地温和低盐环境，因此其土壤细菌菌落数量最高；PM 处理由于地膜覆盖保持了表层较高的土壤温度和土壤含水量，其细菌菌落数量也较多，但 PM+SL 处理与 PM 处理间差异不显著；SL 处理和 S+S 处理由于表层土壤含盐量相对较高，细菌菌落数量相对较低，且 S+S 处理、SL 处理间差异不显著。与开花期相比，食葵成熟期各耕作方式的土壤细菌菌落数量明显增加，不同耕作方式对细菌菌落数的影响与开花期基本一致，PM+SL 处理的细菌菌落数显著高于其他三个处理，PM 处理次之，S+S 处理与 SL 处理间差异不显著。

不同处理的放线菌菌落数量差异较大。食葵开花期，PM+SL 处理表层土壤较高的温度和较低的土壤含盐量，为放线菌孢子萌发提供较好的环境，同时深埋的秸秆逐渐腐烂，转化成可供微生物利用的有机营养物质，可以满足放线菌繁殖的需要，因此其放线菌菌落数量显著高于其他三个处理；PM 处理由于表层较高的土壤温度和土壤含水量，放线菌菌落数也较多；SL 处理与 PM 处理之间差异不显著；S+S 处理地表覆盖秸秆，表层土壤温度较低，因此其放线菌菌落数量显著低于其他三个处理。与开花期相比，食葵成熟期 PM 处理、S+S 处理放线菌菌落数量增加，SL 处理、PM+SL 处理放线菌菌落数量减少，各处理放线菌菌落数量的总体排序为 PM+SL>PM>SL>S+S，但 PM+SL 处理与 PM 处理间差异不显著，SL 处理与 S+S 处理间差异不显著。

由表 6-1 还可以看出，各处理的真菌菌落数量远少于细菌和放线菌。在食葵开花期，各处理的真菌菌落数总体排序为 PM+SL>S+S>PM>SL，PM+SL 处理、S+S 处理、PM 处理间差异不显著，SL 处理显著低于其他三个处理。食葵成熟期，各耕作方式的真菌菌落数量总体排序为 PM+SL>PM>SL>S+S，但 PM+SL 处理与 PM 处理间差异不显著，SL 处理与 S+S 处理间差异不显著。

表 6-1 各处理不同时期土壤微生物数量

时期	处理	细菌 / （10^4 cfu/g）	放线菌 / （10^3 cfu/g）	真菌 / （10^2 cfu/g）
开花期	PM	83a	54b	45a
	SL	48b	52b	8b
	S+S	55b	20c	52a
	PM+SL	85a	66a	53a
成熟期	PM	103b	57a	27a
	SL	60c	45b	16b
	S+S	75c	30c	11b
	PM+SL	142a	62a	33a

对各因素进行相关分析（表 6-2）表明，0~40 cm 土层含水量与细菌、放线菌菌落数之间呈极显著负相关关系（$P<0.01$），与真菌菌落数之间呈显著负相关关系（$P<0.05$），说明水分含量越高，越不利于微生物的繁殖，尤其可抑制土壤细菌和放线菌的生长繁殖。此外，食葵生育期 0~40 cm 土层脱盐量与放线菌菌落数之间呈极显著正相关关系（$P<0.01$），与细菌菌落数、真菌菌落数之间呈显著正相关关系（$P<0.05$），说明脱盐量越高，越有利于微生物的繁殖，尤其利于土壤放线菌的生长繁殖。0~40 cm 土层含盐量、土壤溶液盐浓度与各微生物因子之间相关性不显著。细菌、放线菌、真菌菌落数相互之间均呈显著正相关关系（$P<0.05$）。

表 6-2 各处理土壤微生物数量及其影响因素的关系

项目	土壤含水量	土壤含盐量	土壤溶液盐浓度	脱盐量	细菌数	放线菌数	真菌数
土壤含水量	1						
土壤含盐量	0.293	1					
土壤溶液盐浓度	0.071	0.974*	1				
脱盐量	−0.976*	−0.254	−0.032	1			
细菌数	−0.993**	−0.391	−0.175	0.953*	1		
放线菌数	−0.996**	−0.301	−0.079	0.992**	0.984*	1	
真菌数	−0.959*	−0.531	−0.326	0.951*	0.973*	0.968*	1

** 和 * 分别表示在 0.01 和 0.05 水平上的相关性。

6.1.2 土壤微生物优势细菌菌群分析

由表 6-3 可知，各处理的优势细菌种属多样性也不同，PM+SL 处理的优势细菌菌群种类最丰富，其次是 PM 处理和 S+S 处理，SL 处理最少，各个耕作方式中广泛分布有芽孢杆菌属（Bacillus）、假单胞菌属（Pseudomonas）、节杆菌属（Arthrobacter）和短状杆菌属（Brachybacterium）。PM+SL 处理还含有考克氏菌属（Kocuria）优势菌。

芽孢杆菌可降解土壤中的碳水化合物、氨基酸和蛋白质，也可有效降解作物难以利用的有机磷，并可分泌枯草菌素和多黏菌素等活性物质，抑制有害微生物繁殖，减少病害；假单胞菌可降解有机、无机磷；节杆菌属能降解有机硫化物，某些种还有聚磷和固氮作用；短状杆菌属有较强的分解有机物能力；考克氏菌属有较强的耐盐碱性能，某些种能产生肽类抗生素，抑制有害菌。这些有益细菌在各耕作方式下的广泛分布，说明通过耕作使盐渍化土壤微生态系统得到了改善，利于农业生产。

表 6-3 各处理的优势菌群分布

处理	开花期优势菌属	成熟期优势菌属
PM	Bacillus, Pseudomonas	Bacillus, Brachybacterium
SL	Pseudomonas, Arthrobacter	Bacillus, Brachybacterium
S+S	Bacillus, Arthrobacter	Bacillus
PM+SL	Bacillus, Pseudomonas, Arthrobacter	Bacillus, Brachybacterium, Kocuria

6.1.3 土壤细菌群落的 DGGE 图谱分析

（1）微生物群落 DGGE 图谱分析

DGGE 图谱中条带的多少可直接反映不同样品中细菌群落的遗传多样性，图谱中分离的每个条带理论上代表一种细菌，条带的粗细和亮弱代表该细菌数量的多少。采用 DGGE 将四个处理的土壤样品 16S rDNA V3 片段 PCR 产物进行分析后，得到如图 6-1 所示的 DGGE 凝胶电泳图像。用 Quantity One 软件分析 DGGE 图谱可知，PM+SL 处理的土壤样品条带数量明显多于其他处理，有 20 条可见带，说明其土壤样品中细菌多样性最为丰富，其次为 S+S 处理、SL 处理和 PM 处理，分别为 15 条、14 条、13 条，但三处理间差异不明显，说明其微生物丰度相对较低。

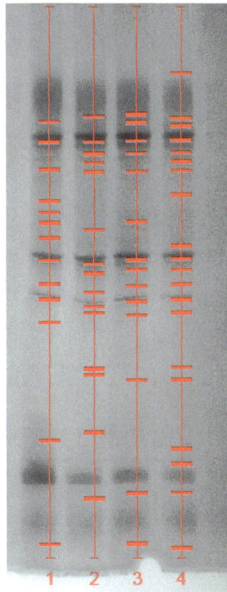

Lane 1: PM(13 条)；Lane 2：S+S(15 条)；Lane 3：SL(14 条)；Lane 4：PM+SL(20 条)

图 6-1 食葵成熟期不同处理土壤样品细菌群落的 DGGE 凝胶电泳图像

（2）土壤样品细菌群落相似性分析

根据 DGGE 图谱上不同土壤样品条带的灰度和迁移率，按照 UPGMA 算法对每个条带的图谱进行细菌群落的聚类分析，结果如图 6-2 所示。由图 6-2 可知，所有处理土壤样品之间的相似性为 32 %~68 %，其中 1 号（PM 处理）和 4 号（PM+SL 处理）样品土壤中细菌群落聚在一起，两个样品中的细菌群落相似性为 68 %，它们与 3 号（SL 处理）和 2 号（S+S 处理）样品土壤中细菌群落相似

相似性/%

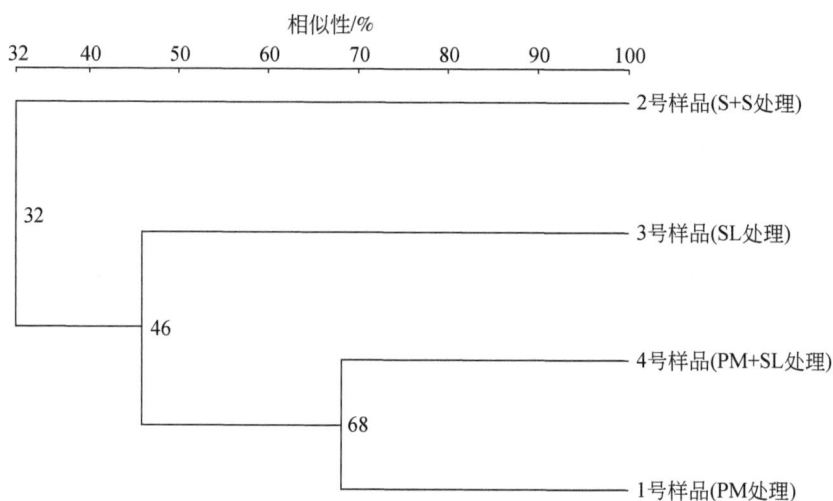

图 6-2　不同样品中细菌群落相似性聚类分析

性分别为 46 % 和 32 %。

　　将 DGGE 图谱中四个样品中 7 个最亮的条带从凝胶上切下，将扩增产物克隆到载体上，每个条带随机选取 2 个克隆进行测序。测序成功的序列进行比对，得到每个条带所代表的细菌类型，结果如表 6-4 所示：这一结果提示，样品中蕴含着尚未被纯培养的微生物分类单元，而且由于其为优势物种，故获得新种的可能性比较大，它们对于土壤肥力的形成起着重要的作用。

表 6-4　土壤样品中细菌 DGGE 图谱中主要条带的序列分析　　（单位：%）

条带编号	近源菌	最大相似性
1-1	*Marine bacterium*	99
1-2	*Acinetobacter calcoaceticus*	99
2-1	*Uncultured bacillus*	95
2-2	*Cronobacter sakazakii*	94
3-1	*Uncultured gamma proteobacterium*	99
3-2	*Ochrobactrum shiyianus*	91
4-1	*Uncultured Stenotrophomonas*	97
4-2	*Uncultured proteobacterium*	99
5-1	*Pseudomonas hibiscicola*	99
5-2	*Acinetobacter baumannii*	97
6-1	*Bacillus cereus*	99
6-2	*Uncultured streptomyces*	100
7-1	*Acinetobacter baumannii*	99
7-2	*Uncultured Acinetobacter*	99

6.2 上膜下秸对土壤有机碳的影响

6.2.1 盐渍土壤有机碳（SOC）

（1）SOC 年际变化

图 6-3 为各处理 40 cm 土层内 SOC 含量变化情况，可以看出，与 2010 年初始值相比，2014 年 PM+SL 处理和 PM 处理 0~20 cm 土层的 SOC 含量减少了 7.10 %~11.34 %[图 6-3（a）]，但 CK 处理和 SL 处理的变化并不明显，可见 PM+SL 处理与 PM 处理表层 SOC 含量受地膜覆盖的影响较大，地力消耗明显；在 20~40 cm 土层，PM+SL 处理和 SL 处理 SOC 含量比 2010 年增加了 25.87 %~26.32 %[图 6-3（b）]，CK 处理和 PM 处理变化不明显，可见在 40 cm 处秸秆隔层的埋设明显对该层次 SOC 起到增加作用；从 0~40 cm 土层 SOC 变化来看 [图 6-3（c）]，与 2010 年初始值相比，PM+SL 处理和 SL 处理的 SOC 含量分别增加 5.84 % 和 10.78 %（$P < 0.05$），说明单埋秸秆隔层的 SL 处理较其他三个处理固碳效果明显，PM+SL 处理由于受地膜覆盖和秸秆隔层两种措施综合作用，固碳效果逐步趋于稳定，SOC 含量略低于 SL 处理，但两处理间差异不显著，PM 处理减少了 6.79%，说明只覆盖地膜增强了地力消耗，无覆盖方式的 CK 处理 SOC 含量基本不变，变化缓慢。

在干旱条件下受土壤好氧微生物影响，SOC 得以快速分解，一些研究表明作物残茬在土壤中的循环利用可以减缓 SOC 的逐渐分解（Lal，2004）。与 2010 年初始值相比，2014 年 CK 处理 0~40 cm 土层 SOC 减少了 4.39 %，PM 处理 SOC 则减少了 13.98 %，说明了在该区域传统耕作方式下土壤肥力会进一步降低，同时，0~40 cm 土层 PM+SL 处理的 SOC 储量高于 CK 处理、PM 处理、SL 处理，说明了秸秆深埋结合地膜覆盖对于 SOC 储量的增加效应。虽然 SL 处理与 PM+SL 处理都提供了可供土壤降解的秸秆作为底物，但是地膜的存在确保了充足的水分、适宜的温度以及一个有利于土壤微生物生存的微环境（Mbah and Nwite，2010; Li et al.，2004）。因此，SL 处理与 PM+SL 处理尽管提供了等量的秸秆，但是 PM+SL 处理可以更好地促进作物生长（Zhao et al.，2014）；促使发达的作物根系产生更大的 SOC 储量（Kitchen et al.，2009）。有研究同时指出（Wu et al.，2012）在铺设地膜的耕作方式下进行秸秆还田可以减少因土壤微生物分解而造成的 SOC 损失。因而，在此干旱区域，PM+SL 处理可以作为一种有效的增加 SOC 储量的耕作方式。

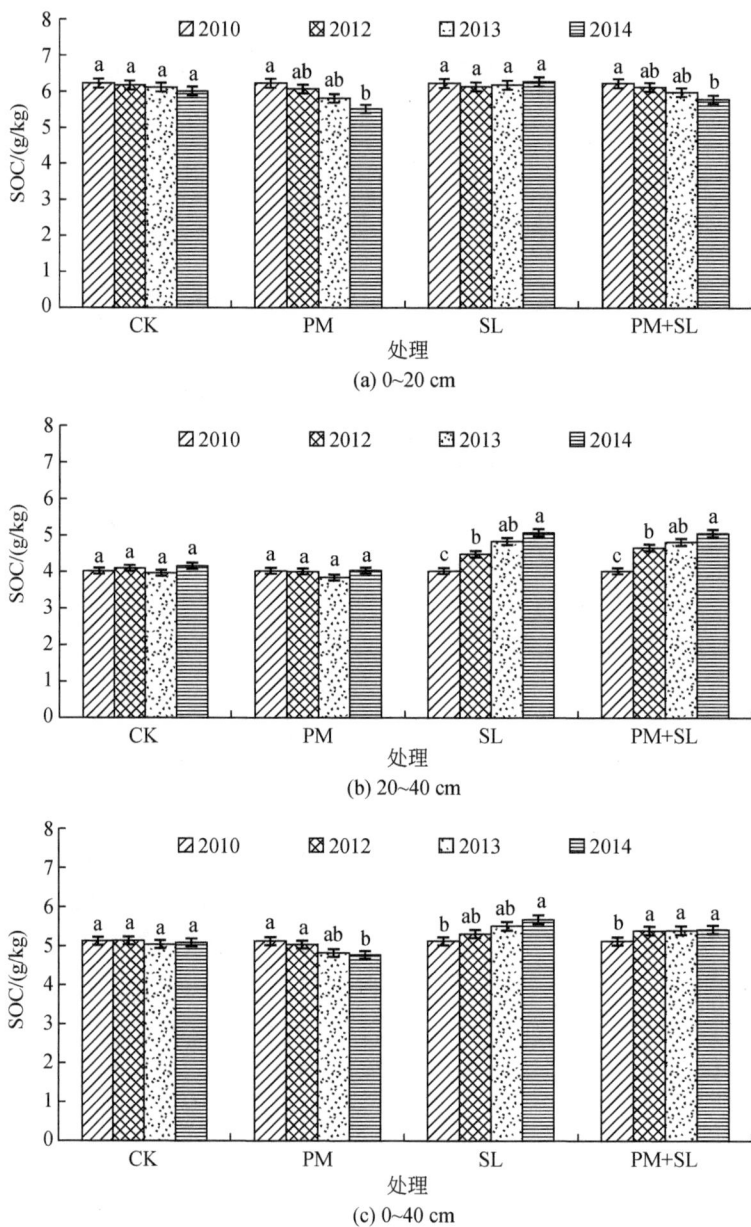

(a) 0~20 cm

(b) 20~40 cm

(c) 0~40 cm

图 6-3　2010 年、2012~2014 年各处理 40 cm 土层内 SOC 含量变化

注：不同小写字母表示年际间各处理差异显著（$P<0.05$）。

（2）SOC 剖面分布特征

图 6-4、图 6-5 分别为 2013 年、2014 年食葵生育期各处理 0~60 cm 土层 SOC

剖面分布状况，可见，2013 年与 2014 年各处理 0~60 cm 土层 SOC 分布均呈现一致的变化趋势，除个别层次在不同生育期有微小差异外，SOC 在各土层变化不大。2013 年四个生育时期 0~20 cm 土层，CK 处理和 SL 处理 SOC 略高于 PM 处理和 PM+SL 处理，但处理间差异不显著，20~40 cm 土层均呈现 SL 处理与 PM+SL 处理的 SOC 含量偏高特征，以 40 cm 处最为明显，50~60 cm 土层各处理的 SOC 值趋于最低，在四个生育时期内差异不显著。2014 年 0~20 cm 土层 CK 处理和 SL 处理略高于 PM 处理和 PM+SL 处理，苗期和现蕾期 0~10 cm 土层差异显著，成熟期和收获期在 5~10 cm 土层差异显著，在 20~60 cm 与 2013 年特征相近。

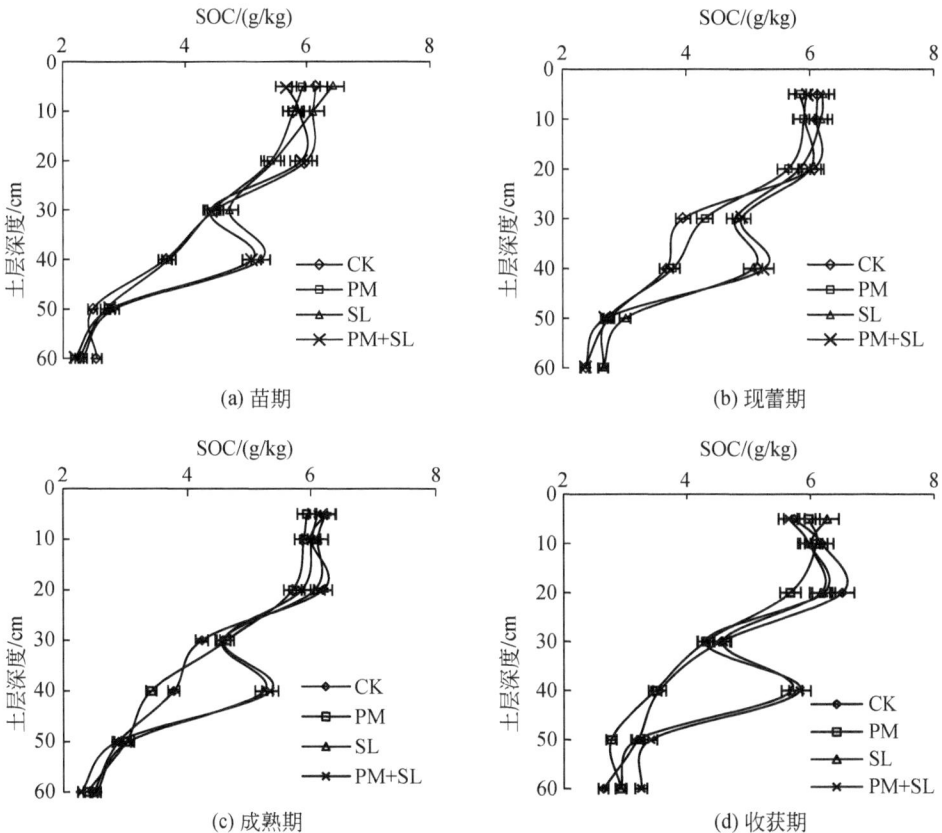

(a) 苗期　　　　　　　　　　　　　　(b) 现蕾期

(c) 成熟期　　　　　　　　　　　　　(d) 收获期

图 6-4　2013 年各处理 0~60 cm 土层 SOC 剖面分布

2013 年成熟期，PM+SL 处理 0~60 cm 土层 SOC 含量较 CK 处理和 PM 处理分别高出 3.85 % 和 6.74 %，较 SL 处理减少 2.26 %；2014 年成熟期 PM+SL 处理较 CK 处理和 PM 处理分别高出 4.72 % 和 6.99 %，较 SL 处理减少 2.52 %。SOC 随土壤深度的增加而逐渐减少，0~5 cm 土层，CK 处理与 SL 处理的 SOC 含量接近并且均高于 PM 处理和 PM+SL 处理；5~30 cm 土层，PM+SL 处理和 SL 处理的 SOC 值显著高于其他处理，且其余两个处理的差异并不显著；在埋设秸秆层的 30~40 cm 土层，PM+SL 处理与 SL 处理显著高于 CK 处理和 PM 处理，但二者之间的差异并不显著；在 40~60 cm 土层，各处理的差异均不显著。

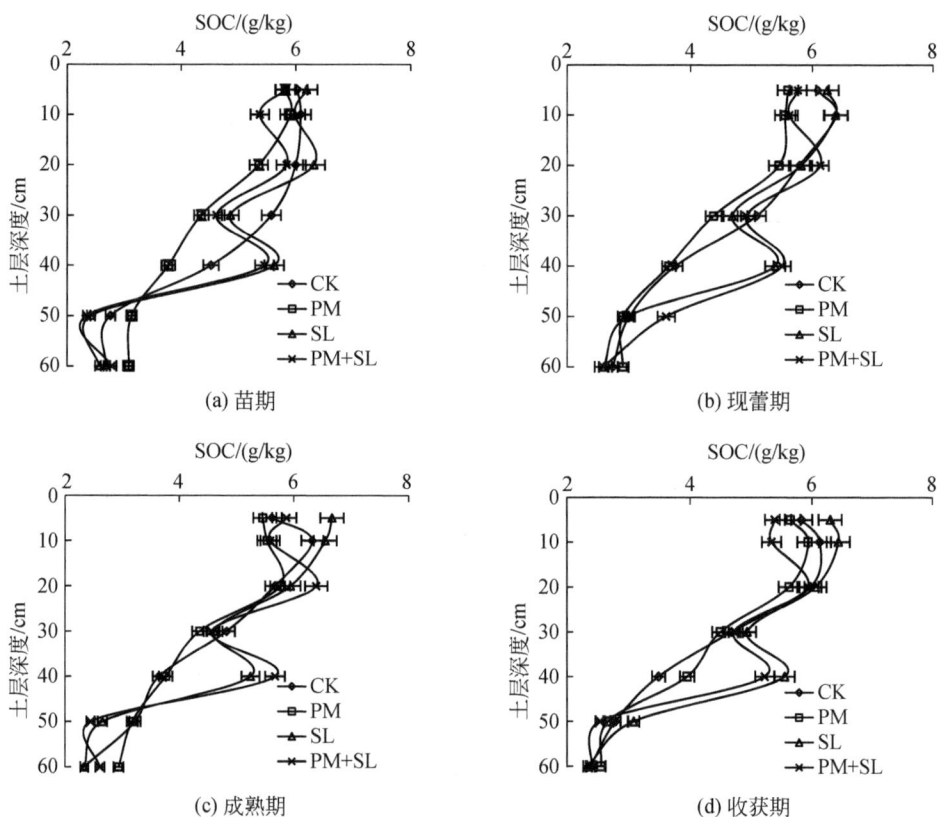

图 6-5　2014 年各处理 0~60 cm 土层 SOC 剖面分布

6.2.2　盐渍土壤微生物量碳（MBC）剖面分布

图 6-6、图 6-7 分别为 2013 年、2014 年各处理 0~60 cm 土层 MBC 剖面分布状况，0~60 cm 土层土壤 MBC 受不同耕作方式影响很大。2013 年，0~60 cm 土层各处理 MBC 平均含量变化趋势为 PM+SL > SL > PM > CK，食葵苗期 0~20 cm 土层 PM+SL 处理与 PM 处理显著高于 CK 处理与 SL 处理，地膜覆盖创造的良好条件对于微生物所需的适宜的生长环境的构建效果显著，而未覆地膜的 CK 处理与 SL 处理地表裸露，温度、水分条件较差，盐分水平高，微生物活跃性低，在

现蕾期、成熟期和收获期也发现类似特点；20~40 cm 土层，PM+SL 处理由于埋设秸秆隔层的作用，MBC 含量值仍然最高，SL 处理在该层次的 MBC 含量仅次于 PM+SL 处理，而 CK 处理与 PM 处理则明显偏低，与 PM+SL 处理和 SL 处理差异显著，证明秸秆隔层对于微生物的代谢和底物提供作用显著；40~60 cm 土层，PM+SL 处理与 SL 处理仍然受到秸秆隔层的影响，MBC 含量仍显著高于另外两个处理。总体来看，在各个层次各生育时期均为 PM+SL 处理 MBC 含量最高。2014 年与 2013 年趋势和特征基本一致。两年内不同处理在生育期内 MBC 变化趋势为苗期向成熟期渐增，在成熟期达到最大值，随后又逐渐降低。

2013 年食葵成熟期 0~60 cm 土层 PM+SL 处理的 MBC 平均含量较 CK 处理、PM 处理和 SL 处理分别高出 104.93 %、49.61 % 和 55.04 %，而 2014 年食葵成熟期 0~60 cm 土层 PM+SL 处理的 MBC 含量较 CK 处理、PM 处理和 SL 处理

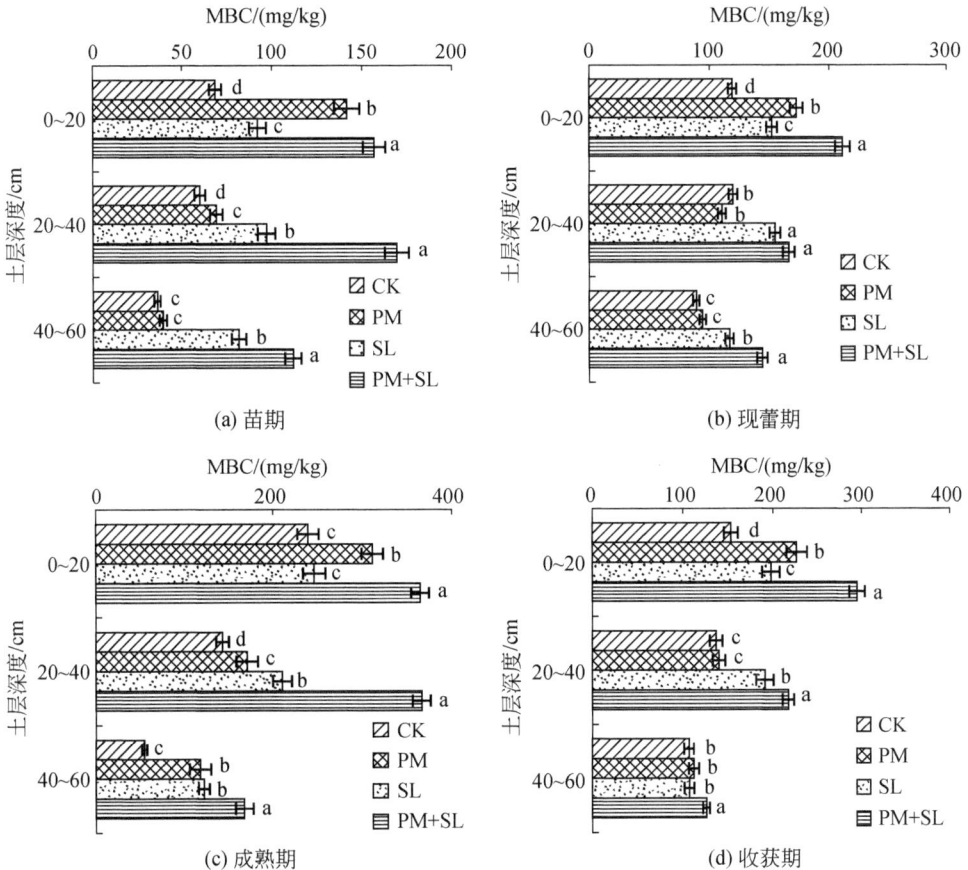

(a) 苗期

(b) 现蕾期

(c) 成熟期

(d) 收获期

图 6-6　2013 年各处理 0~60 cm 土层 MBC 剖面分布

分别高出 52.08 %、36.13 % 和 22.36 %。2013 年食葵成熟期 0~20 cm 土层 SL 处理和 CK 处理的 MBC 含量差异不显著，均显著低于 PM 处理和 PM+SL 处理；2014 年 0~20 cm 土层 CK 处理、PM 处理和 SL 处理的 MBC 含量差异则均不显著；20~40 cm 土层两年的变化趋势一致，CK 处理和 PM 处理的 MBC 含量均显著低于 PM+SL 处理和 SL 处理，表明秸秆隔层的存在为微生物提供充足底物；在 40~60 cm 土层 MBC 的含量也受到这一条件影响，PM+SL 处理的 MBC 含量仍然显著高于其他处理。

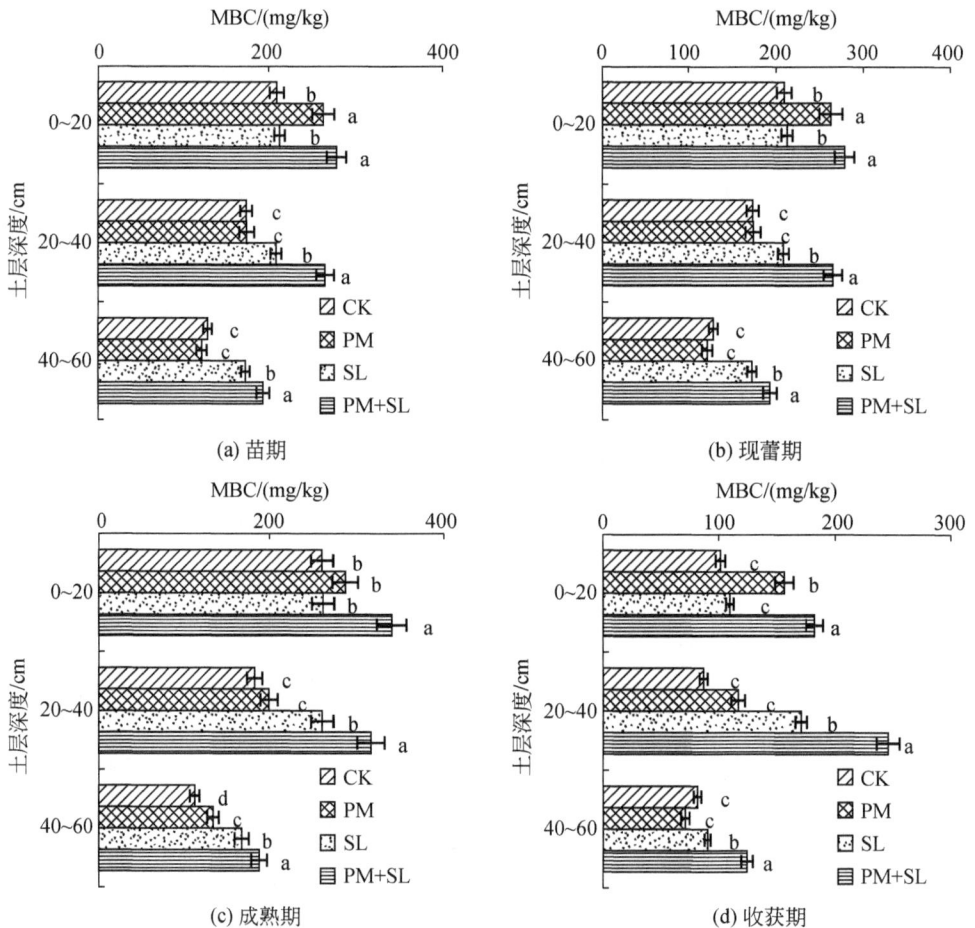

图 6-7　2014 年各处理 0~60 cm 土层 MBC 剖面分布

本研究中，PM+SL 处理的 MBC 含量增加明显，一方面在于作物生长季节覆膜处理可以保持适宜的土壤温度与含水率，抑制盐分表聚，促进植物根系的生长；另一方面，秸秆为有机碳的积累提供条件，为 MBC 提供充足底物，也为植物生长创造了良好的条件。

6.2.3 盐渍土壤可溶性有机碳（DOC）剖面分布

DOC 是一种可供土壤微生物利用的活跃在作物根系、土壤腐殖质周围的不稳定成分。作为微生物最重要的一种碳源底物，DOC 也受到秸秆还田方式影响（Dong et al.，2009）。图 6-8、图 6-9 分别为 2013 年、2014 年各处理 0~60 cm 土层 DOC 剖面分布状况，可以看出，PM+SL 处理在各生育时期各层次土壤中 DOC 均为最高，食葵苗期 0~20 cm 土层 PM+SL 处理与 PM 处理显著高于 CK 处理与 SL 处理，地膜覆盖创造的良好条件利于水分积累、温度保持，对 DOC 的积累效果显著，而无地膜覆盖的 CK 处理与 SL 处理由于地表裸露，温度和水

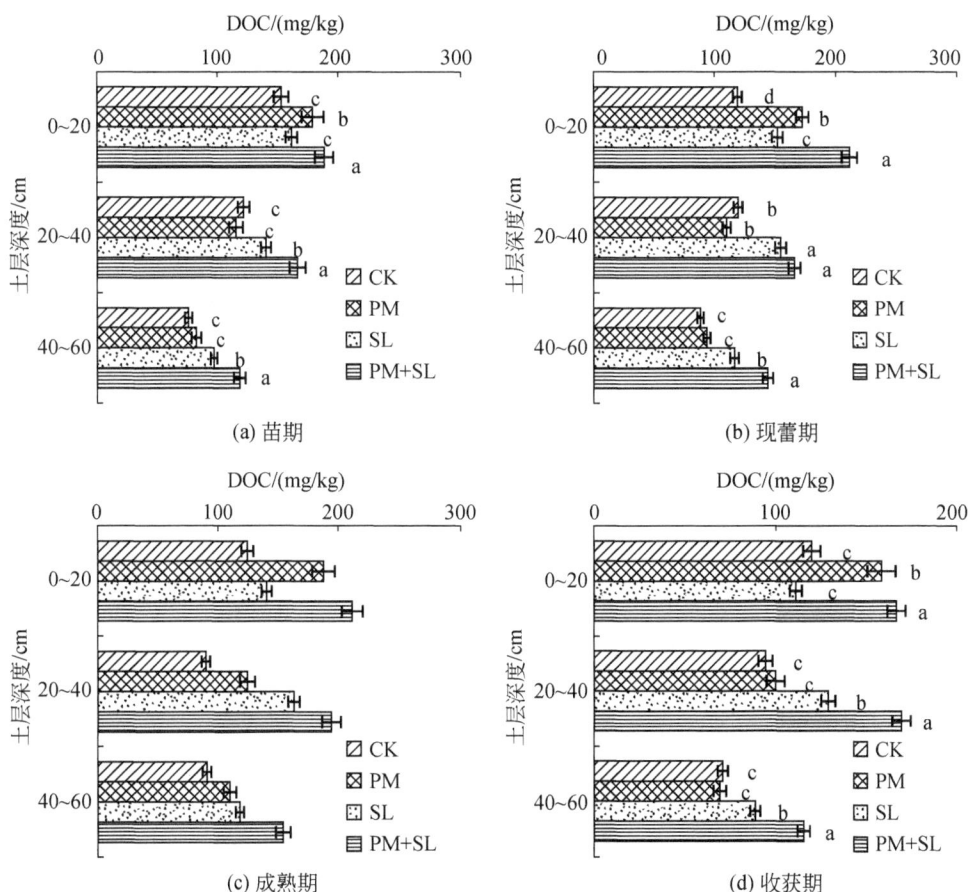

图 6-8　2013 年各处理 0~60 cm 土层 DOC 剖面分布

分条件较差，根系发育较弱，其分泌物及微生物代谢产物数量均较低，不利于DOC 的积累，在现蕾期、成熟期和收获期各处理 0~20 cm 土层 DOC 分布也发现类似特点；20~40 cm 土层，由于埋设秸秆隔层的作用，PM+SL 处理的 DOC 含量仍然最高，在该层次 SL 处理的 DOC 含量仅次于 PM+SL 处理，而 CK 处理与PM 处理的 DOC 含量则明显偏低，且与 PM+SL 处理和 SL 处理间差异显著，证明秸秆的隔层对于 DOC 含量的提升作用效果显著；40~60 cm 土层，PM+SL 处理与 SL 处理仍然受到秸秆隔层的影响，DOC 含量仍高于另外两个处理，但 CK处理与 PM 处理间差异不显著（2013 年成熟期除外，此期 PM 处理显著高于 CK处理）。2014 年 0~60 cm 土层 DOC 含量与 2013 年分布特征基本一致。总体来看，两年内不同处理在食葵生育期内 DOC 变化趋势为苗期向成熟期渐增，随后又逐渐降低。

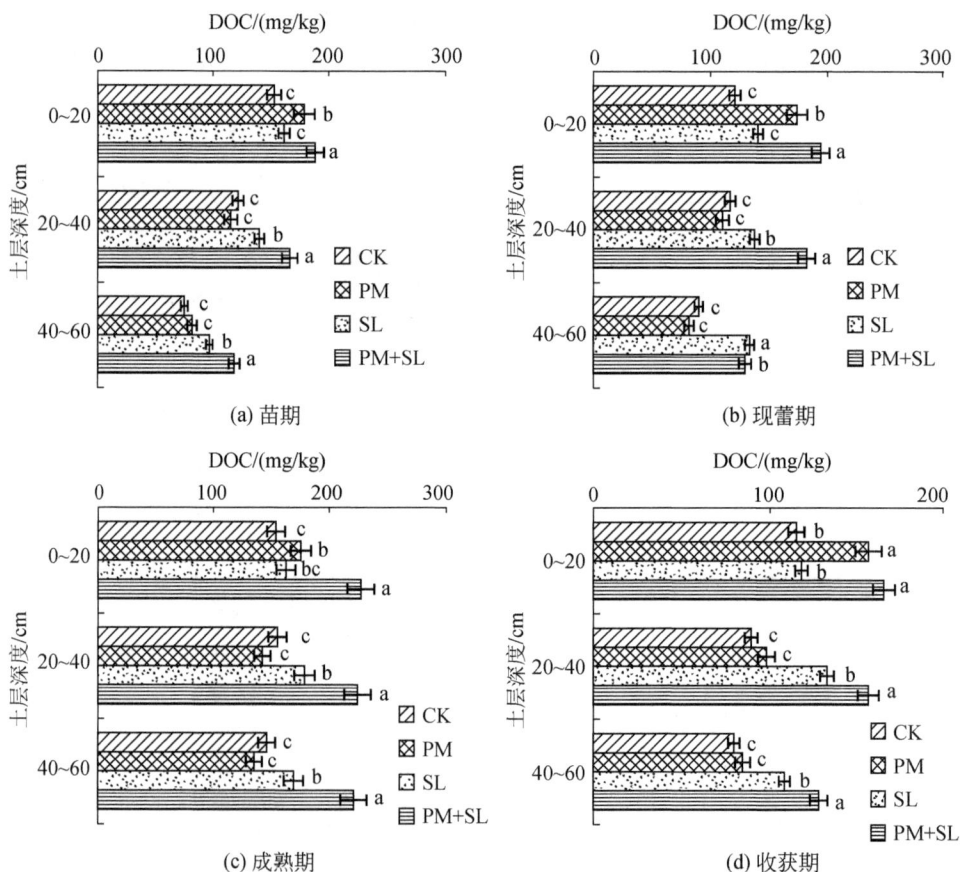

(a) 苗期　　　　　　　　　　　　　(b) 现蕾期

(c) 成熟期　　　　　　　　　　　　(d) 收获期

图 6-9　2014 年各处理 0~60 cm 土层 DOC 剖面分布

两年内食葵成熟期 0~20 cm 土层 PM+SL 处理的 DOC 含量较其他三个处理增加幅度为 29.14 %~56.57 %，0~40 cm 土层 PM+SL 处理的 DOC 含量较其他三个处理增加 25.21 %~143.12 %，可见秸秆隔层及地膜覆盖创造的较好条件利于 DOC 积累，40~60 cm 土层 PM+SL 处理依然最高，可能是 DOC 随着土壤水分的运移而向下层渗透；PM 处理的 DOC 含量则仅在 0~20 cm 土层较另外两个处理高出 7.88 %~19.61 %；SL 处理的 DOC 含量在 20~40 cm 土层和 40~60 cm 土层次较 PM 处理、CK 处理高 20.26 %~64.85 %，无地膜覆盖加之后期的水分损耗、盐分表聚造成 SL 处理在 0~20 cm 土层的 DOC 含量较 PM 处理略低。

6.2.4 SOC、MBC、DOC 与盐渍土壤温度、水分、盐分变化的相互关系

综合 2013 年与 2014 年的数据，对 0~40 cm 土层 SOC、MBC、DOC 与土壤温度（T）、水分（W）、食葵播种前和收获后的盐分变化（ΔS）的相互关系进行分析（表 6-5），结果表明，SOC 与 MBC（$R^2=0.7764$，$P<0.01$）、DOC（$R^2=0.6229$，$P<0.01$）均呈极显著正相关，同时 MBC 和 DOC 两者之间关系也为极显著正相关（$R^2=0.6660$，$P<0.01$）。土壤温度与 SOC（$R^2=0.4030$，$P<0.01$）和 MBC（$R^2=0.3944$，$P<0.01$）呈极显著正相关，同时盐分变化量（ΔS）与 SOC、DOC、MBC 同样呈极显著正相关关系（$P<0.01$）。但是，土壤含水率（W）却与 SOC、DOC、MBC 均呈极显著负相关（$P<0.01$）。

表 6-5 SOC、MBC、DOC 与土壤 T、W 和 ΔS 之间的相关性分析

项目	SOC	MBC	DOC	T	W	ΔS
SOC	1					
MBC	0.7764**	1				
DOC	0.6229**	0.6660**	1			
T	0.4030**	0.3944**	0.0871	1		
W	−0.6802**	−0.7774**	−0.5529**	−0.3538**	1	
ΔS	0.4315**	0.5752**	0.3705**	0.3321*	−0.4740**	1

*$P<0.05$，**$P<0.01$。

2013 年和 2014 年的数据相关性分析显示，SOC、MBC 与 DOC 三者之间相关性极显著（$P<0.01$）。MBC 作为 SOC 的组成部分，有研究也表明 SOC 与

MBC 的显著相关性（Jenkinson and Ladd，1981; Woods and Schuman，1986）。本研究中，盐渍土壤条件下较低的 SOC 也影响着 MBC 含量。PM+SL 处理、SL 处理在 30~40 cm 土层的丰富 SOC 为 MBC 增加提供了最好的来源。同样，SOC 也是 DOC 的来源，PM+SL 处理、SL 处理条件下充足的 SOC 使作物根系的生长更加旺盛，也为 DOC 的积累提供条件。包含生化反应在内的土壤微生物活动受到土壤温度的影响，其活动适宜温度为 25~34 ℃，这也同时影响到有机质的积累与分解、营养物质的转化和水分的运移（Joergensen et al.，1990）。土壤温度过低（低于 6 ℃）或者过高（高于 35 ℃）都会影响土壤微生物量，造成 MBC 的损失。Verburg 等（1999）发现较高的土壤温度可以促进微生物的活性。本研究发现，PM+SL 处理、PM 处理条件下土壤温度的升高，微生物代谢以及生长旺盛，益于 MBC 积累。Andrade（2003）和 Li 等（2004）也发现作物生育期内地膜覆盖引起的土壤表层温度增加有助于增加 MBC。另外，较高的土壤温度促进秸秆的分解和根系的代谢，为 MBC、DOC 的积累提供更充足的底物（Lynch and Panting，1982）。

土壤水分对 MBC 变化影响作用大（Li et al.，2004）。植物和微生物的代谢活动需要水分，因为微生物代谢酶和有机物的转移需要水的支持。Smith 和 Lake（1993）研究发现，土壤水分和 MBC 间存在显著相关性；Van Gestel 等（1991）也在褐土中发现类似的结果。但是在本研究中，土壤水分与 SOC、MBC、DOC 呈极显著负相关关系（$P<0.01$），Ross（1987）在新西兰的牧场和草地中也发现了类似的结果。本研究中出现负相关结果的原因在于秸秆隔层的存在阻断了毛管水的上升从而导致 0~40 cm 土层含水量较低，却未影响相关碳指标的积累。同时，该区域的地下水位较浅，活跃在 1.2~2.6 m，可能也是造成该现象的重要原因。土壤水分同时也影响着 DOC，Sugihara 等（2010）发现土壤水分是 DOC 季节性变化的限制因子，两者间存在显著正相关关系（Pang et al.，2010）。但是秸秆隔层改变了毛管水的动态运移以及本区域较浅的地下水位，导致土壤水分与 DOC 之间存在负相关关系。

Yuan 等（2011）发现，土壤溶液电导率与 MBC 间存在显著负相关关系，说明盐分对于微生物活动性的抑制作用。Lu 等（2012）也发现，随着土壤盐分含量的增多 MBC/SOC 明显下降。本研究中，SOC、MBC、DOC 均与脱盐量（食葵播种前与收获后的土壤盐分差值）呈极显著正相关（$P<0.01$），因此可以发现在此干旱区域降低土壤盐分含量对活性有机碳提升的重要意义。Jing 等（2013）也发现土壤盐分的积累会导致 SOC 的降低，因此，土壤盐分含量的减少对于 SOC、MBC、DOC 的积累作用明显，在干旱区域对盐渍化土壤采取控盐措施至关重要。

6.3 上膜下秸对盐渍土壤呼吸的影响

6.3.1 盐渍化土壤呼吸的变化特征

（1）生育期变化特征

食葵生育期内各处理土壤呼吸速率变化范围为 4.11~18.64 $\mu molCO_2/(m^2 \cdot s)$，随着食葵生育期的推进，各处理的土壤呼吸速率均呈现逐渐下降趋势，最大值出现在现蕾期，最小值出现在收获期（图 6-10）。各处理在各生育期的平均土壤呼吸速率值均呈现相同的大小排序，即 PM+SL>PM>SL>CK。其中，在食葵现蕾期（8 月 4 日）、盛花期（8 月 16 日）和成熟期（9 月 1 日），PM+SL 处理平均土壤呼吸速率均显著高于其他三个处理；在收获期（9 月 16 日），PM+SL 处理土壤呼吸速率也显著高于 SL 处理和 CK 处理，但与 PM 处理间没有显著差异。PM 处理土壤呼吸值仅在食葵盛花期与 SL 处理和 CK 处理有显著差异。SL 处理土壤呼吸速率在各时期与 CK 处理均没有显著差异。

在全生育期内，PM+SL 处理平均土壤呼吸速率较 CK 处理提高 97.24 %~113.85 %，PM 处理则有所降低，较 CK 处理的增幅为 37.90 %~77.20 %，而 SL 处理较 CK 处理的增幅仅为 2.01 %~21.78 %。

（2）关键时间点变化特征

选择食葵关键生育阶段内的盛花期和成熟期进行土壤呼吸速率关键时间点变化比较（图 6-11），分析发现，在 10：00 和 15：00 两个时间点各处理间土

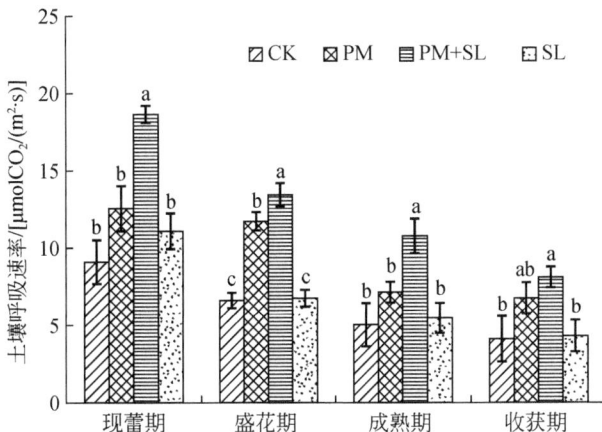

图 6-10 食葵生育期各处理盐渍化土壤呼吸速率变化

注：不同小写字母表示处理间差异显著（$P<0.05$）。

壤呼吸速率的变化趋势均保持一致，即表现为：PM+SL>PM>SL>CK，且15：00的土壤呼吸速率测量数据均高于10：00。其中PM+SL处理在15：00和10：00两个时间点的土壤呼吸速率均显著高于PM处理，且各处理两个时期15：00的土壤呼吸值较10：00增幅达13.23 %~22.91 %，这是由于当地15：00气温高于10：00，而地膜覆盖明显更利于土壤增温，进而导致短时间内土壤呼吸速率大幅度地提升；而SL处理、CK处理在15：00和10：00两个时间点的土壤呼吸值均没有显著差异。

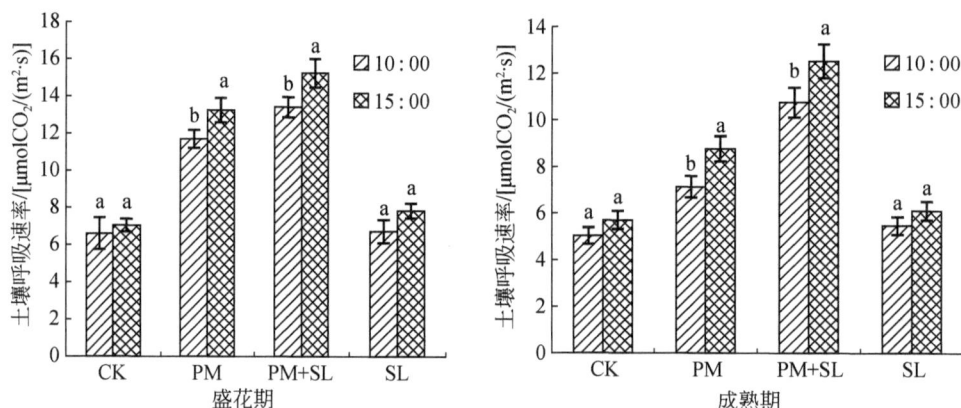

图6-11 食葵盛花期、成熟期各处理盐渍化土壤关键时间点呼吸速率变化

从土壤呼吸速率生长季变化和关键时间点变化来看，PM+SL处理土壤呼吸速率显著高于CK处理、PM处理和SL处理，主要原因可能有两方面，一是试验田于2010年9月进行过土壤翻耕并在PM+SL处理40 cm土层埋设秸秆隔层，本研究进行时，秸秆隔层已埋设三年，基本完全腐烂于土壤中，增加了底物供给（谢驾阳等，2010），为土壤微生物提供了充足碳源，进而使土壤呼吸速率发生变化；二是PM+SL处理中地膜覆盖和秸秆隔层的综合作用改善了0~40 cm土层微生态环境，进而促进了作物根系生长和微生物繁殖，从而产生较强的土壤呼吸速率。随着生育期的推进各处理的土壤呼吸速率均呈现走低趋势，原因是随着时间的推进土壤温度出现下降，作物根系代谢活动有所减弱。各处理中，PM处理的呼吸速率值在各时期内排在第二位，均高于SL处理，另外PM+SL处理与PM处理的土壤呼吸速率均在10:00和15:00两个时间点上达到差异显著水平，进一步证明地膜覆盖造成的土壤温度升高等作用对土壤呼吸速率的影响较大。

6.3.2 影响土壤呼吸速率的因素分析

（1）土壤温度

在食葵现蕾期、盛花期、成熟期各处理的 0~40 cm 土层平均土壤温度变化范围为 23.03~18.62 ℃，呈下降趋势（图 6-12），且各处理间没有显著差异。至收获期，尽管气温继续降低，但由于 PM 处理与 PM+SL 处理地表覆盖地膜使土壤温度值较其他两个处理有所升高，其中 PM 处理土壤温度升高明显，达到 19.90 ℃，但与 PM+SL 处理间没有显著差异，而与 CK 处理和 SL 处理之间差异显著；CK 处理与 SL 处理土壤温度则继续降低。

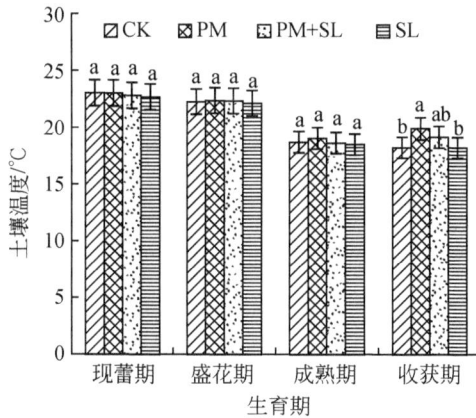

图 6-12 食葵生育期各处理 0~40 cm 土层土壤温度动态变化

（2）土壤水分

由图 6-13 可知，食葵生育期内各处理 0~40 cm 土层土壤含水率的变化范围为 16.72 %~20.69 %。其中 CK 处理与 SL 处理仅在现蕾期同时呈现最高的土壤含水率，略微上升后便开始下降，且 CK 处理的下降幅度更大；PM 处理在盛花期开始呈现最高的含水率，直到收获期依然为最高值；PM+SL 处理由于秸秆隔层对毛管水的阻断和根系的吸水，导致 0~40 cm 土壤含水率变化范围为 16.72 %~18.25 %，在各时期中均为最低值，较 CK 处理、PM 处理和 SL 处理分别减少 13.55 %、17.05 % 和 16.22 %。

（3）土壤盐分

由图 6-14 可知，食葵生育期各处理 0~40 cm 土壤平均盐分含量整体呈现下降趋势。全生育期 CK 处理 0~40 cm 盐分平均含量最高，分别比 PM 处理、PM+SL 处理、SL 处理高 57.31 %、82.24 %、19.41 %；各生育期内 PM+SL 处理

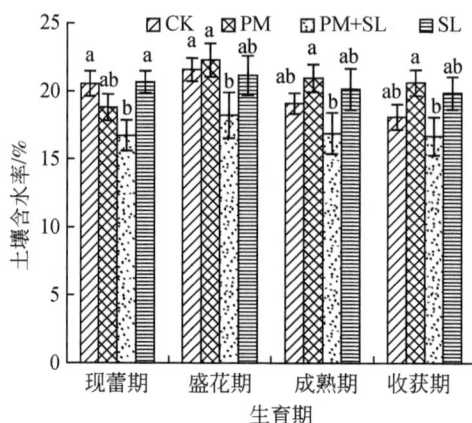

图 6-13 食葵生育期各处理 0~40 cm 土层土壤含水率动态变化

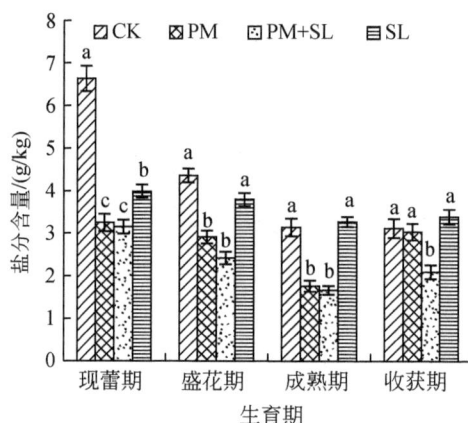

图 6-14 食葵生育期各处理 0~40 cm 土层盐分含量动态变化

盐分含量变化范围为 1.67~3.15 g/kg，均为最低值，并在全生育期内与 CK 处理、SL 处理差异显著；PM 处理盐分含量在现蕾期、盛花期和成熟期与 PM+SL 处理差异不明显，但收获期显著高于 PM+SL 处理；SL 处理由于地表没有覆盖，除现蕾期外，其他时期土壤盐分值与 CK 处理之间没有显著差异。

（4）土壤有机质

食葵生育期内各处理 0~40 cm 土层土壤有机质含量整体呈现增加趋势（图 6-15），均在收获期达到最大值，每个时期各处理的有机质含量排列趋势均呈现为：PM+SL>SL>CK>PM。其中现蕾期 PM+SL 处理有机质含量较 CK 处理、PM 处理和 SL 处理分别高出 16.15 %、33.31 % 和 5.96 %，成熟期较 CK 处理、

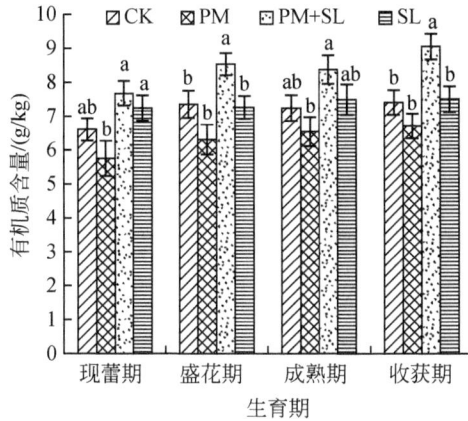

图 6-15　食葵生育期各处理 0~40 cm 土层有机质含量动态变化

PM 处理和 SL 处理分别高出 22.24 %、34.99 % 和 20.59 %。在每个生育期内 PM 处理与 PM+SL 处理土壤有机质含量差异显著，而 CK 处理与 SL 处理差异不显著，并且二者仅在盛花期和收获期与 PM+SL 处理间差异达到显著水平。

6.3.3　土壤呼吸速率与其影响因素的关系

影响土壤呼吸速率的 4 个因素（表 6-6）中，只有 0~40 cm 土层土壤平均温度与土壤呼吸速率呈极显著的正相关关系 $(P<0.01)$，而同层次土壤水分含量和土壤盐分含量则与其呈不显著的负相关关系 $(P>0.05)$，0~40 cm 土层土壤有机质含量则与其呈不显著的正相关关系 $(P>0.05)$。土壤有机质含量与土壤温度、水分、盐分均呈不显著的负相关关系 $(P>0.05)$，其中与土壤水分呈极显著负相关 $(P<0.01)$。

表 6-6　食葵生长季土壤呼吸速率与其影响因素相关关系

项目	土壤呼吸速率	土壤水分	土壤温度	有机质	土壤盐分
土壤呼吸速率	1				
土壤水分	−0.3618	1			
土壤温度	0.6270**	0.2575	1		
有机质	0.0630	−0.6371**	−0.3330	1	
土壤盐分	−0.1798	0.4224	0.5009*	−0.3723	1

* 表示显著相关；** 表示极显著相关。

基于上述土壤呼吸速率与 0~40 cm 土层土壤温度、水分、盐分、有机质等因素的相关性分析，运用多元线性回归法，将不同处理土壤呼吸速率（Y）与土壤水分（X_1）、土壤温度（X_2）、土壤有机质（X_3）、土壤盐分（X_4）进行回归分析，得出如下回归方程（表 6-7）。

多元线性回归方程显示，与土壤呼吸速率呈极显著正相关（$P < 0.01$）的土壤温度所构建的一元线性方程只能解释 39.3 % 的相关数据，土壤温度与土壤水分建立的二元线性方程，较单因子方程能更好解释土壤呼吸速率的变化（决定系数 $R^2 = 0.686$）。在构建方程中加入土壤盐分指标后，其回归方程解释能力更强，可解释 82.3 % 的土壤呼吸速率，代表性更强。

表 6-7　土壤呼吸速率与其影响因素的多元回归方程（$n=48$）

方程	n	F 值	R^2	Sig.
$Y=1.24X_2-16.935$	16	9.069	0.393	<0.01
$Y=-1.249X_1+1.526X_2+1.583$	16	14.221	0.686	<0.01
$Y=-1.05X_1+1.906X_2-1.343X_4-5.983$	16	18.637	0.823	<0.01

土壤呼吸速率与土壤温度呈极显著的正相关关系（$P<0.01$），这与王忠媛等（2013）在干旱区盐碱土的研究结论以及 Reth 等一些学者的研究结果吻合（Reth et al., 2004; Fang et al., 1998），证明在该区域土壤温度是影响土壤呼吸速率最主要的因素。土壤呼吸速率与土壤水分呈不显著负相关关系（$P>0.05$），这与刘爽等（2010）土壤水分与土壤呼吸速率呈显著正相关的结论不一致，原因是该区域地下水位较高，活动频繁，下层土壤含水率高，埋设的秸秆隔层对毛管水向上运移产生了阻断作用，造成呼吸速率偏高的 PM+SL 处理 0~40 cm 土层土壤含水率较低，从而形成不显著的负相关关系（$P>0.05$）。土壤盐分对于土壤呼吸速率产生负向影响，这与元炳成等（2011）在土壤基础呼吸与土壤溶液电导率之间呈显著负相关的结果类似，路海玲（2012）也发现在棉花生育期内随着盐浓度的升高土壤呼吸速率呈显著降低趋势，原因是土壤盐分升高不利于土壤微生物的存活和根部发育，对于微生物代谢及根系生长均产生不利影响，进一步影响土壤呼吸作用。土壤有机质与土壤呼吸速率呈正相关关系但不显著（$P>0.05$），这与耿远波等（2001）研究结果一致，证明秸秆隔层等增加土壤有机质含量的措施会增加土壤呼吸速率。而土壤有机质与盐分的负相关关系证实盐分的增加不益于土壤有机质的积累，盐分含量过高抑制作物生长、造成根系等凋落物减少，进而影响土壤有机质积累。由此可见，土壤温度、水分、盐分与有机质均呈负相关，说明土壤温度、水分和盐分增高不利于土壤有机质的积累，三者相互协调促进或抑制有机质的分解，从而影响土壤呼吸速率。

三元回归方程较其他方程能解释更多关于土壤呼吸速率的数据，这一结果表明除土壤水分和土壤温度外，在盐渍土这一特殊典型区域盐分含量也明显影响到土壤的 CO_2 释放。回归方程的建立，进一步说明影响盐渍化土壤呼吸速率的影响因素之间存在交互作用，而本研究中土壤有机质并未直接参与回归方程的构建，说明 0~40 cm 土层土壤有机质含量对于土壤呼吸速率影响较其他几个因子小，该结果与王丙文等（2013）关于秸秆还田冬小麦土壤呼吸速率研究结果一致。表明该干旱区域盐渍化土壤的呼吸速率受土壤温度、水分、含盐量等因素的综合影响，相应措施形成的保温控盐作用对于作物根系生长和微生物代谢意义重大。总之，土壤呼吸速率对水分、温度、有机质、盐分的敏感性和响应程度受土壤质地的影响，不同区域和不同试验条件下得出的各因素对其的相对重要性并不一致。

6.4 上膜下秸对农田固碳能力的影响

本节根据 2013~2014 年食葵生育期内测定的农田土壤 CO_2 排放量来计算土壤碳汇/源效应，考虑了与碳循环相关的碳输入、碳输出因素，未考虑农业耕作机械能耗碳等的损失，得出了内蒙古河套灌区不同耕作措施农田碳汇源状况（表 6-8）。

表 6-8　2013~2014 年各处理土壤碳收支状况

项目	CK	PM	SL	PM+SL
食葵籽粒产量 / (kg/hm²)	1 738.36	3 362.58	2 936.56	4 308.89
地上部生物量 / (kg/hm²)	8 196.46	15 207.11	12 264.71	17 080.44
根生物量 / (kg/hm²)	2 434.07	2 548.89	2 686.67	3 955.75
净初级生产力（NPP）/ (kg/hm²)	10 630.54	17 756.00	14 951.37	21 036.19
NPP 总碳量 / (kg C/hm²)	4 783.74	7 990.20	6 728.12	9 466.29
土壤 CO_2 释放总量 / (kg/hm²)	17 610.72	33 583.10	18 704.90	40 045.99
土壤碳释放总量（Rs）/ (kg C/hm²)	4 802.92	9 159.03	5 101.34	10 921.63
土壤微生物呼吸（Rm）/ (kg C/hm²)	4 154.53	7 922.56	4 412.66	9 447.21
加入秸秆 / (kg/hm²)	0.00	0.00	2 343.75	2 343.75
加入秸秆的碳量 / (kg C/hm²)	0.00	0.00	1 054.69	1 054.69
净生态系统生产力（NEP=NPP-Rm）/ (kg C/hm²)	629.21	67.64	3 370.15	1 073.76

6.4.1　生物光合固碳分析

2013 年与 2014 年食葵收获期对各处理地上、地下生物量进行调查，作物各生长季地上、地下部生物量见表 6-8，根据生物量测定结果显示，不同处理对于作物地下部生物量的影响较大，PM+SL 处理明显比 CK 处理、PM 处理、SL 处理高 62.52 %、55.50 %、47.24 %，PM+SL 处理同样具有最大的地上部生物量，各处理排序为 PM+SL>PM>SL>CK，尤其在籽粒产量方面，PM+SL 处理较 CK 处理，PM 处理、SL 处理分别高出 147.87 %、28.14 %、46.73 %，更高的籽粒产量证明 PM+SL 处理在控抑盐的同时对于作物增产的显著作用。从作物的总 NPP 看，PM+SL 处理分别比 CK 处理、PM 处理、SL 处理高 97.88 %、18.47 %、40.70 %。可见 PM+SL 处理对于作物的根系发育以及作物籽粒产量具有明显的增加作用，其他处理中，PM 处理略高于另外两个处理，证明在该干旱盐渍化区域地膜覆盖对于作物生长的重要作用，而单纯添加秸秆隔层的 SL 处理在根系发育方面促进效果并不显著。

6.4.2　土壤固碳分析

表 6-8 列出了食葵生长季（两年均值）农田系统碳平衡的计算结果。在进行 NPP 总碳量计算时，取 45 % 作为作物植株与根系的平均有机碳含量（经测定，食葵的有机碳含量为 45.1 %）。根据相关报道估算土壤微生物呼吸占土壤总呼吸量的 86.5 %（黄斌，2004）。

食葵生长季各耕作方式农田生态系统的 NEP 均为正值，因此该系统是大气 CO_2 的"汇"。其中 SL 处理的 NEP 值为最大，PM+SL 处理次之，原因是 PM+SL 处理的呼吸值比 SL 处理高 114.09 %，碳排放较多，但更高的净初级生产力决定了 PM+SL 处理依然是碳"汇"处理，并显著高于 CK 处理、PM 处理等传统耕作方式。因此在此干旱盐渍化区域，PM+SL 处理可作为作物增产固碳的耕作方案。

6.4.3　上膜下秸措施固碳效益综合评价

根据食葵籽粒产量、净初级生产力、有机碳固碳效果和土壤碳汇/源效应等指标具体分析了河套灌区不同耕作方式在土壤固碳方面的综合效益。

河套灌区不同耕作措施农田综合效益评价如表 6-9 所示，在 4 种耕作措施中 PM+SL 处理评价指标均表现为最佳，SL 处理与 CK 处理次之，PM 处理较低。其中 PM+SL 处理的食葵籽粒产量分 4308.89 kg/hm²，较 CK 处理、PM 处理、SL 处理分别高出 147.87 %、28.14 %、46.73 %，净初级生产力较 CK 处理、PM 处理、SL 处理分别高出 97.88 %、18.47 %、40.70 %，有机碳的固碳效果也为 4 个处理中最高值。

表 6-9　各处理综合效益评价

项目	CK	PM	SL	PM+SL
食葵籽粒产量 /（kg/hm²）	低（1 738.36）	中（3 362.58）	中（2 936.56）	高（4 308.89）
净初级生产力 /（kg/hm²）	低（10 630.54）	中（17 756.00）	中（14 951.37）	高（21 036.19）
有机碳固碳效果	中	低	中	高
土壤碳汇 / 源效应 /（kgC/hm²）	碳汇 / 中（629.21）	碳汇 / 低（67.64）	碳汇 / 高（3 370.15）	碳汇 / 高（1 073.76）
综合效益	中	低	中	高

在土壤碳汇方面，虽然 SL 处理具有最高的碳汇值（3370.15 kg C/hm²），高于 PM+SL 处理、CK 处理和 PM 处理，但综合考虑在盐渍化区域的作物产量和长期控盐效果，PM+SL 处理仍为该区域控盐抑盐作物增产的首选方案，PM+SL 处理不仅能够提高作物产量和控盐保温，而且提高了土壤固碳能力。SL 处理对于秸秆深埋增加有机碳的有利条件在该区域并不能充分转化为作物产量和净初级生产力，在该处理条件下较高的土壤盐渍化程度依旧对作物生长发育存在威胁，未起到最佳的稳产增产效果，因此，针对河套灌区土壤盐分含量高、有机质含量低等特点，PM+SL 处理是该区域控盐固碳的首选耕作措施。

6.5　本 章 小 结

（1）上膜下秸措施显著影响土壤微生物多样性

不同处理影响微生物区系变化，PM+SL 处理对可培养细菌、放线菌和真菌是最有利的，并且该处理下土壤中微生物多样性最为丰富。0~40 cm 土层土壤含水量、脱盐量与细菌、放线菌菌落数之间均呈极显著负相关关系（$P<0.01$），与真菌菌落数之间呈显著负相关关系（$P<0.05$）；0~40 cm 土层土壤含盐量、土壤溶液盐浓度与各微生物数量之间相关性不显著。DGGE 图谱结果表明，各处理土壤样品的相似性在 32 %~68 %，PM+SL 处理下土壤样品中细菌多样性最为丰富，其次为 S+S 处理、SL 处理和 CK 处理。主要细菌类群属于厚壁菌门、变形菌门和放线菌门。

（2）上膜下秸措施显著影响不同层次土壤有机碳分布

经过四年试验，全部处理的 SOC 剖面分布整体呈现随深度的增加而逐渐降低趋势，PM+SL 处理具有 0~60 cm 土层最高的 SOC 储量，在剖面的各个层次也均高于其他处理，尤其在 30~40 cm 土层，SL 处理在该层次也明显高于其他两个处理，主要原因是该层次秸秆隔层的埋设。0~30 cm 土层 PM+SL 处理的 SOC 含量较其他三个处理增加明显。各处理在 40~60 cm 土层差异已不明显。同时 MBC、DOC 在 PM+SL 处理条件下也均整体呈现高值。数据分析发现，土壤 SOC、MBC、DOC 之间存在极显著正相关关系（$P<0.01$）。土壤温度及脱盐量与上述三者正相关，而水分却与三个碳指标负相关（$P<0.01$）。该发现说明在此干旱区域的盐渍土壤中采取上膜下秸的耕作措施极有利于 SOC 的积累及相关土壤条件的优化。

（3）上膜下秸措施显著影响土壤呼吸速率

各处理对土壤呼吸速率及其影响因素作用较大，PM+SL 处理在食葵整个生育期内土壤呼吸速率值最高，该处理在控盐效果和有机质增量上明显优于其他处理，PM 处理在食葵整个生育期内土壤呼吸速率仅次于 PM+SL 处理，SL 处理的土壤呼吸速率仅在现蕾期较 CK 处理略高，其余生育期内与 CK 处理基本持平。在食葵盛花期和成熟期，在 10:00 和 15:00 两个不同时间点各处理间土壤呼吸速率的变化趋势表现为：PM+SL>PM>SL>CK。本研究中土壤呼吸速率与 0~40 cm 土层的土壤平均温度呈极显著的正相关关系，与 0~40 cm 土层的土壤水分和土壤盐分均呈不显著负相关关系，而与 0~40 cm 土层的土壤有机质呈不显著正相关关系。拟合方程显示对该地区盐渍化土壤呼吸造成影响的是土壤温度、土壤水分和土壤含盐量三者综合效应。因此在该区域通过地膜覆盖和秸秆隔层等相应措施起到保温抑盐效果的同时，可增强食葵根系生长以及微生物的代谢活动。

（4）上膜下秸措施农田固碳效果显著

PM+SL 处理净生态系统生产力次于 SL 处理，原因为 PM+SL 处理的土壤呼吸速率比 SL 处理高 114.09 %，碳排放较多，但更高的净初级生产力（比 SL 处理高 40.70 %）决定了 PM+SL 处理依然是碳"汇"处理。PM+SL 处理的固碳效果显著高于 CK 处理、PM 处理。因此，地膜覆盖结合秸秆隔层可作为河套灌区控盐固碳的首选方式。

参 考 文 献

樊恒文, 贾晓红, 张景光, 等. 2002. 干旱区土地退化与荒漠化对土壤碳循环的影响. 中国沙漠, 22(6): 3-11.

耿远波, 章申, 董云社, 等. 2001. 草原土壤的碳氮含量及其与温室气体通量的相关性. 地理学报, 56(1): 44-53.

黄斌. 2004. 冬小麦、夏玉米轮作农田土壤 CO_2 释放与碳平衡的研究. 北京: 中国农业大学博士学位论文.

刘爽, 严昌荣, 何文清, 等. 2010. 不同耕作措施下旱作农田土壤呼吸及其影响因素. 生态学报, 30(11): 2919-2924.

路海玲 . 2012. 土壤盐分对棉田土壤微生物活性和土壤肥力的影响 . 南京 : 南京农业大学硕士学位论文 .

王丙文 , 迟淑筠 , 田慎重 , 等 . 2013. 不同玉米秸秆还田方式对冬小麦田土壤呼吸速率的影响 . 应用生态学报 , 24(5): 1374-1380.

王忠媛 , 谢江波 , 王玉刚 , 等 . 2013. 盐碱土土壤无机 CO_2 通量与土壤盐碱属性的关系 . 生态学杂志 , 32(10): 2552-2558.

谢驾阳 , 王朝辉 , 李生秀 , 等 . 2010. 地表覆盖对西北旱地土壤有机氮累计及矿化的影响 . 中国农业科学 , 43(3) :507-513.

元炳成 , 刘权 , 黄伟 , 等 . 2011. 镁碱化盐土微生物生物量和土壤基础呼吸 . 土壤 , 43 (1): 67-71.

Andrade D S, Colozzi-Filho A, Giller K E. 2003. The soil microbial community and soil tillage//El Titi A. Soil Tillage in Agroecosystems. Boca Reton: CRC Press: 51-81.

Dong W X, Hu C S, Chen S Y, et al. 2009. Tillage and residue management effects on soil carbon and CO_2 emission in a wheat–corn double-cropping system. Nutrient Cycling in Agroecosystems, 83: 27-37.

Fang C, Moncrieff J B, Gholz H L, et al. 1998. Soil CO_2 efflux and its spatial variation in a Florida slash pine plantation. Plant and Soil, 205(2): 135-146.

Farshid N, Sheikh-Hosseini A R. 2006. A kinetic approach to evaluate salinity effects on carbon mineralization in a plant residue amended soil. Journal of Zhejiang University Science B, 7(10): 788-793.

Jenkinson D S, Ladd J N. 1981. Microbial biomass in soil: measurement and turnover. Soil Biochemistry, 5: 415-471.

Jing Y P, Li Y J, Nian J L. 2013. Study on ecological characteristics of microbes under different soil salinization degrees in Tumochuan plain. Ecology and Environmental Sciences, 22(7): 1153-1159.

Joergensen R G, Brookes P C, Jenkinson D S. 1990. Survival of the microbial biomass at elevated temperatures. Soil Biology and Biochemistry, 22(8): 1129-1136.

Kitchen D J, Blair J M, Callaham M A. 2009. Annual fire and mowing alter biomass, depth distribution and C and N content of roots and soil in tallgrass prairie. Plant and Soil, 323(1-2): 235-247.

Lal R. 2004. Soil carbon sequestration impacts on global climate change and food security. Science, 304(5677): 1623-1627.

Li F, Song Q, Jjemba P, et al. 2004. Dynamics of soil microbial biomass C and soil fertility in cropland mulched with plastic film in a semiarid agro-ecosystem. Soil Biology and Biochemistry, 36(11): 1893-1902.

Lu X P, Du Q, Yan Y L, et al. 2012. Effects of soil rhizosphere microbial community and soil factors on arbuscular mycorrhizal fungi in different salinized soils. Acta Ecologica Sinica, 32(13): 4071-4078.

Lynch J M, Panting L M. 1982. Effects of season, cultivation and nitrogen fertilizer on the size of the soil microbial biomass. Journal of the Sciencec of Food and Agriclture, 33(3): 249-252.

Mbah C N, Nwite J. 2014. Physical properties of an ultisol under plastic film and no-mulches and their effect on the yield of maize. World Journal of Agricultural Science, 6:160-165.

Pang H C, Li Y Y, Yang J S, et al. 2010. Effect of brackish water irrigation and straw mulching on soil salinity and crop yields under monsoonal climatic conditions. Agricultural Water Management, 97(12): 1971-1977.

Pathak H, Rao D L N. 1998. Carbon and nitrogen mineralization from added organic matter in saline and alkali soils. Soil Biology and Biochemistry, 30(6): 695-702.

Rasul G, Appuhn A, Torsten M, et al. 2006. Salinity induced changes in the microbial use of sugarcane filter cake added to soil. Applied Soil Ecology, 31(1-2): 1-10.

Reth S, Gckede M, Falge E. 2005. CO_2 efflux from agricultural soils in Eastern Germany-comparison of a closed chamber system with eddy covariance measurements. Theoretical and Applied Climatology, 85(2-4): 105-120.

Ross D J. 1987. Soil microbial biomass estimated by the fumigation-incubation procedure: seasonal fluctuation and influence of soil moisture content. Soil Biology and Biochemistry, 19(4): 397-404.

Smith J J, Lake P S. 1993. The breakdown of buried and surface-placed leaf litter in an upland stream. Hydrobiologia, 271(3): 141-148.

Sugihara S, Funakawa S, Kilasara M, et al. 2010. Effect of land management and soil texture on seasonal variations in soil microbial biomass in dry tropical agroecosystems in Tanzania. Applied Soil Ecology, 44(1): 80-88.

Van Gestel M, Ladd J N, Amato M. 1991. Carbon and nitrogen mineralization from two soils of contrasting texture and microaggregate stability: influence of sequential fumigation, drying and storage. Soil Biology and Biochemistry, 23(4): 313-322.

Van Hees P A W, Jones D L, Finlay R, et al. 2005. The carbon we do not see—the impact of low molecular weight compounds on carbon dynamics and respiration in forest soils: a review. Soil Biology and Biochemistry, 37(1): 1-13.

Verburg P S J, Dam D V, Hefting M M, et al. 1999. Microbial transformation of C and N in a boreal forest floor as affected by temperature. Plant and Soil, 208(2): 187-197.

Woods L E, Schuman G E. 1986. Influence of soil organic matter concentrations on carbon and nitrogen activity. Soil Science Society of American Journal, 50: 1241-1245.

Wu J, Guo X, Zhang X, et al. 2012. Effects of tillage patterns on crop yields and soil physicochemical properties in wheat-rice rotation system. Transactions of the Chinese Society of Agricultural Engineering, 28(3): 87-93.

Yuan J H, Xu R K, Zhang H. 2011. The forms of alkalis in the biochar produced from crop residues at different temperatures. Bioresour Technol, 102(3): 3488-3497.

Zhao Y G, Pang H C, Wang J, et al. 2014. Effects of straw mulch and buried straw on soil moisture and salinity in relation to sunflower growth and yield. Field Crops Research, 161: 16-25.

第7章 盐碱地上膜下秸综合改良技术模式

西北干旱区盐碱地面临的突出问题是由于蒸降比大，地表返盐严重，作物出苗难，同时还存在土壤肥力低、微生物区系单一的问题，最终影响作物长势和产量。在上膜下秸技术研究结果的基础上，集成创新了盐碱地上膜下秸综合改良技术模式（简称"上膜下秸模式"）。本章通过与当地农户传统模式（单一地膜覆盖模式）相比较，着重分析介绍上膜下秸模式土壤改良、增产效果，并定量评价上膜下秸模式产投比和效益，为上膜下秸模式的实施与推广提供依据。

7.1 核心技术与配套耕作机具

7.1.1 秸秆深埋隔盐技术

（1）地表秸秆铺设

秋季作物收获后，立刻进行地表秸秆铺设，每亩用量 400 kg 左右。秸秆来源可为本田块栽培作物秸秆或外运其他田块作物秸秆，具体处理方式如下。

1）本田块栽培作物秸秆可根据作物种类采用不同的粉碎方式。小麦等矮秆作物可使用收割粉碎机，收获的同时，将秸秆打碎，铺撒于地表。向日葵、玉米等高秆作物收获后，可将其秸秆用缺口圆盘耙切至 5~15 cm 长，铺设在地表；或用拖拉机牵引粉碎抛撒机，将秸秆粉碎至 5~15 cm 长，均匀散布于地表。

2）利用外运其他田块作物秸秆，可先将不同种类作物秸秆进行初步切割粉碎至 5~15 cm 长，再将切碎的秸秆运输到待铺设的农田中，均匀铺设到地表。

3）进行地表秸秆铺设时，按照每 100 kg 秸秆添加 1 kg 尿素以调节碳氮比。施用时，先在地表铺设秸秆，再将尿素均匀撒施在秸秆层表面，随后翻埋即可。施用肥料要求符合"肥料合理使用准则 通则"（NY/T 496—2010）的相关要求。

（2）秸秆翻埋

以专用"秸秆深埋机"进行秸秆翻埋。机械作业要求符合"农业机械运行安全技术条件"（GB 16151—2008）和"秸秆还田机作业质量"（NY/T 500—2002）的相关要求。翻埋深度 30~40 cm，可根据需要调节犁具限深轮，变更耕作深度。耕作时，位于机械前方的犁刀切断作物残茬，切出整齐的沟墙，沟深 30~40 cm（可调）；位于犁刀与主犁之间的小前犁，将土壤表面的秸秆及作物残茬进行翻扣，排入主犁前一次耕作翻起的犁沟中；主犁将沟墙进行翻耕，将耕起的土垡覆盖在上一次翻起的犁沟上。来回作业，在地下 30~40 cm 处铺设一层 3~5 cm 厚的秸秆层。秸秆翻埋作业后，表土立垡、晒垡，越冬。

（3）秋浇压盐

每年的 10 月中旬到 11 月上旬，根据实际需要和黄河来水情况进行秋浇，洗盐抑盐、储水供墒，灌溉量为 180 m³/ 亩左右，不宜盲目扩大灌溉量。

7.1.2　秸秆深埋专用机具

课题组研制发明了用于土壤深翻、秸秆一次性深埋的双铧耕作机具（图 7-1），获得了国家发明专利。该机具将土壤耕作技术、秸秆切割和秸秆深埋技术集于一体，有效地将切割后的作物秸秆翻入 35~40 cm 土层深处形成秸秆隔层，同时又不影响翻耕后的整地作业，创建良好的土壤耕层，机具性能可靠、使用方便，突破了秸秆深埋实施的技术瓶颈，实现了农机与农艺技术的有效融合。

图 7-1　双铧秸秆翻埋机具

（1）各零部件的装配

该耕作机具主要由机架、犁刀、小前犁、主犁、限深轮组成（图 7-2 和图 7-3）。机架是机具的主干，各零部件均固定在机架上。机具工作时，机架与动力车挂接，动力车行走带动工作部件工作。限深轮起支撑与限深作用。

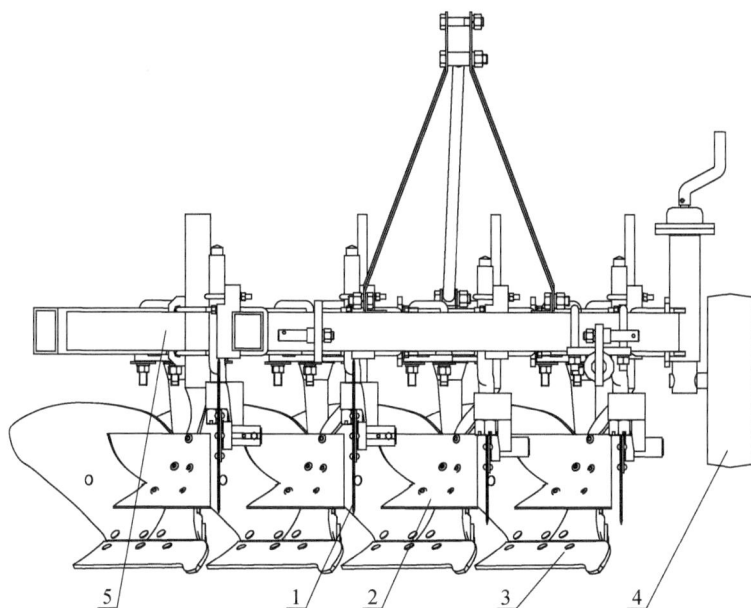

1.犁刀；2.小前犁；3.主犁；4.限深轮；5.机架

图 7-2 新型秸秆深埋耕作机具示意图

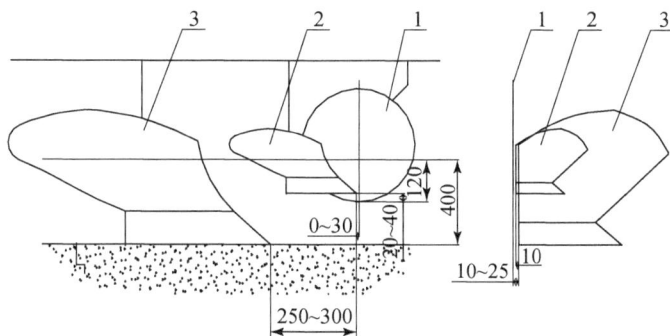

1.犁刀；2.小前犁；3.主犁

图 7-3 新型秸秆深埋耕作机具各工作部件布置关系示意图

犁刀、小前犁、主犁、限深轮均用卡子固定在机架上，并使其保持一定的关系。

小前犁在主体犁前。小前犁铧的左侧胫刃线位于主犁体胫刃线向未耕地方向突出 10 mm，小前犁铧尖与主犁体铧尖的纵向距离为 250~300 mm。

犁刀在小前犁之前。圆犁刀的纵向位置应使圆盘中心线于小前犁铧尖之前，其距离为 0~30 mm，横垂面上圆犁刀的切割线与犁体胫刃线的距离为 10~25 mm，圆犁刀刃最低点比小前犁铧尖低 20~40 mm。

（2）具体实施方式

课题组发明的耕作机具由带小前犁和犁刀的复式犁组成。小前犁配置在主体犁前，在主犁体胫刃一侧；犁刀安装在小铧犁之前。

小前犁铧尖与主犁体铧尖的纵向距离应保证土垡翻转不受干扰，一般不小于250 mm。从横垂面看，小前犁铧的左侧胫刃线位于主犁体胫刃线向未耕地方向突出10 mm，以防沟墙塌落。

犁刀安装在小前犁铧犁之前。犁刀中心在小铧尖垂直上方，圆犁刀的纵向位置应使圆盘中心线于小前犁铧尖之前，其距离为0~30 mm，横垂面上圆犁刀的切割线与犁体胫刃线的距离为10~25 mm，以保持沟墙整齐；圆犁刀刃最低点比小铧尖低20~40 mm，如图7-3所示。

主犁耕深可达40 cm，小前犁耕深应大于草层深度，取12 cm。

耕地时，犁刀首先切断残根杂草，减少堵塞，从而提高了生产率。同时，犁刀在主犁体犁胫线外侧处又切出平直的沟壁，减少了主犁体的切割阻力和胫刃的磨损。犁刀切出的沟壁要比胫刃切出的紧密平整，保证了沟底清洁，提高了耕作质量。

其后，由设置在主犁之前的小前犁，将靠近地边的秸秆与杂草残茬提前翻扣，即将接垡处的带有秸秆与杂草表层土壤翻到前主犁体翻起的沟底。然后，主犁体再将耕起的土垡覆盖在其上。既翻转了土层、松碎了土壤，又把土壤表层的秸秆与杂草翻入35~40 cm土层深处形成秸秆隔层进行还田，还有利于消灭杂草和防除病虫害，耕后地表松碎平坦。

7.2 上膜下秸模式配套技术

课题组建立了以地膜覆盖结合秸秆隔层隔抑盐技术为核心的盐碱地上膜下秸综合改良技术模式，编制了适用于盐碱地抗盐增产技术的一系列地方标准，如"内蒙古河套灌区盐碱地'上膜下秸'改良技术规程"（DB 15/T645—2013）、"内蒙古河套灌区盐碱地向日葵抗盐保苗及种植技术规程"（DB 15/T648—2013）、"内蒙古河套灌区盐碱地食用向日葵抗盐施肥技术规程"（DB 15/T649—2013）。盐碱地上膜下秸综合改良技术模式要点如图7-4所示。

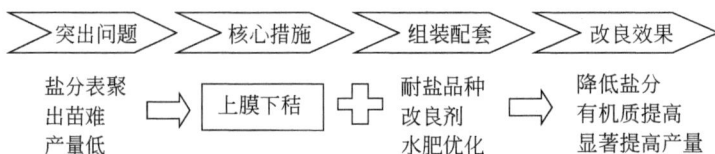

图7-4 盐碱地上膜下秸综合改良技术模式构成

7.2.1 抗盐保苗技术

（1）耐盐品种选择

选用通过内蒙古自治区品种审定委员会审（认）定的品种。种子质量符合"粮食作物种子 第一部分：禾谷类"（GB 4404.1—2008）的规定。选用符合当地的生产条件、高产优质、耐盐性强的品种。

条件允许、农民也有意愿的地区，种植前可根据地力、盐碱程度、种子快速发芽试验结果等进行耐盐品种选择。播前一周左右，铲取土壤表皮，用 1∶1 的水土比浸提出盐溶液，将盐溶液加入培养皿，铺设干净纱布或滤纸，然后定量加入供选种子。加盖纱布或者滤纸以减少水分散失，在室温下培养，观测记录发芽数和发芽率。通过此方法可快速判断盐碱地适宜种植品种。

（2）种子抗盐处理

选择耐盐品种后，播种前 3~5 天，晒种 1~2 天，有利于种子发芽和出苗，并有杀菌作用。也可在播前以抗盐植物制剂产品浸种，增加种子抗盐性。

（3）抗盐播种

适期播种，一般在 10 cm 土层温度连续 5~8 天达到 8~10 ℃时即可播种。播种量根据不同的农田盐碱程度、播种方式、种子发芽率及土壤墒情增减。中度、重度盐碱地播种量要高于轻度盐碱地。

（4）田间抗盐管理

盐碱胁迫影响作物出苗，因此，出苗后要及时查田，进行补种，以提高盐碱地作物出苗率。查田后，缺苗、断苗的地块及时催芽补种。补苗时须用原种。后期可根据苗情选择育苗补种，一般带土坐水移栽。出苗后 10~15 天，要及时除掉小苗、弱苗、病苗、畸形苗。

7.2.2 培肥调盐技术

（1）春季整地灌溉

春季播前，进行整地，时间宜迟不宜早，采用旋耕机、耙糖机或激光平地仪等机械，进行土地平整，以碎土犁将土垡松碎，打埝作埂，进行农田耙糖，及时镇压，防止跑墒。应做到农田局地无起伏、低洼存在，无漏耕、无坷垃，地表有 25~30 cm 的活土层，同一地块高度差控制在 5 cm 以内。在春旱严重的年份，采用压、耙、糖连续作业，使土壤紧实，更有利于提墒保墒，抑制返盐。然后进行春灌，灌溉量可以适当低于秋浇用量。

（2）选施土壤调理剂和抗盐碱专用肥

春季播种前，可适当选施腐殖酸肥、微生物菌剂、康地宝、脱硫石膏等土壤调理剂和抗盐碱专用肥，100 % 用作基肥。用量与用法严格按产品说明。以中度盐碱地为例，腐殖酸肥用量为 100 kg/ 亩以上，可根据盐碱程度酌情增加；生物有机肥用量为 500~1000 kg/ 亩；菌剂用量为 10~15 kg/ 亩；康地宝用量为 600~1500 ml/ 亩。

厩肥施用可以在秋季收获后或春季灌水前进行，用量按 1500~2500 kg/ 亩施用，一般应选用商品有机肥，农家肥需要沤制腐熟后才能施用。

7.2.3　地表覆盖抑盐技术

整地后，采用地膜覆盖方式进行种植，可平作也可垄作。根据不同需要选用不同规格的农用地膜进行地表覆盖。覆膜要求紧贴地面，拉紧铺平，压严压实。有破损地方用土盖严。如果田块超过 30 m 则每隔 5~10 m 横向打一条土带，防止刮风时将地膜破坏。地膜要求符合"农业用聚乙烯吹塑薄膜"（GB 4455—2006）和"聚乙烯吹塑农用地面覆盖薄膜"（GB 13735—2017）的相关要求。

例如，种植食葵需进行地膜覆盖，一般在平地后、灌水前，采用机械覆膜方式，覆膜时地膜要紧贴地面，拉紧铺平，压严压实。一般采用 70~80 cm 宽的地膜覆盖，膜间距 80~100 cm，适宜采用一膜两行、膜上打孔的播种方式。

7.3　上膜下秸模式效果

与国内外同类技术相比：①上膜下秸模式是基于盐分阻断、控抑盐等理念创建的盐碱地改良技术，在国内外同类研究中处于领先；②上膜下秸模式的技术可操作性、轻简化、成熟度均领先于国内外其他同类技术成果；③上膜下秸模式的技术适用性广，已在内蒙古等地大面积推广应用，且表现出显著的控抑盐、培肥、节水、增产效果，对增加当地农民收入和改善生态环境起到了重要作用。

7.3.1　上膜下秸模式具有显著的控抑盐效果

与农户传统模式相比，上膜下秸模式具有显著的控抑盐效果（图 7-5），其全生育期内耕层（0~40 cm）土壤含盐量平均比农户传统模式降低 23.25 %，可大幅降低耕层返盐率，且能保持土壤低盐分含量在一定时间范围内稳定，这有利于作物规避盐害，增加产出，提高盐碱地农业利用水平。上膜下秸模式也可有效降低食葵重要生育时期的含盐量，张俊莲等（2003）认为植物耐盐适应性在幼苗期最差，试验与示范结果（图 7-5）表明，在其他措施一致的情况下，上膜下秸模式食葵苗期 0~20 cm 土层平均含盐量为 0.87 g/kg，比农户传统模式低 30.64 %；20~40 cm 土层平均含盐量为 1.04 g/kg，比农户传统模式低 20.77 %。由图 7-5 可知，上膜下秸模式可以大幅降低食葵苗期土壤含盐量，利于食葵出苗、保苗和苗期生长。

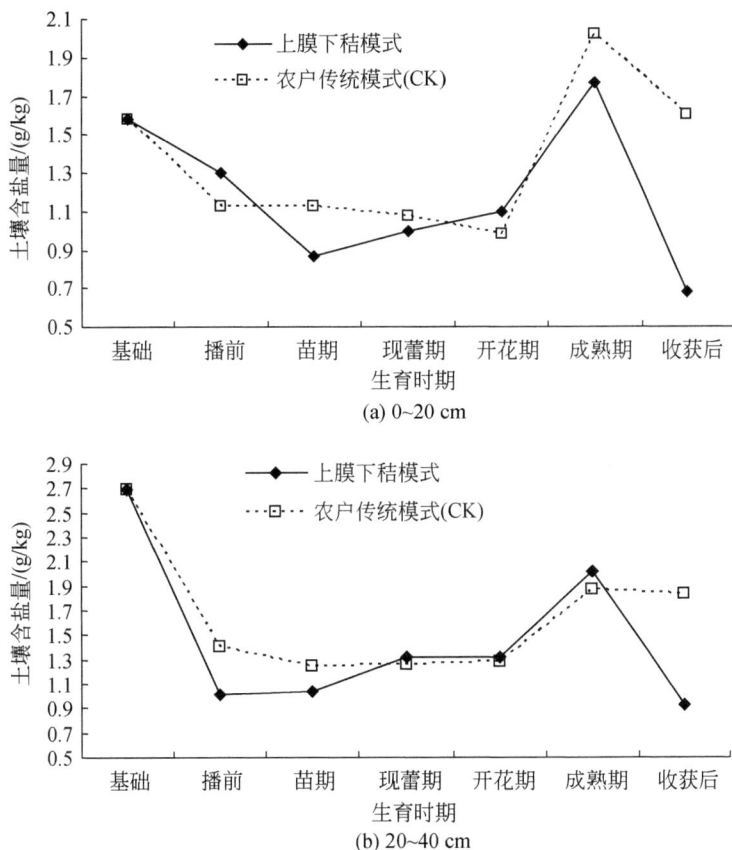

图 7-5　上膜下秸模式对食葵关键生育时期 0~20 cm、20~40 cm 土层含盐量的影响

7.3.2　上膜下秸模式可有效储墒保墒，提高灌溉水利用率

由食葵生育期内土壤水分含量等值线图（图 7-6）可知，上膜下秸模式可综合发挥地膜覆盖蓄水保墒作用和秸秆深埋针对 20~40 cm 土层的持续保墒效果，且土壤含水量相对稳定。结果显示，上膜下秸模式比农户传统模式食葵全生育期

内耕层（0~40 cm）土壤含水量均高1个百分点以上，食葵收获后，上膜下秸模式0~40 cm土层平均含水量为20.69 %，高于农户传统模式（19.59 %）。河套灌区日照充足，干燥多风，蒸发量较大，食葵需水高峰期在现蕾期至开花期（闫浩芳，2008），当地灌溉在7月初，为现蕾初期。上膜下秸模式可有效降低土壤水分流失，持续保持20~40 cm土层的土壤墒情，延长灌溉效果，有利于满足食葵需水高峰期对水分的需求，提高灌溉水利用率，降低当地气候条件对农业生产的不利程度。

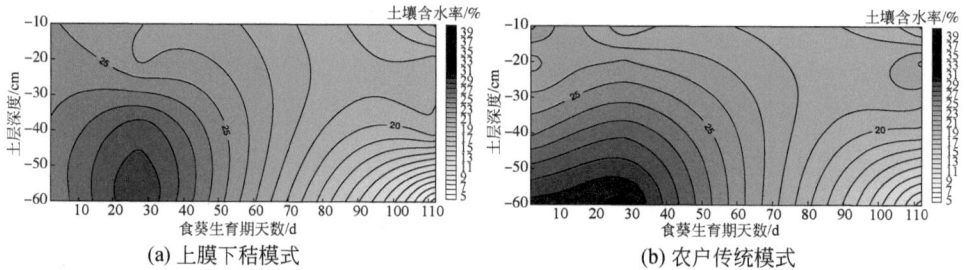

图 7-6　上膜下秸模式与农户传统模式 0~60 cm 土壤含水率等值线图比较

7.3.3　上膜下秸模式可建立"高水低盐"的土壤溶液系统

盐胁迫是危害盐渍化耕地作物生产的主要障碍因子（Fang and Chen，1997），但却不一定盐分含量高，盐害程度也高（Rhoades，1992），盐碱农田作物需要消耗更多水分进行细胞生化调整，盐分过高与水分过低均会降低土壤渗透势，减小作物根系内外部的水势差，降低作物的生长速率和作物产量（肖国举，2010），土壤溶液浓度高与土壤含盐量高均不利于食葵产量的形成。由食葵生育期内土壤溶液盐浓度三维线框图（图7-7）可知，上膜下秸模式可建立"高水低盐"

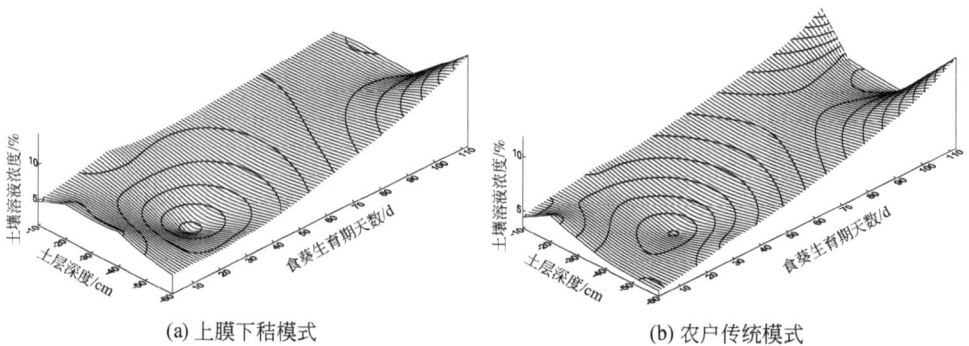

图 7-7　上膜下秸模式与农户传统模式 0~60 cm 土壤溶液浓度三维线框图比较

的土壤溶液系统，显著提升并延续灌溉在 20~50 cm 土层形成的淡化效果，形成"苗期根域淡化层"。2010 年试验结果显示，上膜下秸模式土壤溶液浓度在食葵生育期内各土层和不同时期都是最低的，盐害程度最低，淡化期持续约 50 d，比农户传统模式长 15 d，淡化土层包括 20~60 cm 土层，范围比农户传统种植模式深 10 cm 以上。农户传统模式是"盐高水高"型，淡化期土壤溶液平均浓度比上膜下秸模式高 7.17 %。

7.3.4 上膜下秸模式可提高盐碱地土壤质量

上膜下秸模式可提高土壤有机质及养分含量，降低土壤容重，增加微生物数目，改善土壤微生态系统。试验结果（表 7-1）显示，实施上膜下秸模式一个生长季后，土壤有机质提高了 0.3 g/kg，全氮提高了 0.02 g/kg，优于农户传统模式，这是由于秸秆深埋入地下，且地膜覆盖后地温较高，秸秆腐烂，为土壤有机质提供了新的来源。另外，上膜下秸模式的土壤容重下降了 0.13 g/cm³，优于农户传统模式，说明其可更好地改善土壤物理性状，增加孔隙度，收缩率和破碎系数均变小，土壤通透性改善。良好的土壤状况可促进盐碱地作物与根系的生长，可进一步抑制棵间蒸发，促进作物吸收，改善田间小气候，促进盐碱地生态系统良性循环。

表 7-1 上膜下秸模式对盐碱地土壤理化性质的改良作用

模式		有机质 /（g/kg）		全氮 /（g/kg）		碱解氮 /（mg/kg）		容重 /（g/cm³）	
		数值	变化	数值	变化	数值	变化	数值	变化
上膜下秸模式	播前	9.2	0.3	0.62	0.02	50	0	1.63	−0.13
	收后	9.5		0.64		50		1.50	
农户传统模式（CK）	播前	10.8	−0.2	0.53	−0.03	57	−5	1.66	−0.09
	收后	10.6		0.50		52		1.57	

7.3.5 上膜下秸模式可改善盐碱地土壤微生态系统

研究结果（图 7-8）显示，上膜下秸模式可增加盐碱地 0~40 cm 土层土壤微生物菌落数目，比农户传统模式高 29.12 %。其对细菌、放线菌、霉菌数目的提升均有显著促进作用，细菌、放线菌、霉菌数目分别比农户模式高 27.53 %、37.50 %、20.00 %。土壤微生物是评价土壤健康和质量的重要指标（章家恩等，2002），土壤微生物菌落数量的变化可以作为土壤肥力状况的重要生物学指标

（Abbott and Murphy，2003）。与农户传统模式相比，上膜下秸模式可显著改善土壤微生态系统，有利于盐碱地土壤养分转化循环、系统稳定性和抗干扰能力，提高土壤可持续生产力。

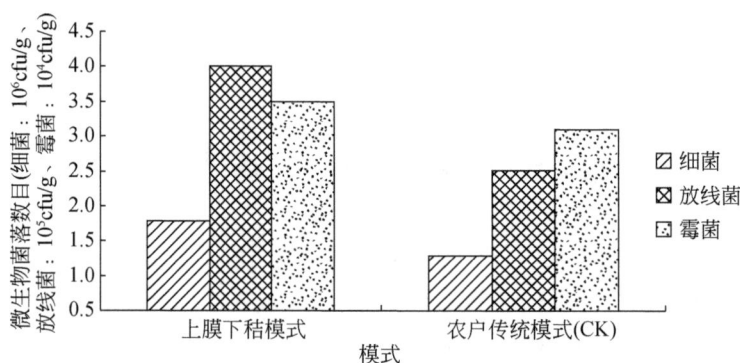

图 7-8　上膜下秸模式对土壤细菌、放线菌、霉菌数目的影响

由不同土层微生物菌落数目垂直分布结构分析结果（表 7-2）看，与农户传统模式相比，该模式在各个土层均有显著的促生微生物作用，其 0~5 cm、5~10 cm、10~20 cm、20~40 cm 土层微生物数目分别比农户传统模式高 29.27 %、24.53 %、34.39 %、28.57 %。同时，该模式土壤微生物分布相对均匀，各层比例差异相对小，而农户传统模式各层微生物菌落比例差异大，尤其 10~20 cm 土层，微生物菌落数目显著低于其他土层。这说明，上膜下秸模式可以更好地改善土壤微生态系统。

表 7-2　上膜下秸模式与农户传统模式微生物菌落数目垂直分布结构比较

土层深度 /cm	上膜下秸模式		农户传统模式（CK）	
	数目 /（10⁴cfu/g）	比例 / %	数目 /（10⁴cfu/g）	比例 / %
0~5	59.1	26.69	41.8	26.62
5~10	48.1	21.70	36.3	23.12
10~20	47.1	21.28	30.9	19.68
20~40	67.2	30.33	48.0	30.57
合计	221.5	100.00	157.0	100.00

另外，研究结果显示，上膜下秸模式与农户传统模式的细菌优势菌群数目也有差异，上膜下秸模式表层土壤中优势菌群为 *Pseudomonas*、*Arthrobacter*、*Zimmermannella*、*Exiguobacterium* 共 4 种，农户传统模式为 3 种，这说明上膜下

秸模式有助于土壤微生物多样性的丰富，促进土壤微生物的繁殖，而有益细菌的广泛分布，可使盐渍土壤微生态系统得到改善，利于农业利用。

7.3.6 上膜下秸模式可改善盐碱地作物抗盐能力

（1）上膜下秸模式可降低食葵死苗率，提高成株率

由表 7-3 和图 7-9 可知，上膜下秸模式有利于提高食葵出苗率，利于食葵苗期生长，降低死苗率，提高成株率。与农户传统模式相比，上膜下秸模式出苗率略高，其苗期根、茎、叶干物质积累速率分别为 0.03 g/d、0.28 g/d、0.41 g/d，其中茎、叶干物质积累速率显著高于农户传统模式，说明其苗期所受盐害较轻，有利于食葵早发，为后期生长打下良好的基础。最终，上膜下秸模式的死苗率比农户传统模式低 8.00 %~15.00 %，成株率达 64.91 %。由此可见，上膜下秸模式促进了食葵的出苗、保苗和成株，为食葵高产提供保障。

表 7-3　上膜下秸模式对盐碱地食葵出苗、成株的作用

模式	播后两周出苗率 / %	生育后期死苗率 / %	成株率 / %
上膜下秸模式	93.75	30.19	64.91
农户传统模式（CK）	92.98	35.19	61.40

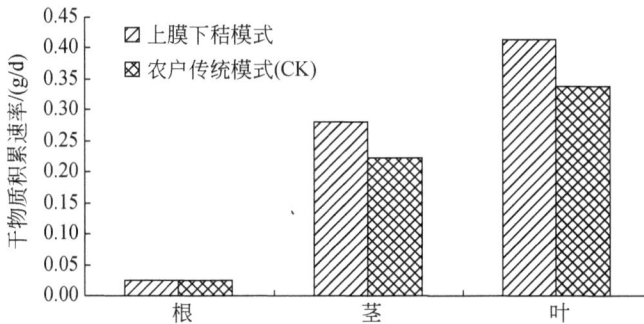

图 7-9　上膜下秸模式对食葵苗期干物质积累速率的作用

（2）上膜下秸模式可改善植株生长势，培养壮株

如图 7-10 所示，与农户传统模式相比，上膜下秸模式可显著（$P<0.05$）提升食葵的株高、茎粗、盘径、叶片数和叶面积，提升食葵的根长。从苗期开始，该模式食葵的长势就优于对照，其苗期株高、茎粗和叶面积分别比对照提升

10.94 %、12.50 % 和 14.79 %，现蕾期分别提升 32.84 %、13.11 % 和 53.38 %，
开花期分别提升 29.46 %、20.27 % 和 34.83 %，成熟期分别提升 18.63 %、38.46 %
和 135.45 %。说明上膜下秸模式可改善植株生长势，培养壮株。

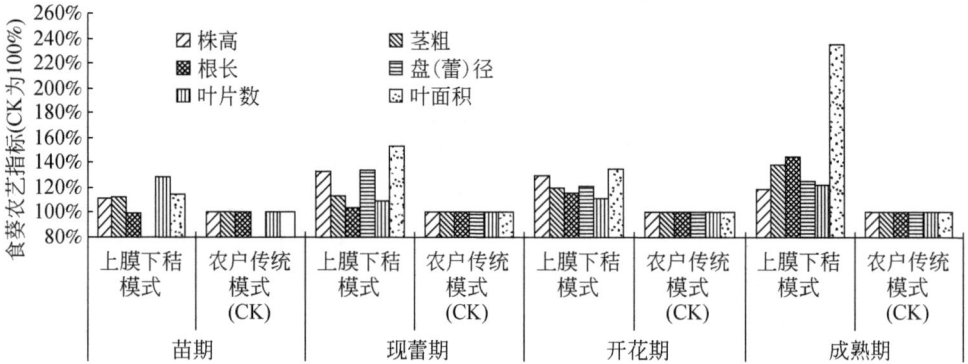

图 7-10　上膜下秸模式对食葵农艺指标的作用效果

（3）上膜下秸模式可提高盐碱地食葵光合能力

通过对盐碱地上膜下秸模式和农户传统模式在食葵不同生育时期的光合速率
（图 7-11）分析可知，上膜下秸模式可显著提高食葵光合效率，其现蕾期、开花
期和成熟期 Pn 分别比农户传统模式高 7.52 %、6.24 % 和 12.33 %。将两种模式
食葵现蕾期光合速率日变化进行比较（图 7-12）可知，上膜下秸模式的 Pn 日变
化为双峰曲线，峰值出现在 10:00 和 16:00；农户传统模式的 Pn 日变化为单峰曲线，
峰值出现在 8:00，说明上膜下秸模式可显著提高盐碱地食葵日光合效率。

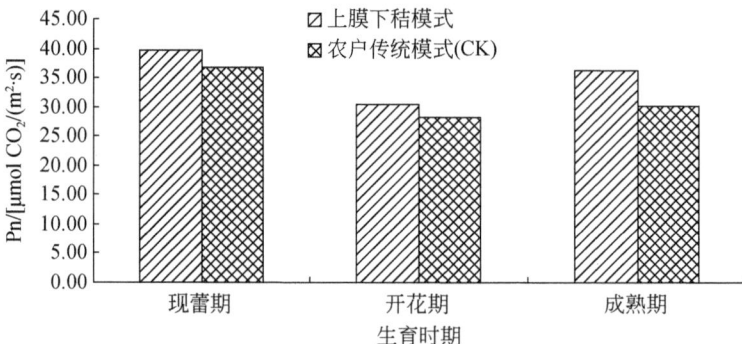

图 7-11　上膜下秸模式对食葵光合能力的影响

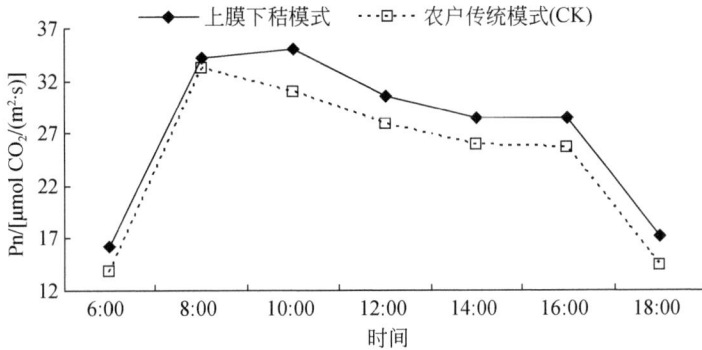

图 7-12　上膜下秸模式对食葵现蕾期光合日变化特征的影响

上膜下秸模式与农户传统模式下，食葵开花期的光饱和曲线（图 7-13）表明，上膜下秸模式光能利用率显著高于农户传统模式，当光照强度达 1500 μmol/（m²·s）时，农户传统模式的光合能力趋于稳定，而上膜下秸模式的光合能力还在提升，约 2100 μmol/（m²·s）时才达到其光饱和点。另外，上膜下秸模式叶绿素含量为 37.6，也高于农户传统模式（34.9），但不显著。由此可见，上膜下秸模式可以提高盐碱地食葵整体光合能力。

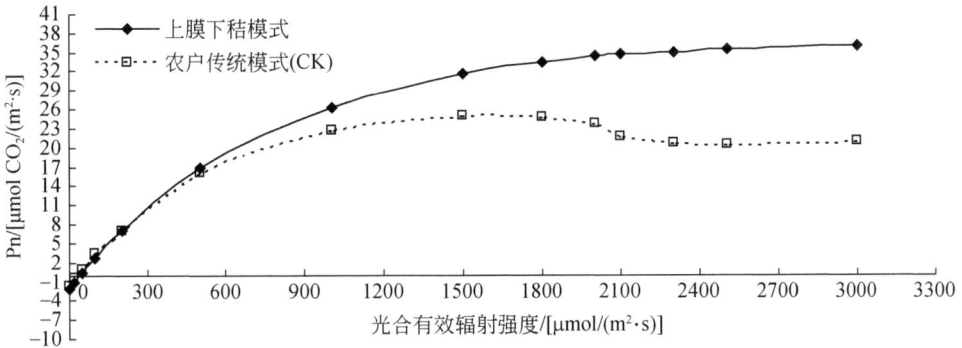

图 7-13　上膜下秸模式与农户传统模式食葵开花期光饱和曲线比较

7.3.7　上膜下秸模式可显著增产

如表 7-4 所示，上膜下秸模式可极显著提高食葵籽粒产量，比农户传统种植模式增产 20.73 %。另外，上膜下秸模式可显著增加食葵公顷花盘数、盘粒数和百粒重，与农户传统模式相比，其花盘数增加了 5.72 %，盘粒数增加了 7.07 %，百粒重增加了 2.86 %，增产效果极显著。

表 7-4   上膜下秸模式对食葵产量的影响

模式	单产 /（kg/hm²）	公顷花盘数 / 个	盘粒数 / 粒	百粒重 /g
上膜下秸模式	3 827.09	28 462	651	14.38
农户传统模式（CK）	3 169.88	26 923	608	13.98

7.4　上膜下秸模式效益

通过上膜下秸模式经济效益计算结果（表 7-5）可知，与当地农户传统模式相比，上膜下秸模式共需增加投入 950 元 /hm²，主要用于秸秆翻埋机械费用、秸秆、种子播前耐盐处理、人工等。但上膜下秸模式可极显著增产 20 % 以上，纯利润可提高 25.93 %，产投比达 3.43，比农户传统模式高 4.82 %。

实施上膜下秸模式也具有良好的社会效益与生态效益。首先，上膜下秸模式可显著增产增收，提高该盐碱地农业高效利用技术的采用度与接受度，具有良好的社会效益；其次，上膜下秸模式的控抑盐、改土、保墒等效果显著，可改善土壤结构，促进土壤微生物的繁殖，提高耕地质量，具有良好的生态效益；再次，上膜下秸模式将秸秆翻埋入土，有利于维持土壤碳库平衡，有效改变对土壤的掠夺式经营，增加综合收益；最后，上膜下秸模式可减少秸秆资源的浪费，杜绝秸秆焚烧造成的环境污染。

表 7-5   上膜下秸模式经济效益分析

	项目	上膜下秸模式	农户传统模式（CK）
投入 /（元 /hm²）	种子相关费用	1 900	1 800
	农田耕作	1 000	1 500
	施肥、农药	900	750
	灌溉	800	900
	秸秆翻埋专用机械（租赁、燃油、人工）费用	1 000	0
	秸秆贮存、整理费用	300	0
	地膜费用	300	300
	其他	100	100
	总投入	6 300	5 350
产出 /（元 /hm²）	食葵种籽	21 000	17 000
	食葵秸秆	600	500
	总产出	21 600	17 500
	利润	15 300	12 150
	产投比	3.43	3.27

7.5 上膜下秸模式推广应用情况

　　课题组坚持试验示范与推广应用并重的方针，在内蒙古、甘肃沿黄灌区建立试验示范基地 7 个，推广示范上膜下秸模式。2013 年上膜下秸模式被中国农业科学院作为百项主推科技成果之一，2013~2016 年连续 4 年被农业部列为主推技术。2013~2016 年，上膜下秸模式在中重度盐碱地作物上累计推广应用面积 1240 万亩，各类作物增产 167.75 万 t，新增经济效益 18.72 亿元，具体情况见表 7-6。

表 7-6　上膜下秸模式在中重度盐碱地推广应用情况（2013~2016 年）

应用单位名称	累计推广面积 / 万亩	增产 / 万 t	新增经济效益 / 亿元
内蒙古巴彦淖尔市农牧业技术推广中心	1060	154	15.9
甘肃省靖远县农业技术推广中心	120	8.83	1.92
甘肃省白银市平川区农业技术推广中心	60	4.92	0.9

参 考 文 献

肖国举, 张强, 李裕, 等. 2010. 气候变暖对宁夏引黄灌区土壤盐分及其灌水量的影响. 农业工程学报, 26(6): 7-13.

闫浩芳. 2008. 内蒙古河套灌区不同作物腾发量及作物系数的研究. 呼和浩特: 内蒙古农业大学硕士学位论文.

张俊莲, 陈勇胜, 武季玲, 等. 2003. 向日葵对盐逆境伤害的生理反应及耐盐适应性的研究. 中国油料作物学报, 25(1): 45-49.

章家恩, 刘文高, 胡刚. 2002. 不同土地利用方式下土壤微生物数量与土壤肥力的关系. 土壤与环境, 11(2): 140-143.

Abbott L K, Murphy D V. 2003. Soil Biological Fertility. Netherlands: Kluwer Academic Publishers.

Fang S, Chen X. 1997. Using shallow saline groundwater for irrigation and regulating for soil salt — water regime. Irrigation and Drainage Systems, 11(1): 1-14.

Rhoades J D. 1992. The use of saline water for crop production Irrigation and drainage paper 48. Rome: Food and Agriculture Organization of the United Nation.

附录 试验示范图片

1. 土柱模拟试验

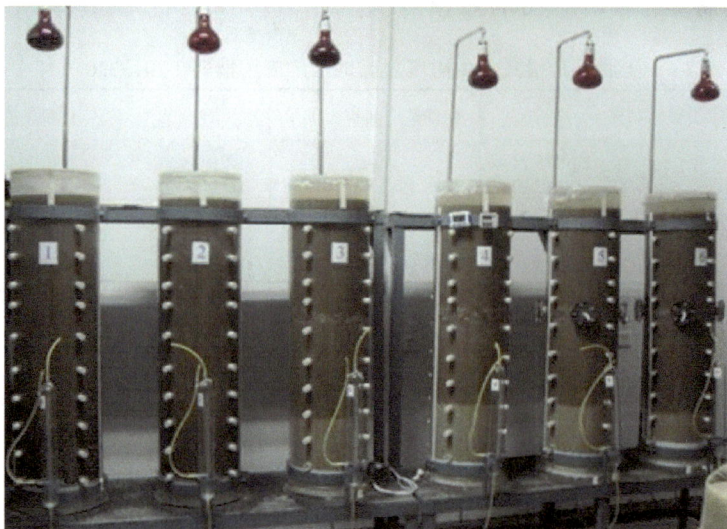

2. 微区定位试验

3. 大田秸秆深埋机具作业

4. 田间技术模式示范对比